バイオベースマテリアルの新展開
New Development of Bio-based Materials

《普及版／Popular Edition》

監修 木村良晴，小原仁実

シーエムシー出版

巻 頭 言

バイオベースポリマーへのアプローチ

　発酵乳酸や発酵コハク酸をモノマー原料にしたポリ乳酸やポリコハク酸ブチレンがバイオベースポリマー（bio-based polymers）として注目され，その開発が活発に行われている。これらのポリマーはもともと生体や自然界の作用で分解して，炭酸ガスや水などの環境物質に無機化（assimilation）される生分解性ポリマー（biodegradable polymers）として開発されてきたものである。生分解性ポリマーは，最初，生体吸収性の医用材料として研究開発され，溶ける手術糸や骨折固定材などの用途に展開されていた。このポリマーを生分解性プラスチックとして利用しようという動きが出たのは，1980年代の終わりごろであり，それ以後，環境に適合した理想的な材料として開発されるようになった。

　ポリマーの生分解は，①主鎖の分解によるオリゴマー化もしくはモノマー化の過程（分解過程）と②分解で生じたオリゴマー・モノマー生成物が無機化される過程（代謝過程）という二つの反応過程を経て進行する。前者の分解過程では必ずしも生体の作用を受ける必要はなく，自然加水分解で主鎖が切断される機構もあるが，後者の代謝過程は生物の働きに依存した機構で進行する。従って，分解過程で生成するオリゴマー・モノマーは生体の利用しやすい代謝生成物であることが望ましく，この要件を考慮して分子設計を行うと「代謝生成物を分解可能な結合でつなぎ合わせた高分子材料」が生分解性ポリマーとなる。この分子設計のコンセプトは，再生可能な生物資源を利用する「グリーン・サステナブル・ケミストリー（green sustainable chemistry：GSC）」の手法と軌を一にしている。すなわち，生分解性ポリマーは，再生可能（renewable）で持続性（sustainable）を有する生物由来資源を原料にして得られる素材であり，自然の物質循環サイクルに適合して最終処分の段階で環境中の二酸化炭素を増やさないカーボンニュートラルという性格を有することになる。このように再生可能な天然のバイオマス資源から合成される高分子素材をバイオベースポリマーと定義する。従って，生分解性ポリマーは，このバイオベースという第三の性格をも有することとなり，現在の開発研究は主として，この考え方に基づいて行われている。このようにして生分解性ポリマーが歴史的にもつことになった性格と機能・特性は表1のようにまとめることができるが，いずれの側面も依然として重要であり，開発のコンセプトとしてすたれることはないであろう。

　カーボンニュートラルという地球環境保全目標を突きつめていくと，地球上で再生産されるバ

表1 生分解性ポリマーの適用範囲と動向

	第一段階 生体吸収性ポリマー	第二段階 生分解性プラスチック	第三段階 バイオベースポリマー
目 的	生体内吸収性	生分解による環境適合	植物由来によるカーボンニュートラル，再生可能資源の利用
目 標	生体の一時修復材料	汎用プラスチックの代替	構造材料の代替
用 途	医用材料，DDS 手術糸，骨折固定材等	比較的短命な用途 ゴミ袋，日用品	長期に使用する用途 電気製品・自動車部品等
代 表 例	ポリ-α-オキシ酸 PGA, PLLA, Peptide, etc.	脂肪族ポリエステル PLLA (Nature Works®) PHB, PBS (GS Pla®) PBSA (Ecoflex®) PEAT (Maxon®), etc.	ポリエステル等 sc-PLA, PTT, PMBL, etc.
社会認知	再生医療	法的インフラの支援	環境ブランド戦略
企 業 化	1980年から	2000～2004年	2005～2007年

イオマス資源の有効利用が将来のエネルギー・資源問題にも関連した究極の方策として浮上してきた。素材開発においても，バイオマスを原料にして目的物に効率的に誘導していくことが求められる。この変換過程でエネルギーを節約しながら副生物による環境汚染を防ぐには，これまでの化学的変換だけでなく生物を利用したバイオ変換を活用する必要がある。このアプローチは基本的に上述のGSCのアプローチと一致するが，筆者は，バイオプロセスを軸にして従来の化学プロセスを組み合わせた合成法を，「ケモ-バイオプロセス（chemo-biological process）」と名づけている。従って，バイオベースポリマーとは，バイオマス資源からケモ-バイオプロセスにより変換・合成されてくる高分子素材である。

　図1に，各種のバイオマス資源からバイオベースポリマーに至る変換過程を図示した。デンプンに対しては，グルコースなどの糖に容易に変換できる酵素が安価に入手できるため次の発酵工程を介して種々のモノマーやポリマーを合成するケモ-バイオプロセスが展開できる。それに対して地球上で最も多く産生するセルロースに対しては糖にブレークダウンすることが容易でないため，効率的なバイオ変換法が模索されている段階である。セルロースバイオ変換によりいくつかのプラットフォームケミカル（基礎化学物質）が得られることが予測されており，これらを利用して新しいモノマーやポリマーが開発されてくるであろう。

　現在開発が行われているバイオベースポリマーを表2にまとめて示す。いずれのポリマーにおいても開発は緒についたばかりであるが，現在最も注目されているのがポリ乳酸である。ポリ乳酸は，そのモノマーとなる乳酸がデンプンの加水分解により得られるグルコースの発酵によって

巻　頭　言

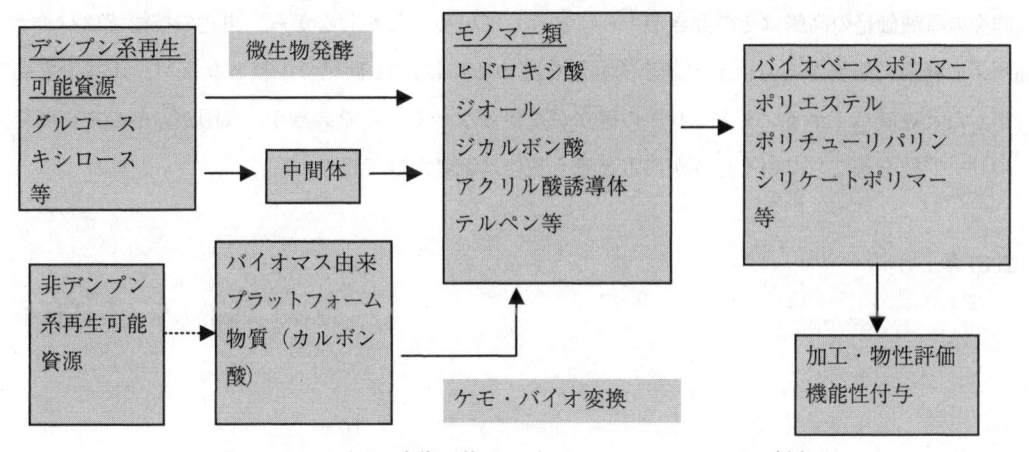

図1　ケモ-バイオ変換に基づくバイオベースマテリアルの創生

表2　新しいバイオベースポリマー素材

バイオベースポリマー素材	用　　途
ポリ乳酸	プラスチック
ポリヒドロキシ酪酸	プラスチック
PTT	繊維
バイオコハク酸ポリマー	PBS
チューリパリン	PMMA代替
リモネンを用いたシリコーン樹脂	コーティング
脂肪酸二量体（Dimerized fatty acids）	コーティング
ピルビン酸を用いたアクリルポリマー	コーティング
マンデル酸ポリマー	プラスチック
フェニル乳酸ポリマー	プラスチック
リグノフェノール（lignophenol）	樹脂
バイオマスリファイニングによるプラットフォーム化合物	光学活性ヒドロキシカルボン酸等 重合性モノマー
その他	微生物由来ポリマー

　合成され，続いて化学的な重合によりポリマー化できる。この一連のプロセスにケモ-バイオプロセスの具現化を見ることができる。ポリ乳酸は長い開発試行期間を経てようやく大規模な工業生産と大量消費が実現されようとしているが，その特性は必ずしもユーザーを満足させるものとはなっていない。さらなる物性の改善が期待される所以である。また，目下のところバイオベースポリマーとしてはポリ乳酸しか入手できないが，今後，石油ベースのポリマー素材のように，用途に応じた特性を有する他のバイオベースポリマーの開発が続いてきてほしいものである。

　ともかくも，21世紀の材料造りでは，化石資源ではなくバイオマス資源に基づく新しいマテリアルが中心となることは確かであり，あらゆる分野においてそれへの対応が求められてくる。

昨今の原油価格の高騰はその動きをさらに加速している。しかしながら，現在の技術ではバイオマスの利用に限界があり，その効率的利用を進めるには，21世紀の中核となるバイオ技術を利用した大規模バイオインダストリーの確立が重要となってくるであろう。我国が，その技術開発のリード役を果たしていく必要があると考えるのは筆者だけではない。

2007年1月

京都工芸繊維大学　木村良晴

普及版の刊行にあたって

　本書は2007年に『バイオベースマテリアルの新展開』として刊行されました。普及版の刊行にあたり，内容は当時のままであり加筆・訂正などの手は加えておりませんので，ご了承ください。

2012年10月

シーエムシー出版　編集部

執筆者一覧（執筆順）

木村 良晴	京都工芸繊維大学　大学院工芸科学研究科　生体分子工学部門　教授	
	バイオベースマテリアル研究センター長	
小原 仁実	京都工芸繊維大学　バイオベースマテリアル研究センター　教授	
小林 四郎	京都工芸繊維大学　バイオベースマテリアル研究センター　特任教授	
福島 和樹	京都工芸繊維大学　大学院工芸科学研究科　博士後期課程	
	日本学術振興会　特別研究員	
北村 進一	大阪府立大学大学院　生命環境科学研究科　教授	
鈴木 志保	大阪府立大学大学院　生命環境科学研究科　研究員	
小川 宏蔵	大阪府立大学大学院　生命環境科学研究科　前教授	
河原　豊	群馬大学　工学部　生物化学工学科　教授	
矢野 浩之	京都大学　生存圏研究所　生物機能材料分野　教授	
山岸 兼治	㈱三菱化学科学技術研究センター　R&D部門　非枯渇資源PJ	
加藤　聡	三菱化学㈱　科学技術戦略室　横浜センター	
相羽 誠一	㈱産業技術総合研究所　環境化学技術研究部門　バイオベースポリマーグループ　グループ長	
瀧澤　誠	ピューラック・ジャパン㈱　開発営業部　部長	
加藤　誠	㈱豊田中央研究所　材料分野　有機材料研究室　主任研究員	
望月 政嗣	ユニチカ㈱　中央研究所　シニアアドバイザー　兼　京都工芸繊維大学	
	バイオベースマテリアル研究センター　特任教授	

執筆者の所属表記は，2007年当時のものを使用しております。

西尾 嘉之	京都大学　大学院農学研究科　森林科学専攻　教授	
松村 秀一	慶應義塾大学　理工学部　応用化学科　教授	
阿部 英喜	㈱理化学研究所　高分子化学研究室　先任研究員	
吉江 尚子	東京大学　生産技術研究所　助教授	
正木 和夫	㈱酒類総合研究所　醸造技術応用研究部門　研究員	
家藤 治幸	㈱酒類総合研究所　醸造技術応用研究部門　部門長	
山岡 哲二	国立循環器病センター研究所　生体工学部　部長	
藤里 俊哉	国立循環器病センター研究所　再生医療部　室長	
山根 秀樹	京都工芸繊維大学　繊維科学センター　教授	
稲生 隆嗣	トヨタ自動車㈱　車両技術本部　第2材料技術部　有機材料室　担当員	
田實 佳郎	関西大学　システム理工学部　物理・応用物理学科　工学研究科　教授	
宮本 貴志	東洋紡績㈱　バイロン事業部　主席部員	
位地 正年	日本電気㈱　基礎・環境研究所　主席研究員	
森　浩之	ソニー㈱　マテリアル研究所　環境技術ラボ	
伊藤 正則	㈱ユニック　BP事業グループ　参与	
江口　有	㈶バイオインダストリー協会　事務局　事業企画部長	
橋本 和久	㈱荏原製作所　環境事業カンパニー　環境ソリューション事業統括部　プロジェクト計画室　部長	

目次

序論　バイオベースマテリアルの役割と将来展望　　小原仁実

1　石油からバイオマスへの転換…………1
2　エタノールとバイオプラスチック………2
3　バイオリファイナリーでのプラスチックの生産………………………………3
4　おわりに……………………………………4

【第1編　基礎技術・素材編】

第1章　フェノール類からのポリマー　　小林四郎

1　はじめに………………………………9
2　フェノール類からのポリマー合成………10
3　酵素モデル錯体触媒によるポリフェニレンオキシドの合成…………………14
4　リグニンからのポリフェノール類………15
5　天然漆と人工漆……………………………16
6　ポリフェノール（フラボノイド）からのポリマー………………………………18
7　おわりに……………………………………19

第2章　ポリ乳酸（ラクチド重合法）　　木村良晴，福島和樹

1　ポリ乳酸の合成法……………………21
2　ラクチドとポリ乳酸の立体異性………22
3　ラクチドの重合法……………………23
4　ラクチドの重合動力学………………23
5　ラクチドの重合機構…………………24
6　アルミニウム系触媒…………………26
7　リパーゼによる重合………………………26
8　有機触媒……………………………………27
9　*rac*-ラクチドの重合………………………28
10　残存モノマー………………………………30
11　おわりに……………………………………31

第3章　重縮合型ポリ乳酸　　木村良晴

1　はじめに………………………………33
2　ポリ乳酸の種類と合成法…………………34

3 直接重縮合法によるPLLA合成……34	3.4 固相重縮合法………………39
3.1 乳酸の直接脱水縮合反応の熱力学…35	4 直接重縮合法によるsc-PLAの合成……40
3.2 溶液重縮合法………………36	5 直接重縮合法による共重合体の合成……42
3.3 溶融重縮合法………………37	6 おわりに………………………43

第4章 酵素合成アミロース　　北村進一, 鈴木志保, 小川宏蔵

| 1 調製法…………………………45 | 3 機能性材料の例………………48 |
| 2 分子量と基礎物性……………46 | |

第5章 パラミロン　　河原 豊

1 はじめに………………………52	4 パラミロン／PVAブレンドフィルム
2 パラミロンの分離……………53	および繊維………………………58
3 パラミロンフィルム…………56	5 今後の展開……………………61

第6章 セルロース系ナノコンポジット　　矢野浩之

1 セルロースの構造……………63	モの巣状ネットワークの効果—……65
2 無尽蔵のバイオナノファイバー：セルロースミクロフィブリル—高強度, 低熱膨張—………………………65	4 ナノファイバー繊維強化透明材料—波長の1/10以下のエレメントは散乱を生じない—………………………67
3 ミクロフィブリル化セルロース（MFC）を用いた繊維強化材料—ク	5 セルロース系ナノコンポジットに関する急激な世界の動き………………68

第7章 コハク酸

1 コハク酸発酵………山岸兼治…71	1.5 今後の展望…………………74
1.1 はじめに……………………71	2 コハク酸系ポリエステル樹脂
1.2 コハク酸の生成経路………71	………………………加藤 聡…76
1.3 コハク酸生産菌……………72	2.1 はじめに……………………76
1.4 精製プロセス………………73	2.2 脂肪族ポリエステルとしてのポリ

ブチレンサクシネート系樹脂開発
　　　経緯 ……………………………… 76
2.3 「GS Pla®」の特徴 ……………… 77
2.4 「GS Pla®」の用途展開 ………… 77
2.5 「GS Pla®」の生分解性と分解制御
　　　………………………………… 78
2.6 発酵コハク酸を用いたポリブチレ
　　　ンサクシネート樹脂の製造 ……… 78
2.7 今後の課題及び展望 ……………… 79

第8章　キチン，キトサン　　　相羽誠一

1　はじめに ………………………………… 80
2　キチン，キトサンの一般的性質 ……… 80
3　キチン，キトサンの実用化例 ………… 82
4　部分N-アセチル化キトサンの性質 …… 83
5　水溶性誘導体 …………………………… 84
6　有機溶媒可溶型キトサン誘導体 ……… 85
7　その他の研究展開 ……………………… 85
8　おわりに ………………………………… 86

第9章　発酵乳酸　　　瀧澤　誠

1　はじめに ………………………………… 89
2　発酵乳酸の歴史 ………………………… 89
　2.1　発酵乳酸の発見 …………………… 89
　2.2　発酵乳酸製造の始まり …………… 89
　2.3　発酵乳酸製造技術の発展 ………… 90
　2.4　発酵乳酸の工業生産 ……………… 90
3　食品での利用 …………………………… 90
　3.1　味質 ………………………………… 90
　3.2　保存性 ……………………………… 91
　3.3　栄養 ………………………………… 92
　3.4　安全性 ……………………………… 93
　3.5　環境安全性 ………………………… 94
4　工業用途での利用 ……………………… 94
　4.1　メッキ ……………………………… 94
　4.2　フォトレジスト …………………… 94
　4.3　洗浄剤 ……………………………… 94
　4.4　ポリマー …………………………… 95
5　おわりに ………………………………… 95

第10章　バイオプラスチックと自動車部品　　　加藤　誠

1　はじめに ………………………………… 97
2　自動車用ポリ乳酸におけるカーボン
　　ニュートラルの概念 …………………… 98
3　自動車メーカーの動き ………………… 98
4　ポリ乳酸の高性能化への取り組み …… 100
　4.1　加水分解の抑制 …………………… 100
　4.2　結晶化 ……………………………… 101
　4.3　クレイナノコンポジット化による
　　　　耐熱性向上 ………………………… 102
　　4.3.1　有機化剤の検討 ……………… 102

4.3.2　分子量低下の抑制…………104
　　4.3.3　混練法によるナノコンポジッ
　　　　　ト化の検討………………104
　　4.3.4　ポリ乳酸クレイナノコンポ
　　　　　ジット材料の特性…………105
　4.4　天然ゴムによる耐衝撃性向上………105
5　まとめと今後の展望………………107

【第2編　高機能化技術】

第1章　ポリ乳酸　―脂肪族ポリエステルの一次構造と性能・機能の発現―

望月政嗣

1　はじめに………………………111
2　脂肪族ポリエステルの一次構造と成形
　加工性……………………………111
　2.1　脂肪族ポリエステルの分類………111
　2.2　成形加工性………………………112
3　脂肪族ポリエステルの成形加工性と性
　能・機能の発現…………………113
　3.1　ポリ乳酸（PLA）系………………113
　3.2　ポリ-β-ヒドロキシブタン酸(PHB)
　　　系………………………………114
　3.3　ポリコハク酸ブチル（PBS）系……115
　3.4　デンプン（Starch-based）系……115
4　ポリ乳酸の高性能化と高機能化………116
　4.1　高耐熱性ポリ乳酸の開発…………116
　4.2　押出発泡用ポリ乳酸の開発………119
5　ポリ乳酸の汎用プラスチックとしての
　可能性……………………………120
　5.1　プラスチックの理想像――環境負
　　　荷低減の視点から………………120
　5.2　ポリ乳酸の生分解機構――生分解
　　　性と耐久性に関する考察…………121
　5.3　ポリ乳酸の汎用プラスチックへの
　　　道――耐久性向上の歴史…………124
6　ポリ乳酸の最新成形加工技術と応用…125
　6.1　押出成形………………………127
　6.2　射出成形………………………129
　6.3　発泡成形とブロー成形…………129
7　おわりに………………………130

第2章　機能性エコマテリアルとしての多糖類のモダン活用

西尾嘉之

1　はじめに………………………132
2　環境・生体適合型機能材料……………132
　2.1　生分解性グラフト共重合体………132
　2.2　相溶ブレンドによる物性改変……134
　2.3　実際的な成型品への応用…………136
3　先進的高機能材料………………137
　3.1　液晶光学材料……………………137
　3.2　磁性機能材料……………………138
　3.3　分離機能材料……………………139

第3章　環境低負荷型触媒による合成とリサイクル技術　　松村秀一

1　はじめに …………………………142
2　酵素触媒重合とケミカルリサイクル …143
3　リパーゼを用いるバイオベースプラスチックの合成とケミカルリサイクル …145
　3.1　ポリ（アルキレンアルカノエート） …………………………145
　3.2　ポリ（R-3-ヒドロキシアルカノエート）（PHA） ……………146
4　酵素触媒重合により可能となった新規ポリマー合成とケミカルリサイクル …147
　4.1　ポリ（アルキレンカーボネート） …147
　4.2　ポリチオエステル………………147
5　ケミカルリサイクル性と生分解性を併せ持つプラスチックの分子設計 ………148
　5.1　酵素触媒による脂肪族ポリ（カーボネート-ウレタン）（PCU）の合成と環状オリゴマー化リサイクル…148
　5.2　酵素触媒による脂肪族ポリ（エステル-ウレタン）（PEU）の合成……149
6　超臨界二酸化炭素を溶媒とし，酵素を使用するプラスチックリサイクル ……149
　6.1　酵素反応への超臨界流体の活用……149
　6.2　酵素を使用する超臨界二酸化炭素流体中での環状オリゴマー化リサイクル………………………………150
　6.3　酵素カラムを使用する超臨界二酸化炭素流体中での連続環状オリゴマー化リサイクル…………………150
7　固体酸モンモリロナイトによるPLAのケミカルリサイクル ………………151
　7.1　固体酸モンモリロナイト………151
　7.2　PLLAの環境低負荷型ケミカルリサイクル……………………………151
　7.3　酵素と固体酸の組み合わせによるPBS／PLLA系ポリマーブレンドの分別的ケミカルリサイクル例………152
8　環境低負荷型触媒による機能性ポリマー創成の研究動向と今後の課題 ……153

第4章　高性能ポリマーの創製　　阿部英喜

1　はじめに …………………………157
2　脂肪族ポリエステルアミド共重合体 …158
3　脂肪族ジカルボン酸を用いた周期性連鎖構造を有するポリエステルアミド共重合体の合成とその性質 ……………158
　3.1　コハク酸をベースとする周期性ポリエステルアミド共重合体…………159
　3.2　アジピン酸をベースとする周期性ポリエステルアミド共重合体………161
4　脂肪族ヒドロキシカルボン酸とアミノ酸からの周期性ポリエステルアミド共重合体の合成 …………………………163
5　おわりに …………………………165

第5章　易リサイクル性高分子　　吉江尚子

1　緒言 …………………………………166
2　易リサイクル性高分子の分子設計 ……167
3　フランとマレイミドのDA反応 ………168
4　ポリアジピン酸エチレンを主成分とする易リサイクル性高分子の合成とリサイクル性の評価 …………………………169
5　バイオベースの易リサイクル性高分子材料 ……………………………………172

第6章　高活性リパーゼによるポリ乳酸分解　　正木和夫，家藤治幸

1　はじめに ……………………………174
2　ポリ乳酸の酵素分解について ………175
3　ポリ乳酸と他のポリエステルの酵素分解について ……………………………176
4　酵母 *Cryptococcus* sp. S-2 …………177
5　酵母 *Cryptococcus* sp. S-2 が生産するリパーゼ ………………………………177
6　酵母 *Cryptococcus* sp. S-2の培養と酵素生産 …………………………………179
7　リパーゼCS2を利用した生分解性プラスチックの分解 ……………………180
8　リパーゼCS2によるポリ乳酸以外の生分解性プラスチックの分解 …………181
9　プラスチックシートの分解 …………182
10　おわりに ……………………………183

【第3編　応用編】

第1章　医療用バイオベースマテリアル　　山岡哲二，木村良晴，藤里俊哉

1　はじめに ……………………………187
2　再生医療 ……………………………188
　2.1　歴史 ……………………………188
　2.2　再生医療 ………………………188
　2.3　生体吸収性スキャホールド材料 …189
3　機能性ポリ乳酸誘導体 ………………191
　3.1　人工皮膚―ポリ乳酸系ハイドロゲル／ハイドロキシアパタイト複合体― ………………………………191
　3.2　細胞移植用インジェクタブルスキャホールド …………………193
4　生体組織の利用 ………………………195
5　おわりに ……………………………196

第2章　バイオマス繊維　　山根秀樹

1　はじめに ……………………………198
2　キチン・キトサン繊維 ………………199

3 アルギン酸繊維 …………………201 | 4 デンプン（アミロース）繊維 …………202

第3章　自動車部品　　稲生隆嗣

1 背景 ……………………………206
2 実用化例 ………………………206
　2.1 天然繊維 ……………………206
　2.2 バイオプラスチック ………206
3 研究事例 ………………………208
　3.1 天然繊維とバイオプラスチックの
　　　複合材料 …………………208
　3.2 射出成形材 ………………209
　3.3 繊維系材料 ………………210
　3.4 ウレタンフォーム材料 ……210
4 おわりに ………………………211

第4章　光，電子材料　　田實佳郎

1 はじめに ………………………213
2 PLLA結晶構造 ………………214
3 PLLA結晶の旋光性 …………214
4 PLLA膜の圧電性 ……………217
5 まとめ …………………………219

第5章　塗料・インキ・接着バインダー（バイロエコール）
宮本貴志

1 概要 ……………………………221
2 はじめに ………………………221
3 東洋紡績における機能性ポリ乳酸樹脂開発の歴史 …………………222
4 バイロエコールとは …………223
　4.1 バイロエコール溶剤溶解性 …223
　4.2 バイロエコールの物性 ……223
　4.3 バイロエコール分子量 ……224
　4.4 バイロエコール有機溶剤溶解品を経由するエマルジョンの製造方法 …225
　4.5 バイロエコール硬化反応と各種物性の変化 …………………225
5 接着剤としての評価 …………225
　5.1 有機溶剤系ヒートシール材 …225
　5.2 有機溶剤系ドライラミ接着剤 …226
6 グラビアインキ ………………226
7 まとめ …………………………228

第6章　家電，携帯電話　　　位地正年

1　はじめに …………………………229
2　ケナフ繊維添加ポリ乳酸の開発 ………229
　2.1　ケナフ繊維等の植物成分によるポリ乳酸の高機能化……………229
　2.2　携帯電話用ケナフ繊維添加ポリ乳酸の実用化とエコ携帯電話への搭載………………………………231
3　難燃性ポリ乳酸の開発 ………………234
4　まとめと今後 ……………………235

第7章　エレクトロニクス機器への応用　　　森　浩之

1　はじめに …………………………237
2　取組みの経緯 ……………………237
　2.1　筐体への応用 …………………237
　2.2　難燃性の向上 …………………239
　2.3　成形性の向上 …………………239
　2.4　非接触ICカードへの応用 ………240
3　現状の課題 ………………………240
4　今後の展開 ………………………241

第8章　農業資材　　　伊藤正則

1　はじめに …………………………242
2　農業資材と生分解性プラスチック製品 ………………………………242
3　生分解性プラスチック製品の生分解性と「グリーンプラ認証マーク」 ………243
4　生分解性プラスチックの種類 ………244
5　生分解性マルチフィルムの機能について …………………………244
6　生分解性マルチフィルムの処方設計 …246
7　生分解性マルチフィルムメーカー ……248
8　㈱ユニックの取り組み状況 …………250
　8.1　生分解性マルチフィルムの開発経緯 ……………………………250
　8.2　㈱ユニックの生分解性マルチフィルムの使用状況 …………………251
　　8.2.1　一般野菜栽培での生分解性マルチフィルムの使用状況 ………251
　　8.2.2　葉たばこ栽培での生分解性マルチフィルムの使用状況 ………251
9　生分解性マルチフィルムの規格 ………252
10　環境に与える負荷（炭酸ガス発生量の試算・LCA評価） ………………253
11　今後の課題と展開 ………………255
12　おわりに ………………………255

【第4編　国内の動向】

第1章　バイオベースポリマーに関する政府プロジェクト　　江口　有

1. はじめに …………………………259
2. 科学技術基本法，第3期科学技術基本計画とバイオテクノロジー戦略大綱 …259
3. バイオマス・ニッポン総合戦略 ………260
4. 技術戦略マップ …………………262
5. 生物機能活用型循環産業システム創造プログラム …………………262
6. 個別プロジェクト―「バイオプロセス実用化開発プロジェクト」（NEDO） …263
7. 個別プロジェクト―「愛・地球博におけるバイオマスプラスチック利活用実証事業」（経済産業省） ……………263
8. 個別プロジェクト―海外でのバイオマス資源調査研究（NEDO） …………264
9. 個別プロジェクト―「木質資源循環利用技術の開発」（林野庁） …………265
10. バイオポリマーの認証 ……………265
11. おわりに …………………………266

第2章　国内バイオマスの利用状況　　橋本和久

1. バイオマスとは …………………267
2. バイオマス資源の賦存量 ………268
3. バイオマス資源の利活用技術の現状 …269
   - 3.1 エネルギー利用 …………269
   - 3.2 マテリアル利用 …………270
4. バイオマス利活用の動向 ………271
   - 4.1 エネルギー利用の実例（実用化及び実証） ………………………271
     - 4.1.1 直接燃焼の実例 ……271
     - 4.1.2 エタノール発酵の実証 …272
     - 4.1.3 RDF発電 ……………272
   - 4.2 マテリアル利用の実例（実証及び実用化） ……………………273
     - 4.2.1 堆肥化，飼料化，建築資材化 …273
     - 4.2.2 バイオマスベースプラスチック化 ……………………273
5. 国内市場規模の現状 ……………276
6. バイオプラスチックの市場予測 ………277
7. まとめ …………………………279

序論　バイオベースマテリアルの役割と将来展望

小原仁実*

1　石油からバイオマスへの転換

　最近，石油が限りある資源であることを強く感じさせる報道が多い。例えば2001年末に1バレル＝20ドル以下だった原油価格は，今や70ドルを突破して値上がりを続けている。これは中東の政情不安と言うよりは，慢性的な原油供給不安が背後にあるに違いない。その裏付けとして，北海油田がすでに生産量のピークを迎えている。また，世界最大のガワール油田は，既に圧力が低下し自噴しないので，多量の海水を注入している。そして，OPECの主要メンバーのインドネシアですら石油の純輸入国となっている。さらに，近年大きな油田の発見はなく，莫大な設備投資をすれば原油の生産量が増えるなどというのは過去の話だ。原油産出のために投入するエネルギー量よりも，産出した原油から得られるエネルギー量が多くなければ，いくら設備投資しても意味がない。人類は地球の有限性に直面しているのである。石油をガブ飲みした時代は終わった[1]。少し長期的に見れば，人類史上で石油をふんだんに使用できるのは一瞬であることは明白であり，この事実から目をそらしてはいけない（図1）。しかし，先進国から「パーティーは終わったから飲み物（石油）は残っていないよ！」といわれても，新興工業国は納得がいかないだろう。自国の経済発展を減速させないためにもエネルギー確保に血眼になることは必至である。

　新興工業国の言い分に一理あるにせよ，また石油枯渇の問題はさておいても，大気中の炭酸ガスをこれ以上増加させても良いのであろうか？このまま大気中の炭酸ガスが増加すると2100年には1990年に比べて気温が1.4～5.8℃上昇し，9～88cm海面が上昇すると予測されている[2]。2005年8月に米国を襲ったハリケーン「カトリーナ」と温暖化の影響を指摘する識者も多い。皮肉にもカトリーナは米メキシコ湾岸の石油精製施設に甚大な被害をもたらした。少しでも石油の消費を抑え，炭酸ガスの増加に歯止めをかけなければいけない。

　石油に代わりバイオマスが注目される理由は，エネルギーとしてカーボンニュートラルだということが挙げられる。また，太陽から地球に届くエネルギー量が膨大であり，バイオマスがそのエネルギーを蓄積しているということも重要である。どれだけ膨大なエネルギーが太陽から地球

＊　Hitomi Ohara　京都工芸繊維大学　バイオベースマテリアル研究センター　教授

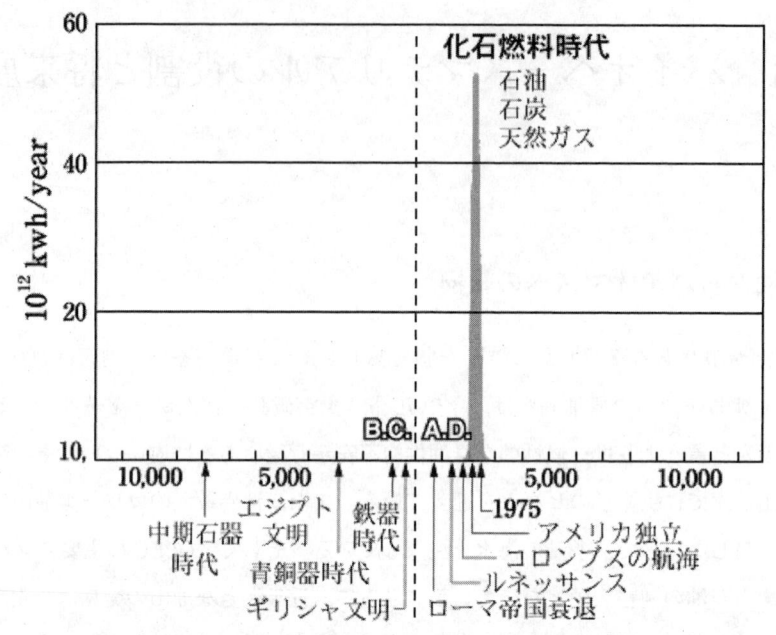

図1 一瞬でしかない現代の化石燃料時代（出典：オレゴン州政府，1975年）

に降り注いでいるかを述べてみよう。1時間当たりに太陽から地球に届くエネルギーは$620×10^{18}$ジュールである。一方，世界で1年間に消費されるエネルギーは約$430×10^{18}$ジュールである。太陽エネルギーの約0.02％が光合成に使用され1年間に2750億トンの炭酸ガスが固定化される。そのバイオマス量をエネルギーに換算すると，世界の1次エネルギーの約10倍程度と推定されている。このように，地球が受け取る太陽光のエネルギーは膨大であり，そのエネルギーを蓄積するバイオマスを如何に有効に利用するかが人類の存亡を左右するといえる。

2　エタノールとバイオプラスチック

わが国では年間2.6億トンの石油が消費されており，4割が工場や家庭などの熱源として，4割が自動車や船舶，飛行機などの動力源として，残りの2割が洗剤・プラスチックなどの化学製品の原料として使われている[3]。資源エネルギー庁は新・国家エネルギー戦略を平成18年5月に公表したが[4]，それによると，現在およそ50％である石油依存度を2030年までに40％を下回る水準とするとしている。本戦略はエネルギーに関するものであり，プラスチックの脱石油化に関しては言及していない。

ブラジルでは1930年代からエタノール自動車が走っていた。経済事情から石油をふんだんに輸入できなかったので，自国で栽培しているサトウキビから燃料用エタノールを生産したのであ

る。そして，1970年代の第一次，第二次石油ショックでその動きはさらに推進され，1975年にはエタノールを自動車用燃料として使用するという国策を制定した。いまや世界のエネルギー政策の流れは完全にエタノールである。エタノールのことばかり言及したが，バイオプラスチックはその延長上にあると考えている。それは，同じようにバイオマスを原料にしており，石油化学工業に見られるように産業として発展していく段階で密接に関わっていくと考えられるからである。

3　バイオリファイナリーでのプラスチックの生産

米国においては，クリントン政権時代の1999年8月に大統領令（13134号）「バイオ製品・バイオエネルギーの開発促進」が発令された。ブッシュ政権も基本的にはこの政策を踏襲しており，2006年1月の一般教書演説ではコーンはもとより，非可食性木質系バイオマスからエタノールの製造を6年以内に実現し，その他のエネルギー政策と合わせて，2025年までに中東からの石油輸入を75％削減することを目標とすることを発表している。それを，具体化するのが石油ベースのオイルリファイナリーからバイオリファイナリーへの転換である。バイオリファイナリーとは，バイオマスから燃料および化成品を生産するためのバイオマス転換プロセスを統合する技術コンセプトである。特に化成品においては，エチレンを主体とする従来の石油化学製品とは異なった製品の創出が期待されている。米国ではこのようなバイオリファイナリーを10箇所作る計画であり，2020年には燃料用石油の10％，2030年には20％をバイオリファイナリーで製造されたバイオ燃料で代替する計画である（図2）。さらに，エチレングリコール，乳酸，プ

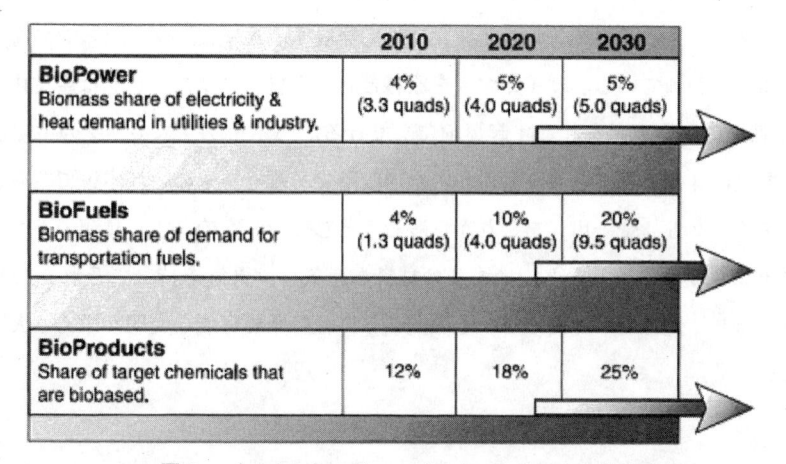

	2010	2020	2030
BioPower Biomass share of electricity & heat demand in utilities & industry.	4% (3.3 quads)	5% (4.0 quads)	5% (5.0 quads)
BioFuels Biomass share of demand for transportation fuels.	4% (1.3 quads)	10% (4.0 quads)	20% (9.5 quads)
BioProducts Share of target chemicals that are biobased.	12%	18%	25%

図2　バイオエネルギー，バイオマテリアルの生産目標

ロパンジオール，コハク酸などプラスチックの原料を生産し，トウモロコシ起源のバイオプラスチック市場を2010年までに12兆円という市場に持っていこうとしている[5]。米国民間企業も1980年代からライフサイエンス志向を強めており，デュポン社，ダイバーサ社，ディーア社がミシガン政府とバイオリファイナリーのプロジェクトを推進し，バイオポリエステルの原料である1,3-プロパンジオールの発酵生産の開発を行っている。また，穀物商社のカーギル社と総合化学企業のダウ社の折半出資で1997年に設立されたカーギル・ダウ社が2001年に年産14万トンのプラントを立ち上げたことは良く知られている。

一方，ヨーロッパでは欧州化学工業協会（Cefic）と欧州バイオ工業協会（EuropaBio）とが共同で，「維持可能な化学（Sustainable Chemistry; SusChem）」のための欧州テクノロジー・プラットフォーム（ETP）を発足させ，ホワイト・バイオテクノロジーの推進を図ることとした。ホワイト・バイオテクノロジーとは工業用バイオテクノロジーを指し，化学物質や原料，燃料を維持的に処理し生産するためのバイオテクノロジーである。彼らはバイオベースポリマーを大きく二つに分け，バイオメディカルとポリマーバイオマテリアルとしている。バイオマテリアルをさらに3つの主要部門に分け，再生可能な原料をベースにしたバイオベースプラスチック，より複雑で多くの機能を備えた最先端ポリマー，生物系が製品の製造にインスピレーションを与えるバイオインスパイアード材料としている。本書のタイトルでも使用している「バイオベースマテリアル」は，これらの材料を包含するものであることは言うまでもない。この分類は大変示唆に富むものであり，本書はそれらを全てカバーしていると自負している。

4 おわりに

基礎研究から開発への移行段階で「魔の川」の障壁があり，開発から事業化への移行段階に「死の谷」の障壁があり，さらに事業化から産業化に拡大発展するまでに「ダーウィンの海」という市場淘汰があると言われている。バイオマスを原料とした燃料やプラスチックは産業化という枠を超えて，21世紀に産業革命を起こす起爆剤になりうる。バイオプラスチックの中で最も普及しているポリ乳酸は「死の谷」を渡りきるか否かの段階であろう。その他，本書で紹介されているバイオプラスチックも「魔の川」をこれから渡ろうとしているもの，さらに死の谷へと向かうものがあるように見受ける。しかし，いずれの材料も元気に，勇気を持ってそれを乗り越え，「ダーウィンの海」に挑んでいくだろう。その向こうに維持発展可能な文明が栄える大陸を発見するに違いない。

文　　献

1) The Party's Over, New Society Publishers, Richard Heinberg (2003)
2) Intergovernmental Panel on Climate Change (2001)
3) 石油連盟（http://oil-info.ieej.or.jp/static/whats/1-1j.html）
4) 経済産業省（http://www.meti.go.jp）
5) 米国・欧州のバイオリファイナリーの動向，平成16年度NEDO成果報告書

第1編　基礎技術・素材編

第1章　フェノール類からのポリマー

小林四郎*

1　はじめに

　自然界には生命現象維持に預かる多数のフェノール類化合物が存在する。必須アミノ酸の一つチロシンはフェノール誘導体であり，又ポリフェノールと総称される化合物に属するフラボノイド類（カテキン類はその一種）はカテコール骨格をもつ物質群である（図1）。(ここでいうポリフェノールはフェノール性水酸基を同一芳香環上に二つ以上もつ化合物のことを意味し，フェノールを重合して得られるポリマーを意味するポリフェノールと区別する。) 最近，緑茶や赤ワインを常に飲んでいる人はガンになり難いとの報告が話題になったが，その理由はそれらに含まれるカテキン類の抗酸化作用によると説明された[1,2]。これらポリフェノール類は通常抗菌性，抗炎症性を示す。生細胞中では種々の酸化還元酵素（ペルオキシダーゼ，ラッカーゼ，ビリルビンオキシダーゼ等）が代謝を司り各種フェノール化合物の酸化重合触媒として作用することが知られる。例えば，チロシンはチロシナーゼ酵素により酸化されドーパミンとなり，酸化重合して最終的にはシミの原因物質であるメラニンを生成する（図2）[3]。本章では主としてバイオベースフェノール類からのポリマーの合成と性質について述べる。

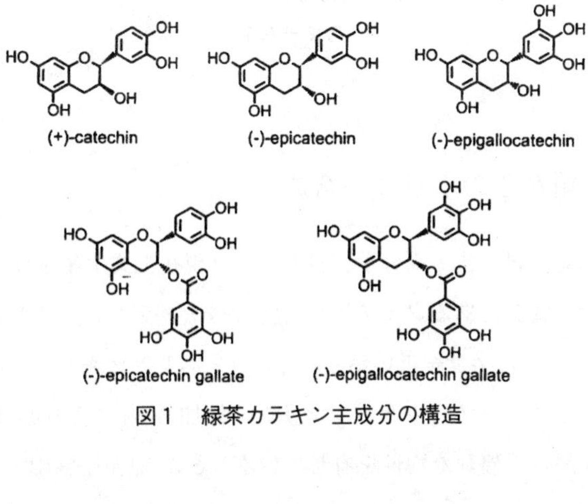

図1　緑茶カテキン主成分の構造

---

*　Shiro Kobayashi　京都工芸繊維大学　バイオベースマテリアル研究センター　特任教授

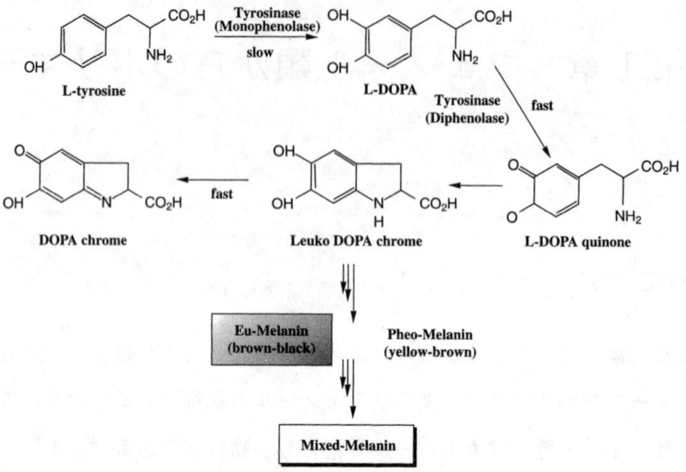

図2 チロシンの酸化重合機構

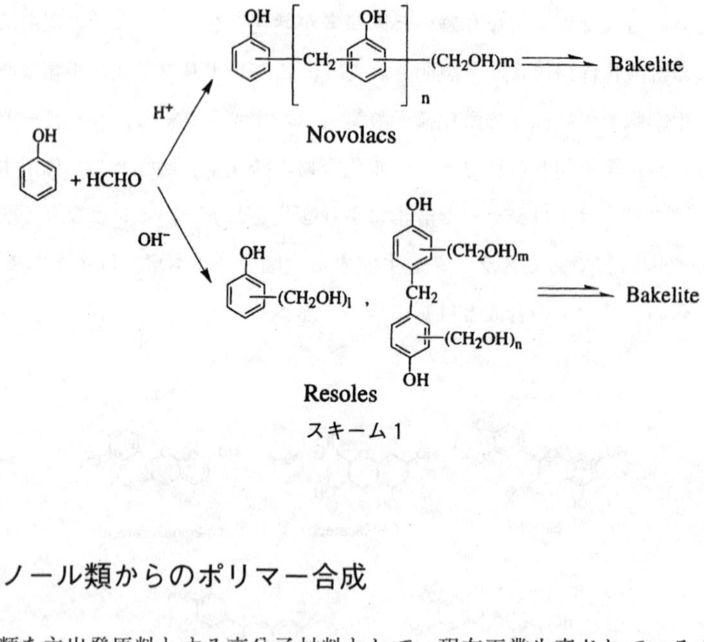

スキーム1

2 フェノール類からのポリマー合成

フェノール類を主出発原料とする高分子材料として，現在工業生産されているポリマーの代表例としては，1世紀近い歴史のあるフェノール樹脂（ベークライト，ノボラックとレゾールがプレポリマー）（スキーム1）と半世紀近いポリ（1,4-フェニレンオキシド）（PPO）（スキーム2）がある。フェノール樹脂はフェノールとホルマリンの付加−縮合により製造される熱硬化性樹脂である。安価でありながら，優れた物性を有していることから幅広く用いられてきた。しかし近年，毒性の高いホルマリンを用いていることから，その使用が制限されつつある。また，PPOは2,6-ジメチルフェノールの酸化重合により製造される。耐衝撃性，耐熱性，耐薬品性に優れたエ

第1章 フェノール類からのポリマー

スキーム2

スキーム3

スキーム4

ンジニアリングプラスティックであり，ポリスチレンとのブレンド品が変成PPO樹脂として広く使用されている。

　無置換フェノールの単独重合は以前に鉄や銅化合物を酸化剤として行われたことがあるが，系は汚く不溶物を与え構造制御できない。一方，西洋ワサビペルオキシダーゼ（HRP）や大豆ペルオキシダーゼ（SBP）は鉄を活性中心に持つ酸化還元酵素で，それらを触媒とするフェノールの酸化重合では，系が綺麗で反応制御が可能，分子量が3000〜6000，可溶性のポリフェノールが得られる（スキーム3）[4]。なお，酵素を触媒とする試験管内高分子合成反応は「酵素触媒重合」として知られ，酸化還元酵素の他，転移酵素や加水分解酵素が広範に用いられる。その定義は『単離された酵素を触媒として用いた非生合成経路による *in vitro* 高分子合成反応』である。本手法によりフェノール類の新しい酸化重合体の合成，セルロース，キチン，ヒアルロン酸，コンドロイチンのような複雑な構造をもつ天然多糖，新規機能性ポリエステル等の合成が初めて可能になった[5]。

　フェノール誘導体のアルブチンがペルオキシダーゼ触媒による酸化重合により，分子量1600〜3000，水溶性のポリマーを与える。その酸性脱グリコシル化反応により，酸化還元機能をもつポリ（ヒドロキノン）を得た[6]（スキーム4）。

スキーム5の構造:

L-Form, R=Et, X=NH₃⁺Cl⁻
L-Form, R=Me, X=NH₃⁺Cl⁻
D-Form, R=Me, X=NH₃⁺Cl⁻
D,L-Form, R=Et, X=NH₃⁺Cl⁻
L-Form, R=H, X=NHC(=O)CH₃

スキーム5

スキーム6

チロシンエステルはフェノール化合物であり，ペルオキシダーゼ触媒による緩衝液中の酸化重合で分子量 1500〜4000 のポリ（チロシンエステル）を生成した[7]（スキーム5）。ポリマー構造はフェニレンユニット（C-C 結合）及びオキシフェニレンユニット（C-O 結合）の混合したものと考えている。ラセミ体，エナンチオマーの種類に関わらず重合する。ポリマーをアルカリ加水分解するとフリーアミノ酸基を側鎖にもつフェノール型ポリチロシンが得られる。これはいわゆるペプチド型ポリチロシンとは異なる。水にのみ可溶である。一方，プロテアーゼ酵素触媒ではポリ（α-ペプチド）が得られる。

植物由来フェノール化合物のシリンガ酸は HRP 又は SBP により脱炭酸を伴って酸化重合されてポリ（2,6-ジメトキシ-1,4-オキシフェニレン）を与える（スキーム6）。さらに三塩化ホウ素を用いる脱メチル化により 2,6-ヒドロキシ体を得た[8]。

最近，Dip Pen Nanolithography（DPN）というナノスケール表面パターンの印刷法が注目されている[9]。この手法にカフェイン酸（3,4-ジヒドロキシ桂皮酸）の酵素触媒重合が用いられた。本法の原理を図3に示す[10]。シリコンウェハーにコートした金板上に 4-アミノチオフェノール（p-ATP）をスルフィド結合させ，そのウェハーをモノマー溶液に浸漬することによりカフェイン酸を吸着させ，原子間力顕微鏡（AFM）を用いてパターン化したカフェイン酸を HRP 触媒で酸化重合する。こうして，幅〜260 nm，高さ数十 nm の平行線パターンが描かれた。酵素法は H_2O_2/HRP 溶液に容易に浸漬出来，重合させることが出来るので便利な系である。カフェイン酸ポリマーの分子量は〜1200 で，ポリマーには遊離水酸基が存在せず，C-C 結合したオルトキノン構造（スキーム7（A））を持つことを示す。これは溶液重合で C-O-C 結合構造（B）が生

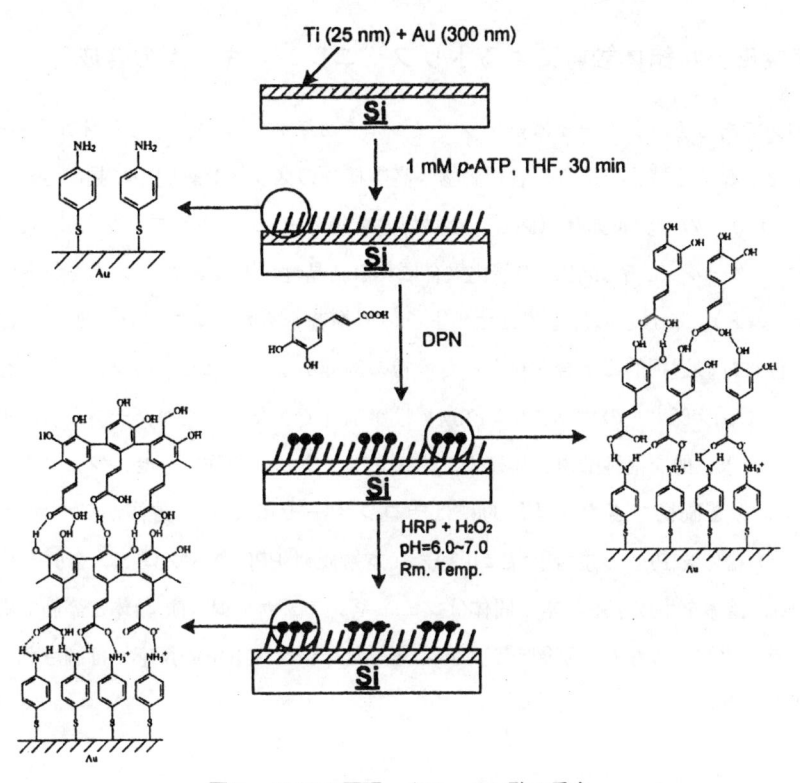

第1章　フェノール類からのポリマー

図3　DPNの原理―カフェイン酸の重合

スキーム7

成するのとは対照的である。この位置選択的重合はp-ATPがカフェイン酸の鋳型となり規則正しく吸着される結果，中間体ラジカルのキノン構造を安定化するためC-C結合が優先的に生成する，と説明された。

3 酵素モデル錯体触媒によるポリフェニレンオキシドの合成

銅タンパクであるチロシナーゼはモノフェノールをカテコールに，さらにオルト-キノンに酸化する反応を触媒する酵素であり，各種動物，高等植物のメラミン細胞中に見出されている（図2）。チロシナーゼのモデル錯体（図4）を触媒とする4-フェノキシフェノール（PPL）や2,5-ジメチルフェノール（2,5-Me$_2$P）の酸化重合による結晶性ポリフェニレンオキシドが合成された[11]（スキーム8）。これらの反応ではオルト位に置換基をもたないフェノール化合物にもかかわらずパラ位に位置選択的に重合が起こった最初の例である。これまでのフェノール類の酸化重合ではフェノキシラジカルのカップリング選択性が制御できなかったが，チロシナーゼの反応機構を参考にし，求核的な活性酸素錯体によりフェノラート錯体を作成させ，フェノキシラジカルのカップリングを制御できた。具体的にはチロシナーゼのモデル錯体から導かれる求核的 μ-η^2:η^2-O$_2$ 錯体を PPL の重合触媒に用いた。本触媒は PPL からプロトンを引き抜き，フェノキシ銅（II）錯体を生成する。本中間体はフェノキシラジカル銅（I）錯体と等価である。これらはフリーラジカルではなく，制御ラジカルであるためにオルト位の反応が抑制され，反応の位置選択性が達成された。

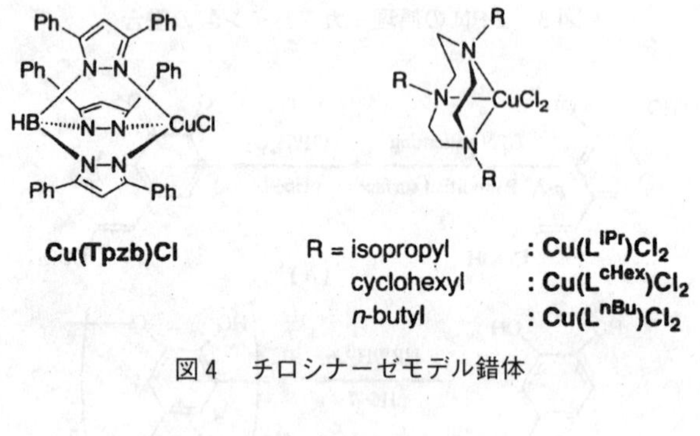

図4 チロシナーゼモデル錯体

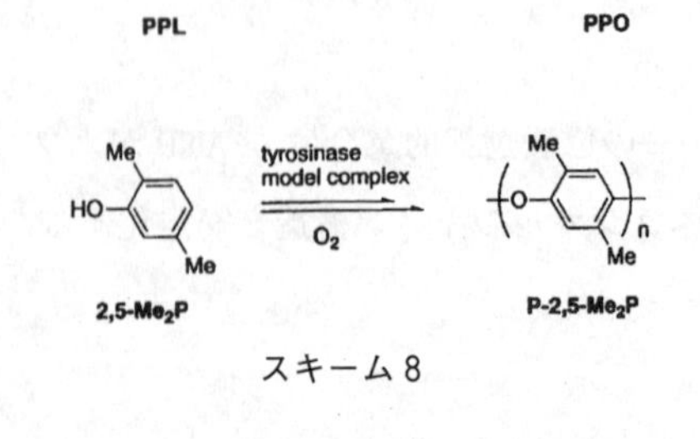

スキーム8

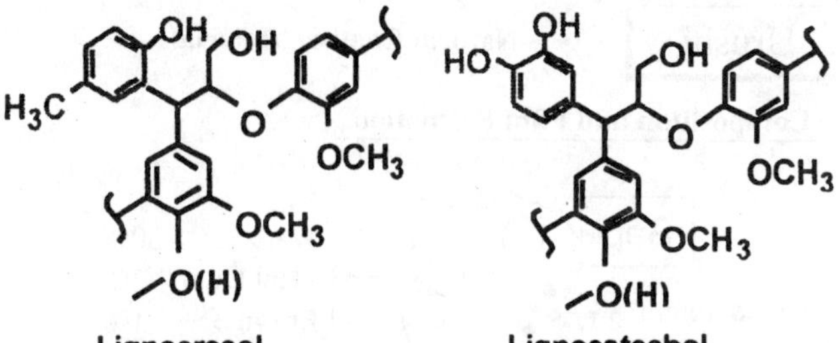

第1章 フェノール類からのポリマー

図5 リグニンに含まれる構造例

4 リグニンからのポリフェノール類

　木材の伐採量は世界合計20億トン／年以上（内工業用50％以上，他は燃材ほか）に達する。木材の主要構成成分は由来により異なるが，大雑把にセルロース（40〜70％），ヘミセルロース（10〜30％）及びリグニン（20〜30％）の三つである。前二者は多糖類を主成分としアルカリに溶解するが，後者は芳香族化合物の三次元架橋ポリマーで，それに対する良溶剤がないことが有効利用への研究を難しくしている。リグニンの構成単位についてはフェニルプロパン即ちベンゼン核に直鎖の炭素3個からなる側鎖の結合したものであることは確立されている。この核および側鎖に種々の基がついているので構成単位そのものも多様である。フェノール性水酸基やメトキシ基を持つクレゾールやカテコールを基本骨格として多く含み不溶性ポリマーのため，製紙工業等では残渣として工程の最後まで溜まってくる嫌われものである。この厄介物は量が多いにもかかわらず，適当な利用法がない。世界的にその応用開発研究が産学を問わず盛んに行われており，有効活用に向けての成果が待たれる。

　最近の研究によれば，木材粉をフェノール類溶剤及び硫酸水溶液によって処理することによりリグニン構造を開放し，フェノール類溶剤によりリグノフェノール誘導体（図5），及び硫酸水溶液によりセルロース等の炭水化物が抽出される，という酸/フェノール系相分離変換システムがリグニンの有効活用に有力という[12]。

　このようにして分離されたリグノフェノールやリグノカテコールの酸化重合が検討された。触媒としてHRP，漆ラッカーゼを用いた[13]。重合の代表例を示す。リグノカテコール50 mgとラッカーゼ10 mgをエタノール6 ml/リン酸緩衝液14 mlの混合溶媒中，空気下，30℃で反応を行うと時間経過と共にポリマー収率は増加し，48時間後86％収率でポリマーが得られた。生成ポリマーのIR測定からキノンに帰属されるピークが1647 cm^{-1}に現れることから重合はカテコール環からキノン中間体を経て進行していると推定された。リグノクレゾール，リグノカテコールとウルシオール，クレゾール等との共重合も検討された。ポリマーの熱的性質が調べられ，リグノ

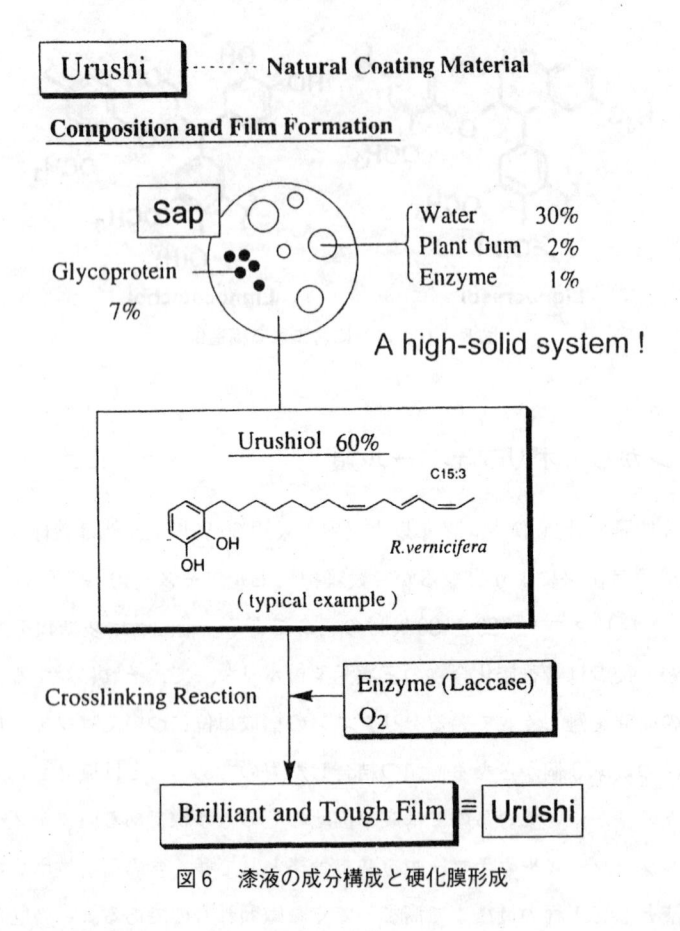

図6 漆液の成分構成と硬化膜形成

カテコールは200℃付近から流動性を示すのに対し，ポリマーは250℃まで流動しない。一方，ウルシオールとの共重合体ではネットワーク反応が高次におこるため殆ど流動性を示さない。また，得られたポリマーの牛血清アルブミンを用いたタンパク吸着特性が調べられている。

5 天然漆と人工漆

バイオベースフェノール類からのポリマーに属する代表例は天然漆である。漆は世界最古の天然塗料であり，日本文化の象徴的存在である。最近北海道の遺跡から漆片が発見され，その年代測定から縄文時代前期の9000年前にさかのぼることが分った。漆塗膜の美しさ，深さ，柔さ，光沢を備えたその質感と堅牢性は人工系塗料の追随を許さない。温和な条件下，水系，高固形分で硬化する環境調和型塗料である。漆は自然界で酵素を硬化触媒としている唯一の例でもある。図6は漆の成分と膜形成を概説したものである。天然漆液（Sap）はウルシオール含量～60％，水～30％の油中水滴型エマルジョンと考えられており，ラッカーゼ酵素の触媒作用，空気中の

第1章 フェノール類からのポリマー

スキーム9

酸素を酸化剤として硬化反応が進行する。

ウルシオールの構造は前世紀初頭,真島利行らによってほぼ解明された。それは,図6中に一例が示されているようにアルキル基又はアルケニル基が直接環3位に結合したカテコール誘導体である[14]。なお,ウルシオールは広い意味でフェノール誘導体と捉える事ができる。

近年,優れた硬化膜を与える日本産の漆樹液の生産量は極めて少なくなり,大変高価になったため特殊な用途のみに使われているのが現状である。一方,漆の出発物質であるウルシオールモノマーを化学合成するのは大変煩雑なプロセスを必要とするので実際的ではない。また,ウルシオールはかぶれを引き起こすという問題がある。そこで,天然漆システムから学び,より安価で,天然漆に似た性質をもつ,汎用に使用される人工漆の開発を目指した。

人工漆開発のため,様々なウルシオール類似体を合成し,硬化反応を検討した結果,再生可能資源を用いるに至った。フェノール誘導体のカルダノールを主成分として含むカシューナッツ殻液(CNSL)がウルシオール類似体として挙動し,人工漆が得られることを見出した[14]。カルダノールではフェノール環に直接不飽和基が結合しており,ウルシオールに極めて近い構造を有するが,かぶれを起さない(スキーム9)。カルダノール(CNSL)をペルオキシダーゼ又は鉄-サレン錯体(HRPのモデル錯体)で酸化重合すると Mn 2000〜4000 のプレポリマーを得る。

アプリケーターを用いて粘稠液からガラス板上でフィルムを形成させ,ナフテン酸コバルト(CNSLに対し3wt%)を触媒とする空気中酸素による架橋反応又は熱硬化(150℃,30分)により十分硬いフィルム,つまり人工漆が得られた[15]。この人工漆は外観上も天然漆に大変良く似ており,物性についても粘弾性測定から天然漆に近いことが確認された。

スキーム10

スキーム11

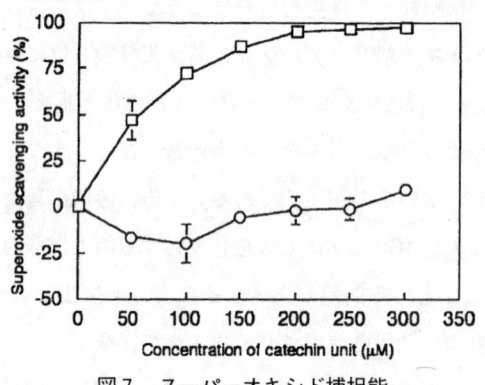

図7 スーパーオキシド捕捉能
カテキン（○），ポリカテキン（□）

6 ポリフェノール（フラボノイド）からのポリマー

フェノール類の重合をポリフェノール化合物（フラボノイド）（図1）の重合に展開した。緑茶やワインに含まれるカテキンのようなポリフェノールは高い抗酸化性を示し，抗ガン性を示すとして非常に注目されている。酵素触媒を用いてフラボノイドのポリマーが合成された[16]（スキーム10）。カテキン（1.45 g, 5.0 mmol），HRP（5 mg）をメタノール（9 ml）/リン酸緩衝液（21 ml, pH 7）の混合溶媒中，過酸化水素水（5％, 3.4 ml）を滴下し，24時間反応させ，可溶性ポリマー（分子量 $1.4×10^4$）を93％収率で得た。高分子化によりモノマーカテキンと較べ抗酸化性（スーパーオキシド捕捉能）が大きく増幅されることを見出した（図7）。

同様の高分子化による抗酸化作用の増幅現象はカテキン/アルデヒド縮合ポリマー（スキー

11) においても観測された[17]。生体内代謝において過剰のスーパーオキシドラジカル（SOR）は過酸化水素或いは高反応性ヒドロキシラジカルを生成し生体高分子に損傷を与えるので，それを避けなければならない。酸素分子とキサンチンからキサンチンオキシダーゼ（XO）の作用でつくられる SOR を捕捉する働きのあるスーパーオキシドディスミューターゼ（SOD）様活性を，合成した縮合ポリマーについて調べた。活性を IC_{50} 値（50% SOR 捕捉活性を示すモノマー単位当りの濃度）で示すと，縮合ポリマー（n=3）は〜3.5μM であり，カテキンモノマー〜18.0μM 及びビタミン C〜18.8μM の約5倍（濃度 1/5），BHT（ジブチルヒドロキシトルエン，良く知られた捕捉剤）＞＞200μM の50倍以上の活性を持つことが示された。このような傾向はカテキンのホモポリマーについても観られている。又，抗酸化性を有するカテキンポリマーの表面固定化粒子も報告された[18]。

7 おわりに

フェノール系ポリマーは現在産業上重要な位置を占めるが，バイオベースフェノール系ポリマーの研究は緒についたばかりである。フェノール類を出発モノマーとしてみた場合，構造が複雑なので重合反応制御が容易ではない。しかし，従来の化学合成では困難であった反応制御が，酵素並びにそのモデル錯体を触媒とすることにより構造制御された素性の良いポリマーを与えることが相当程度可能になった。CNSL が人工漆として実用化されればバイオベース高分子マテリアルとして，ポリエステル（ポリ乳酸を主とし発酵法ポリヒドロキシアルカン酸を含む）に続く例となる。早くそうなって欲しいものである。天然フェノール類は抗酸化性が優れ，そのポリマーは更に増殖されることが明らかになったので，自然に優しい抗酸化剤として各種工業抗酸化剤，食品添加剤，医薬方面への応用が期待される。

文　献

1) J. Jankun et al., *Nature*, **387**, 561 (1997)
2) A. Bordoni et al., *J. Nutr. Biochem.*, **13**, 103 (2002)
3) N. Kitajima et al., *J. Am. Chem. Soc.*, **114**, 1277 (1992)
4) (a) T. Oguchi et al., *Macromol. Rapid Commun.*, **20**, 401 (1999). (b) T. Oguchi, et al., *Bull. Chem. Soc. Japan*, **73**, 1389 (2000)
5) (a) S. Kobayashi, H. Uyama, S. Kimura, *Chem. Rev.*, **101**, 3793 (2001). (b) S. Kobayashi et

al., Bull. Chem. Soc. Japan, **74**, 613 (2001). (c) S. Kobayashi, *J. Polym. Sci., Polym. Chem. Ed.*, **37**, 3041 (1999). (d) S. Kobayashi 編著 "Catalysis in Precision Polymerization", John Wiley & Sons (1997). (e) S. Kobayashi *et al., Adv. Polym. Sci.*, **121**, 1 (1995). (f) 小林四郎, 高分子, **48**, 124 (1999)

6) P. Wang *et al., J. Am. Chem. Soc.*, **117**, 12885 (1995)
7) T. Fukuoka *et al., Biomacromolecules*, **3**, 768 (2002)
8) (a) R. Ikeda *et al., Polym. Int.*, **47**, 295 (1998). (b) R. Ikeda *et al., Polym. Bull.*, **38**, 273 (1997)
9) S. Hong, J. Zhu, C. A. Mirkin, *Science*, **286**, 523 (1999)
10) P. Xu *et al., J. Am. Chem. Soc.*, **127**, 11745 (2005)
11) (a) S. Kobayashi, H. Higashimura, *Prog. Polym. Sci.*, **28**, 1015 (2003). (b) H. Higashimura *et al., J. Am. Chem. Soc.*, **120**, 8529 (1998). (c) H. Higashimura *et al., Macromol. Rapid Commun.*, **21**, 1121 (2000). (d) H. Higashimura *et al., Macromolecules*, **33**, 1986 (2000)
12) M. Funaoka, *Polym. Int.*, **47**, 277 (1998)
13) (a) Z. Xia *et al., Biotechnol. Lett.*, **25**, 9 (2003). (b) Z. Xia *et al., Biochem. Biophys. Res. Commun.*, **315**, 704 (2004). (c) 科学技術振興機構 戦略的創造研究 (CREST) 研究領域 資源循環・エネルギーミニマム型システム技術「植物系分子素材の高度循環活用システムの構築」最終報告講演会要旨集 (2004 年 10 月)
14) 小林四郎, 現代化学, **7**, 28 (2003)
15) (a) S. Kobayashi *et al., Chem. Eur. J.*, **7**, 4754 (2001). (b) R. Ikeda *et al., Polymer*, **43**, 3475 (2002)
16) (a) L. Mejias *et al., Macromol. Biosci.*, **2**, 24 (2002). (b) M. Kurisawa *et al., Biomacromolecules*, **4**, 469 (2003). (c) M. Kurisawa *et al., Macromol. Biosci.*, **3**, 758 (2003). (d) M. Kurisawa *et al., Chem. Commun.*, 294 (2004).
17) (a) Y. J. Kim *et al., Biomacromolecules*, **5**, 113 (2004). (b) Y. J. Kim *et al., Biomacromolecules*, **5**, 547 (2004). (c) Y. J. Kim *et al., Chem. Biophys. Res. Commun.*, **320**, 256 (2004)
18) N. Ihara *et al., Chem. Lett.*, **32**, 816 (2003)

第2章 ポリ乳酸（ラクチド重合法）

木村良晴[*1], 福島和樹[*2]

　ポリ乳酸（poly(lactic acid)/polylactide: PLA）は生体内で加水分解を受けてその構成単位である乳酸にまで分解されて完全に代謝されるため、生体吸収性材料として開発され手術用縫合糸や骨接合材などに利用されてきた[1]。また、PLAは他の脂肪族ポリエステルと同様にコンポスト中で容易に生分解されるため、生分解性プラスチックとしても開発が進められてきた。最近ではPLAのモノマーである乳酸がトウモロコシなどの再生可能資源から生成されるポリマーであることが注目されるようになった。つまり乳酸はデンプンをブレークダウンして得られるグルコースなどの糖を発酵させて合成されるため[2]、その乳酸を重合して得られるPLAでは、使用後の焼却処理により新たな大気中への二酸化炭素の負荷が生じないということになる。すなわちカーボンニュートラルが実現されることを意味しており、PLAがバイオベースと言われる所以である。

1　ポリ乳酸の合成法

　ポリ乳酸は二種類の経路によって合成することができる。一つは乳酸の直接脱水縮合法であり、もう一方は乳酸の環状二量体であるラクチド（lactide）の開環重合法である。これら二つのポリ乳酸の合成ルートは図1のように図解することができる。またポリ乳酸を英語で表記するときpoly（lactic acid）またはpolylactideの二種の用語が用いられるのはこのためである。直接重合法については次章にて詳しく説明するが、プロセス的に完成していない。したがって、乳酸の直接脱水重合で生成した低分子量ポリ乳酸を一旦加熱分解させてラクチドを生成させ、それを開環重合させる方法が工業生産には採用されている。

[*1]　Yoshiharu Kimura　京都工芸繊維大学　大学院工芸科学研究科　生体分子工学部門　教授
　　　　　　　　　　　　　バイオベースマテリアル研究センター長

[*2]　Kazuki Fukushima　京都工芸繊維大学　大学院工芸科学研究科　博士後期課程
　　　　　　　　　　　　　日本学術振興会　特別研究員

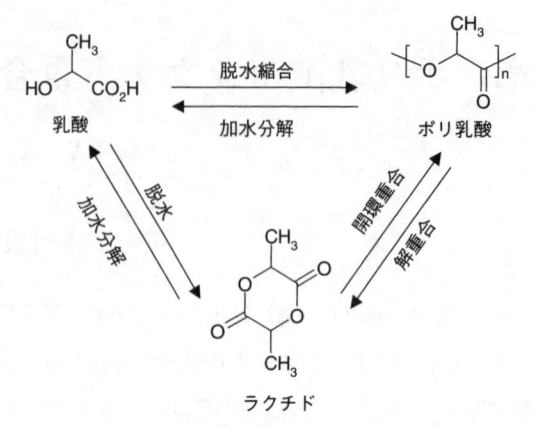

図1 ポリ乳酸の生成および分解反応[3]

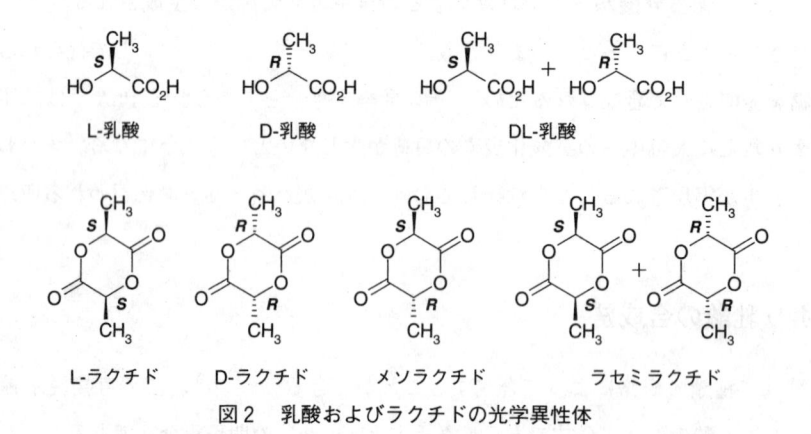

図2 乳酸およびラクチドの光学異性体

2 ラクチドとポリ乳酸の立体異性

　乳酸はその構造中に不斉炭素を有しており，鏡像異性体が存在する。乳酸はDL名称法で呼ばれることが多く，絶対配置法におけるR体はD-乳酸，S体はL-乳酸，ラセミ体はDL-乳酸に対応する。同様に，二量体であるラクチドにも光学異性体が存在し，構造中の2つの不斉炭素が共にR配置またはS配置であるものをD-ラクチド（D-lactide），L-ラクチド（L-lactide），一方がR配置でもう一方がS配置で構成されるものをメソラクチド（*meso*-lactide），L体とD体の混合物をラセミラクチド（*rac*-lactide）と呼ぶ。なお，DL-ラクチド（DL-lactide）という表記は*meso*-体とも*rac*-体とも解釈される場合が生ずるゆえ，筆者らはこの名称の使用を控えている。図2に各乳酸とラクチドの構造を示してある。

　このように，モノマーに光学活性があるため，ポリマーにもそれに基づく立体異性が生ずる。

L-乳酸またはD-乳酸単位からなるポリマーをそれぞれポリ-L-乳酸（PLLA），ポリ-D-乳酸（PDLA）と呼ぶ。これらは結晶性のポリマーで互いに鏡像異性体の関係にあり，旋光性は逆を示すが化学的，物理的性質は同一である。また，L-およびD-乳酸単位がランダムに配列したポリマーをポリ-DL-乳酸（PDLLA）と呼び，透明な非晶性ポリマーとなる。PLLA, PDLAはそれぞれL-ラクチドまたはD-ラクチドの単独重合によって合成される。また，PDLLAは*rac*-ラクチドもしくは*meso*-ラクチドの重合によって合成される。一方，PLLAとPDLAを1：1で混合するとステレオコンプレックスが形成される。これはラセミ結晶でその融点が230〜240℃となり，単独重合体に比べて50℃以上高くなる[4]。このため，各用途に応じてこれら構造の異なるポリ乳酸を選択することができる。

3　ラクチドの重合法

ラクチド重合法においてモノマーの純度は得られるポリマーの分子量や融点に大きな影響を与える。このため，モノマーは酢酸エチル等で再結晶して精製されている。ラクチドの重合には，触媒が必須であるが，スズ系，亜鉛系，アルミニウムアルコキシド錯体系が主として利用されてきた。重合後に触媒を生成ポリマーから完全に除去することは難しく，残存触媒が生体吸収性の医用材料としてポリ乳酸を利用する際に懸念されており，課題となっている。経験的に，スズ系触媒はその生体毒性が比較的低く，アメリカ食品医薬品局（FDA）も承認していることから最も多く用いられている。特によく利用されているのがオクチル酸スズ（$Sn(Oct)_2$）である。

4　ラクチドの重合動力学

ラクチドの開環重合はアシル-酸素開裂で進行する。一般に開環重合では，モノマー-ポリマー間に熱力学的な環鎖平衡が存在する。すなわち重合度nの生長鎖をP_n^*，モノマーをMで表すと生長反応は(1)式のような平衡反応で表される。

$$P_n^* + M \rightleftarrows P_{n+1}^* \tag{1}$$

この平衡反応における平衡定数Kは（2）式で与えられる。

$$K = [P_{n+1}^*]/[P_n^*][M]_{eq} \tag{2}$$

ここで，重合度nが十分に大きいとき$[P_n^*]=[P_{n+1}^*]$と近似することとなり，反応が平衡に達している時のモノマー濃度を$[M]_{eq}$（平衡モノマー濃度）とおくと，$K=1/[M]_{eq}$となる。従って，$[M]_{eq}$以下の濃度で重合してもポリマーは生成しない。また，モノマー初濃度を$[M]_0$とすると到達しうる最大の反応率pは

$$p = ([M]_0 - [M]_{eq})/[M]_0 \times 100 \ (\%) \tag{3}$$

となる。このため、$[M]_{eq}$が小さいほど重合しやすいことがわかる。また、ラクチドの重合は塊状溶融重合（バルク重合）と溶液重合の両方が利用される。一般にバルク重合は高モノマー濃度となるため重合速度は速くなるが、モノマーやポリマーの融点以上で行うため高温での加熱を必要とし、使用する触媒は融解状態のモノマーやポリマーに相溶性を示すものを使用する必要がある。一方、溶液重合は低温で穏やかな条件で行えるため、副反応であるエステル交換や生成ポリマーの熱解重合が生じにくい。但し、溶媒にはモノマー、ポリマーともに溶解するものを選択する必要があり、クロロホルム、塩化メチレン、トルエン、1,4-ジオキサン、THF、DMF、などが使用される。

5 ラクチドの重合機構

$Sn(Oct)_2$によるラクチドの重合においてアルコールなどのヒドロキシル化合物が開始剤として使用される。$Sn(Oct)_2$単独でも重合反応は進行するが、この単独触媒系においてもモノマーや溶媒中に含まれている水分などの不純物が開始剤として作用しており、分子量など重合の制御は困難である。$Sn(Oct)_2$/ROH触媒系によるラクチドの重合にはこれまで、幾つかの反応機構が提案されてきた。大きく分けると、（1）カチオン重合機構[5]、（2）活性化モノマー機構[6]、（3）直接反応機構[7]、（4）配位挿入機構[8]がある。図3に各反応機構をまとめて示す。現在は機構（4）が有力視されている。この配位挿入機構では、$Sn(Oct)_2$とROHとの間で配位子交換が起こり-Sn-ORが生成する。これが真の開始剤として働き、スズによって活性化されたラクチドのカルボニル炭素にアルコキシドが求核攻撃して重合が開始される。生長反応も同様にスズ-酸素間にラクチドが挿入されて重合度が上昇していく。DudaやPenczekらのTOF-MASSによる研究によって、生長ポリマー末端にスズが結合されていること（Sn-O-PLA）が示され、機構（4）が強く支持されるようになった[8a]。カチオン機構の場合、生長ポリマー末端にはスズは結合しないうえ、開始剤として塩基であるアミンを添加した場合に活性種であるカチオンが失活するという予測に反して重合速度が向上したこと、さらに対イオンとしてのオクチル酸アニオンの存在が認められていないことより、その可能性は低いとされた。活性化モノマー機構では、$Sn(Oct)_2$、ラクチド、ROHの3種が錯体を形成して重合が進行していく。この場合、スズ原子はイオン・共有結合のいずれも介さず終始フリーな状態で反応に関与するとされており、前述の通りSn-O-PLAを検出している事実に反する。直接反応機構は$Sn(Oct)_2$単独でも重合する実験結果から提唱されたが、オクチル酸アニオンのモノマーのカルボニル炭素への求核攻撃によって生ずる酸無水物の末端構造が確認されていない。

1) カチオン重合機構

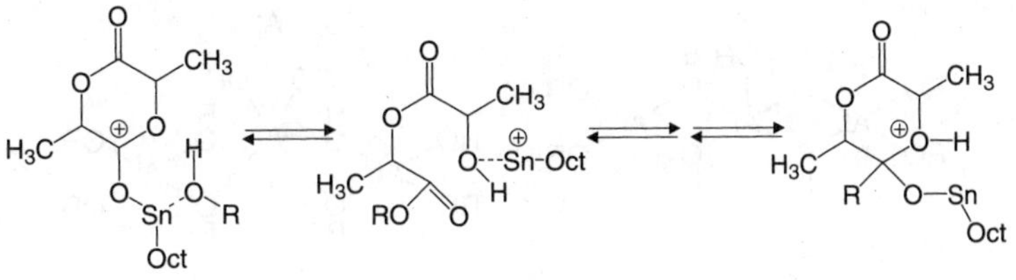

2) 活性化モノマー機構

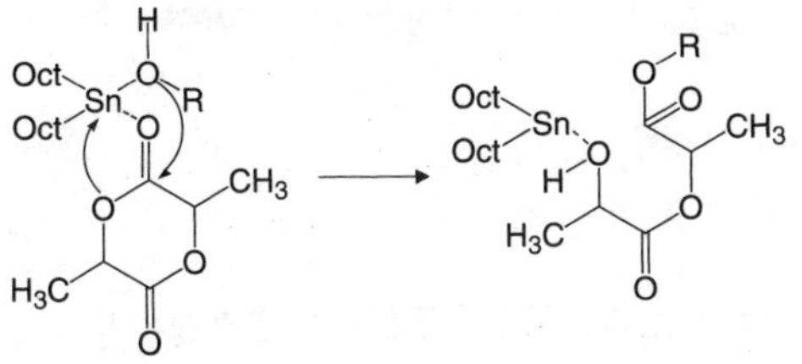

3) 直接反応機構

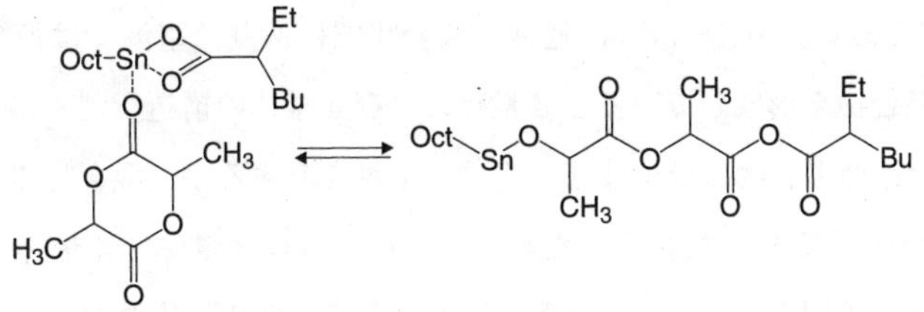

4) 配位挿入機構

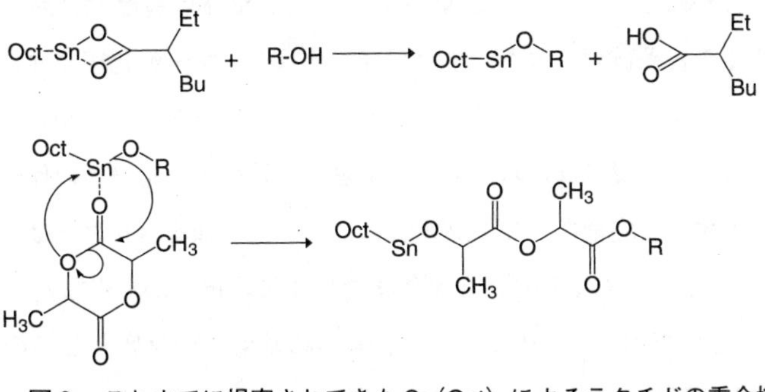

図3 これまでに提案されてきた Sn(Oct)$_2$ によるラクチドの重合機構[5~8]

Sn(Oct)$_2$/ROH 系にオクチル酸を添加すると，添加量の増大に伴って重合速度は減少する。従って，水の共存下に Sn(Oct)$_2$ が加水分解してオクチル酸が生成しても触媒として十分に働くことを意味している。しかし，重合をよりよく制御したいときは反応系全体において入念な脱水処理が必要とされる。Sn-OR の形成を伴う配位挿入機構の考えによると Sn(Oct)$_2$ は単独では触媒でも開始剤でもなく Sn-OR が真の開始剤となるということである。

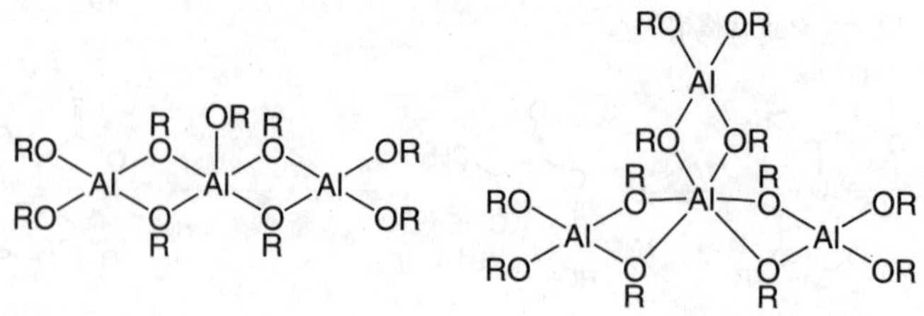

図4　Al(O-$_i$Pr)$_3$の3量体（A$_3$）および4量体（A$_4$）の構造[9]

6　アルミニウム系触媒

　アルミニウムアルコキシド錯体はその入手性の容易さも手伝って様々なポリマー系で使用されている。ラクチドの重合に用いられるアルコキシドの中で代表的なものはアルミニウムイソプロポキシド（Al(O-$_i$Pr)$_3$）である。Al(O-$_i$Pr)$_3$は通常，会合状態にあり，室温では液体状の3量体と固体の4量体の平衡混合物を形成している。3量体および4量体の構造を図4に示した。減圧蒸留によって精製された平衡混合物はそのままでも重合活性を有するが，混合物であるがゆえ速度論的解析や重合制御が困難であった。そのため，Kowalski らは3量体と4量体を分離し，それぞれの重合挙動を詳細に検討した[9]。その結果，開始反応速度は3量体の方が4量体よりもかなり速くなることが明らかにされた。そしてNMRによって3量体は室温で容易にモノマーと反応して開始種を形成することが確認された。また，3量体はモノマー転化率と共に直線的に分子量が増加していくリビング重合性を示すが，4量体ではそれは生じない。しかし，3量体，4量体ともにモノマーがほぼ全て消費された時点での分子量は開始剤とモノマーの仕込み比から決定される目標分子量と一致する。完全なリビング重合によって得られるポリマーは分子量分布 M_w/M_n（PDIまたはMWD）が1に近くなるが，3量体または4量体単独から得られるポリマーはそれぞれ1.1～1.2，1.2～1.3を示す。このことから，重合の終盤に副反応としてのエステル交換反応が起こっていることが示唆され，その頻度は4量体の方が大きい。重合機構としては前述のSn–OR 同様に，各 Al–O–結合にモノマーが挿入して等価にポリマー鎖が生長していく配位挿入機構であると考えられている。この他にも Zn, Zr, Y, Fe, Ti, La など多くの遷移金属触媒のアルコキシド錯体が研究されている[10]。

7　リパーゼによる重合

　ラクチド重合に用いられる金属触媒の生体毒性が問題視されるようになり，遷移金属を含まな

い有機触媒や酵素重合が提案されるようになった。松村らはリパーゼによるラクチドのバルク開環重合を行い，生成するポリ乳酸の重量平均分子量（M_w）が27万に達すると報告している[11]。使用する酵素にもよるが，L-ラクチドやD-ラクチドの重合よりも meso-ラクチドまたは rac-ラクチドの重合の方が高分子量のポリマーが生成しやすい。詳細は不明であるが，結晶性ポリマーにおいてヘリックス性のポリマー鎖が酵素の立体構造に歪みを生じさせたり，また酵素の重合活性部位の基質特異性が重合挙動と関係していると思われる。酵素重合は種々の有機溶媒中でも行うこともできる。リパーゼは生体毒性も非常に低く，また担持酵素の使用や処理法を工夫することによって再利用も可能である。一方で，リパーゼはポリ乳酸をはじめとする多くの脂肪族ポリエステルの加水分解酵素としても知られている。このため合成から使用後のリサイクルまで一貫して酵素触媒の作用が利用できれば，完全なバイオマテリアルサイクルを構築することも可能であろう。

8　有機触媒

最近 Hedrick らは複素環カルベン化合物，アミジン類，チオウレア化合物など金属原子を一切含まない有機化合物がラクチド重合において十分な活性を持つこと，その重合がリビングであること，またそれに基づく単分散ポリマー（$M_w/M_n<1.1$）の生成が可能なことを示した[12]。図5にそれぞれについて提案されている反応スキームを示した。カルベン触媒ではカルベンが直接ラクチドのカルボニル炭素に求核攻撃して重合を開始するのに対して，アミジンやチオウレア系触媒では二つ以上のアミノ基によってモノマーと開始剤（ROH）が活性化され重合が開始すると考えられている。彼らは主に溶液重合を行っているが，室温で短時間（最短20秒）のうちに重合が完了することが特徴となっている。生成ポリマーの分子量は数平均分子量（M_n）で6万が最大である。カルベン化合物のうち，複素環の置換基のフェニル基をより嵩高くしたものは0℃以下の極低温域において立体選択性を示すことも報告されている[13]。rac-および meso-ラクチドを重合すると重合温度の低下とともに選択性が向上し，後述のステレオブロック型やヘテロタクチック型のポリ乳酸が得られる。また，アミジンやチオウレア触媒はモノマー（環状エステル）とポリマー（直鎖状エステル）とで水素結合による触媒との相互作用の強さが異なるため，他の触媒に比べてエステル交換反応を効果的に抑えることができる。この利点はブロック共重合にも好都合であろう。Li らによっても多くの有機触媒が提案されており[14]，中でもアミジン類の一種であるグアジニウム塩を用いたラクチドのバルク重合では，リビング重合性と単分散ポリマーの生成が確認されている。重合は $Sn(Oct)_2$/ROH 系とほぼ同様の条件で行うことが可能であり，バルク重合での有用性は工業レベルでの実用においてメリットが高い。いずれにせよ，今後の展望

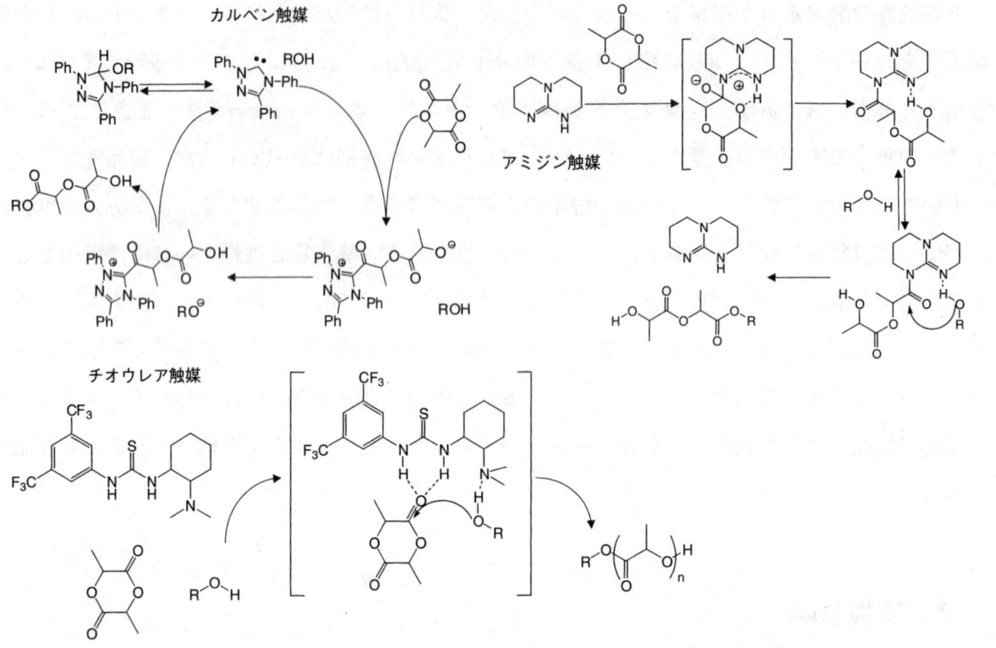

図5 種々の有機触媒とそのラクチド重合反応[12]

として触媒の脱金属化は大きく加速していくと思われる。

9 rac-ラクチドの重合

　ポリ乳酸の利用を普及させるには製造コストの低下が重要となる。特にモノマーである乳酸やラクチドの製造コストを下げる必要があるが，結晶性の高い PLLA や PDLA を得るには光学純度の高いモノマーが要求されるため，それは容易ではない。微生物発酵により高光学純度を有するL-および D-乳酸が得られるが[2]，その精製工程における光学純度の管理にも多大な工夫が払われている。一方，rac-ラクチドは光学純度の管理が省ける分だけ安価となる可能性がある。そのため，このラセミ体から光学シーケンスを制御したポリマーが合成できればコストパフォーマンスは大幅に改善される。Spassky らはキラルなシッフ塩基 SALBinapht を配位子とした Al 錯体を合成し，その(R)-型錯体が rac-LA 中の D-ラクチドを優先的に重合することを見出した[15]。このとき，D と L のモノマー消費速度定数の比 k_D/k_L は20程度であったため，反応後期からはL-ラクチドの重合が始まり，PDLA 連鎖中に徐々に L ユニットが導入されアタクチックな配列を経由して PLLA 連鎖で終わる，という gradient PDLA-PLLA と呼ばれるブロックポリマーが生成する。触媒として用いられた錯体の立体選択性は軸性キラルな配位子とその嵩高さの二つの要因

第2章 ポリ乳酸（ラクチド重合法）

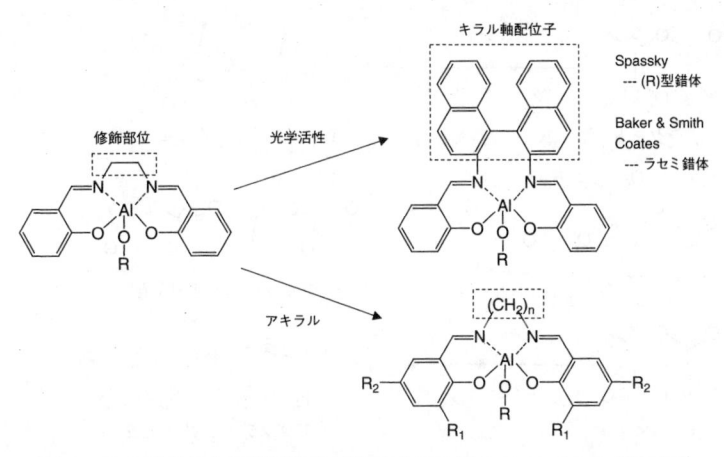

図6 ラクチドの立体選択重合に提案される種々のAl-サレン錯体[15〜18]

によると考えられている。BakerやSmithらは同錯体のラセミ混合物によって rac-ラクチドの重合を行ったところ，ほぼイソタクチックなポリマーが得られその融点が190℃であったことから，(R)および(S)型錯体がそれぞれ独立にD-ラクチドおよびL-ラクチドを選択的に重合させ，生成したPLLAとPDLA鎖がステレオコンプレックスを形成したと考えた[16]。しかし，Coateらは生成ポリマーのミクロ構造を再検討し，それがホモポリマーの混合物ではなくPLLAとPDLAのブロックポリマーであると結論付けた。また，その触媒の立体選択性が不完全であることからポリマー鎖交換機構を提案し，生成するポリマーがマルチブロック構造をとっていると考えた[17]。このようなPLLA-PDLAブロック型ポリ乳酸をステレオブロックポリ乳酸（sb-PLA）と呼ぶ。rac-ラクチドの重合によりsb-PLAを合成する場合，触媒がキラルである必要はないことになる。最近ではアキラルな嵩高い配位子を有する錯体によってrac-ラクチドからsb-PLAを合成している例が多数報告されている[18]。立体選択性を有する触媒を図6にまとめた。このように，ラクチドの立体選択性重合に関しては，現在でも次々と新たな触媒が開発されており，その結果，図7にあるように，これまでにはなかったヘテロタクチック型（hetero-PLA）やシンジオタクチック型（syn-PLA）のポリ乳酸も合成されるようになった[19]。これら新種のPLAについては，今後さらに研究されていくであろうが，従来とは異なる特性が見出されることが期待される。

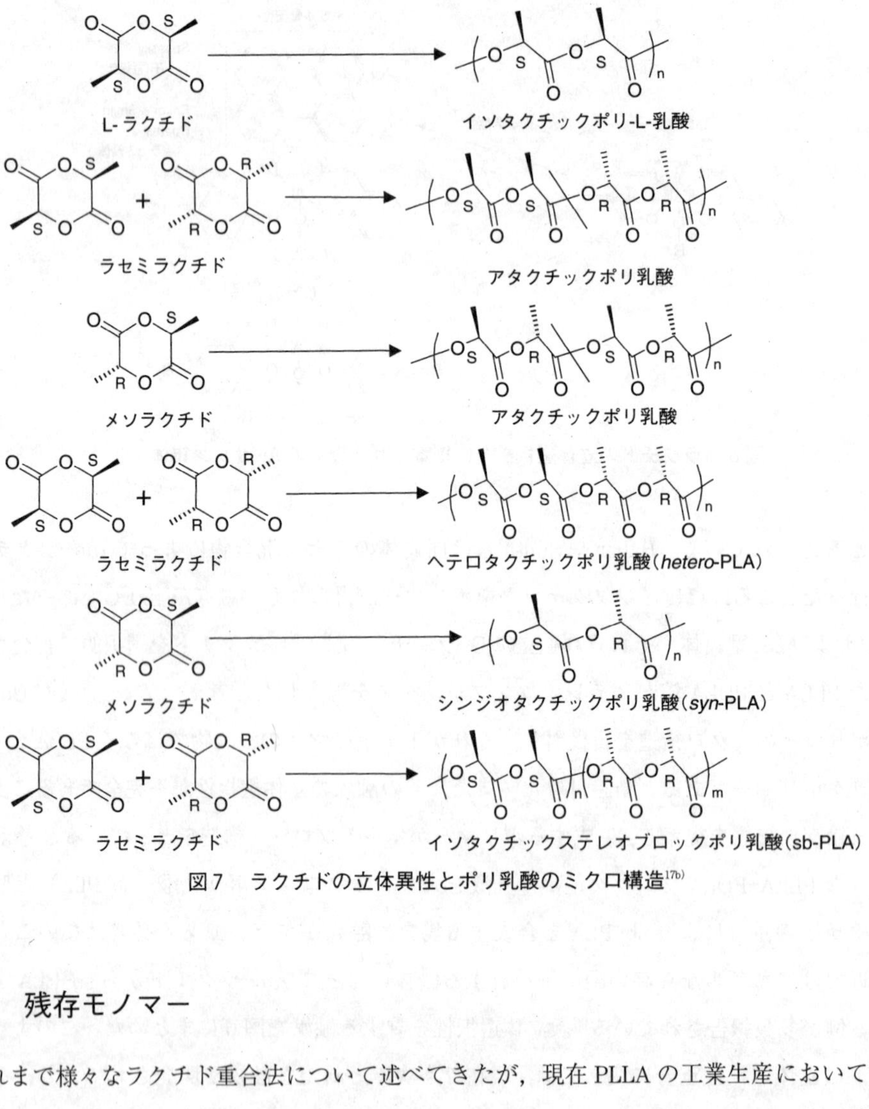

図7 ラクチドの立体異性とポリ乳酸のミクロ構造[17b)]

10 残存モノマー

　これまで様々なラクチド重合法について述べてきたが，現在PLLAの工業生産においても利用されているのはSn(Oct)$_2$/ROH系によるバルク重合法である。上述の通り，ラクチドの重合は平衡重合であるため，モノマー転化率は100％にはならず生成ポリマー中に数％のモノマーが残存する。この残存モノマーはPLLAに対して可塑効果を有し，ポリマーの熱・機械特性さらには使用寿命にまで大きな影響を及ぼす。ラクチドは空気中の水分によって容易に加水分解し乳酸や乳酸ダイマーを生じるが，ポリマーマトリックス中で発生したこれらのカルボン酸は酸触媒として働きPLLAの加水分解を促進する[20)]。このため，重合終了後の生成ポリマーをアセトンや酢酸エチルなどの有機溶媒で洗浄することで残存モノマーの除去がなされている。しかしながら，大量の有機溶媒の使用による環境への影響や工程の増加によるコスト高は好ましくない。著者らは残存モノマーの低減を目的として，ポリエチレンテレフタレート（PET）の工業的製造で一般的と

第2章 ポリ乳酸（ラクチド重合法）

なっている固相後重合法の適用を検討した[21]。すなわち，ポリマーのガラス転移温度と融点の中間温度，主に結晶化温度近傍で固体となったポリマーを熱処理し，重合を進行させる。見かけ上反応は固相で進行する。固相重合ではポリマーの結晶化に伴って，非晶領域に触媒や残存モノマーが濃縮され，重合の平衡がポリマー側に移動する。PLLA の結晶化は 120 〜 140 ℃で最も効果的に進行する。L-ラクチドの融点は 97 ℃であり，PLLA の結晶化温度域で重合すれば，初めは溶融状態で重合は進行するがポリマーの生長とともに結晶化が起こるため，徐々に反応系は白濁し固相反応へと移行する。おおよそ 10 時間程度で重合転化率はほぼ 100 ％に到達し，最終的に結晶化度は 70 〜 80 ％にまで到達する。一方，160 ℃あたりの高温での溶融均一重合系ではモノマー転化率は 95 ％付近で止まり，それ以上上昇しない。さらに重合が平衡に達した後はポリマーの分子量は徐々に低下していく。それに対して，固相重合系では反応時間の増加とともに結晶化が進行し分子量も徐々に増大していく。反応時間の短縮のために 170 ℃以上の高温で短時間，溶融重合を行った後に反応温度を下げて固相重合へ移行させることもできるが，やはりポリマーの結晶化が不可欠であり，結晶核剤などの添加によって結晶化温度を高温側に移動させることにより[22]，固相重合温度の上昇とそれによる反応時間の短縮が図られる。

11 おわりに

以上，現在 PLA の工業生産に利用されているラクチド重合法に関して述べてきたが，PLA の利用を拡大するにはそのコスト低減に加えて触媒の安全性や環境への負荷についても考慮されるべきである。現在もこの面から世界中で研究が行われている。現段階では $Sn(Oct)_2$/ROH 系触媒によるラクチド重合が最も簡便である。PLLA の熱特性を見る場合，残存触媒やモノマーによる影響を考慮しなければならない。一方，実験室で PLA を合成する場合は Al-OR 系錯体や有機触媒を使用すれば単分散ポリマーが得られる。このように触媒や重合条件によって生成する PLA の性質は微妙に異なってくる。目的に応じてそれらの選択を行うべきであろう。

文　献

1） 筏義人，医療への吸収性材料の応用，高分子刊行会，p.165（1994）
2） a） K. Fukushima *et al*., *Macromol. Biosci*., **4**, 1021（2004）
　　b） D. P. Mobley, Plastics from Microbes, p.94, Hanser Gardner, Cincinnati（1994）
3） A. Steinbuchel *et al*., *Biopolymers, vol 4, Polyesters III Applications and Commercial*

Products, p.136, Wiley, Weinheim (2002)
4) Y. Ikada *et al*., *Macromolecules*, **20**, 904 (1987)
5) a) A. J. Nijenhuis *et al*., *Macromolecules*, **25**, 6419 (1992)
   b) G. Schwach *et al*., *J. Polym. Chem., Part A: Polym. Chem*., **35**, 3431 (1997)
6) a) H. R. Kricheldorf *et al*., *Polymer*, **36**, 1253 (1995)
   b) F. E. Kohn *et al*., *J. Appl. Polym. Sci*., **29**, 4265 (1984)
7) a) M. B. Bassi *et al*., *Polym. Bull*., **24**, 227 (1990)
   b) M. Stolt *et al*., *Macromolecules*, **32**, 6412 (1999)
8) a) A. Kowalski *et al*., *Macromolecules*, **33**, 7359 (2000)
   b) X. Zhang *et al*., *Polym. Bull*., **32**, 2965 (1994)
   c) H. R. Kricheldorf *et al*., *Macromolecules*, **33**, 702 (2000)
9) A. Kowalski *et al*., *Macromolecules*, **31**, 2114 (1998)
10) J. Baran *et al*., *Macromol. Symp*., **123**, 93 (1997)
11) a) S. Matsumura *et al*., *Macromol. Symp*., **130**, 285 (1998)
    b) S. Matsumura *et al*., *Macromol. Rapid. Commun*., **18**, 477 (1997)
12) a) O. Coulembier *et al*., *Macromolecules*, **39**, 5617 (2006)
    b) A. P. Dove *et al*., *J. Am. Chem. Soc*., **127**, 13798 (2005)
    c) R. C. Pratt *et al*., *J. Am. Chem. Soc*., **128**, 4556 (2006)
13) a) A. P. Dove *et al*., *Polymer*, **47**, 4018 (2006)
    b) A. P. Dove *et al*., *Chem. Commun*., 2881 (2006)
14) a) C. Wang *et al*., *Biomaterials*, **25**, 5797 (2004)
    b) H. Li, *et al*., *J. Polym. Sci, PartA: Polym. Chem*., **42**, 3775 (2004)
    c) H. Li, *et al*., *Ind. Eng. Chem. Res*., **44**, 8641 (2005)
15) N. Spassky *et al*., *Macromol. Chem. Phys*., **197**, 2627 (1996)
16) C. P. Radano *et al*., *J. Am. Chem. Soc*., **122**, 1552 (2000)
17) a) T. M. Ovitt *et al*., *J. Polym. Sci, PartA: Polym.Chem*., **38**, 4686 (2000)
    b) T. M. Ovitt *et al*., *J. Am. Chem. Soc*., **124**, 1316 (2002)
18) a) N. Nomura *et al*., *J. Am. Chem. Soc*., **124**, 5938 (2002)
    b) P. Hormnirun *et al*., *J. Am. Chem. Soc*., **126**, 2688 (2004)
    c) Z. Tang *et al*., *Biomacromolecules*, **5**, 965 (2004)
19) a) B.M.Chamberlain *et al*., *J. Am. Chem. Soc*., **123**, 3229 (2001)
    b) C-X. Cai *et al*., *Chem.Commun*., 330 (2004)
20) a) C. Shih, *J. Controlled Release*., **34**, 9 (1995)
    b) A. Gopferich, *Eur. J. Pharm. Biopharm*., **42**, 1 (1996)
    c) A. Gopferich, *Biomaterials*, **17**, 103 (1996)
21) K. Shinno *et al*., *Macromoleculaes*, **30**, 6438 (1997)
22) H. Urayama *et al*., *Polymer*, **44**, 5635 (2003)

第3章　重縮合型ポリ乳酸

木村良晴*

1　はじめに

　バイオベースポリマーの中で，最も開発が進んでいるのがポリ乳酸である。ポリ乳酸がバイオベースであると強調されるのは，そのモノマーとなる乳酸が再生可能なバイオマスであるデンプンから誘導されるからであり，このモノマーとポリマーの生産にはバイオと化学が密接に関係したケモ－バイオプロセスが有効に用いられている。スキーム1に，トウモロコシからポリ乳酸を製造する全プロセスを各段階における生産収率とともに示す[1]。すなわち，でんぷんを糖化後，発酵して乳酸を得た後，続いて化学的な重合によりポリ乳酸が得られてくる。乳酸の合成プロセスは既に技術的に確立されており，安価に乳酸を得ることができるのに対して，その工業的規模での重合が実現するようになったのは比較的最近のことである。これらの技術開発により，コーンからのポリ乳酸収率は重量ベースで約40％となる。従って，10万トンのポリ乳酸を製造するには，その2.5倍量のコーンを確保する必要がある。

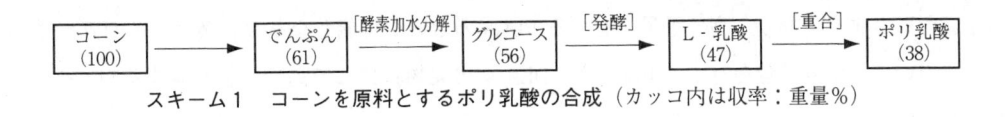

スキーム1　コーンを原料とするポリ乳酸の合成（カッコ内は収率：重量％）

コーン(100) → でんぷん(61) [酵素加水分解] → グルコース(56) [発酵] → L-乳酸(47) [重合] → ポリ乳酸(38)

　乳酸の重合法，すなわちポリ乳酸の合成法にはラクチド法と直接重縮合法の2つの方法が知られている[2]。前者では，一旦乳酸を脱水縮合によりオリゴマー化した後，その解重合によりラクチドを合成して，続いてその開環重合によりポリマー化する。この二段階プロセスでは，ラクチドの精製が必要であり，生成ポリマーの価格を押し上げる一因と考えられる。それに対して後者は，乳酸の直接重縮合による一段階プロセスであり，より簡易な工程でポリマー化できるためポリ乳酸の低価格化の切り札の一つとして期待される。ところが，後者のプロセスは長い間不可能と考えられ，研究されてこなかった。最近，我国において，乳酸の直接脱水重縮合による高分子量ポリ乳酸の合成が確立され，工業的にも応用されるようになった。本章では，この乳酸の直接

---

*　Yoshiharu Kimura　京都工芸繊維大学　大学院工芸科学研究科　生体分子工学部門　教授
　バイオベースマテリアル研究センター長

重合について技術動向をまとめてみたい。

2 ポリ乳酸の種類と合成法

ポリ乳酸には，天然に多く存在するL-乳酸を単位とするポリ-L-乳酸［poly(L-lactic acid)：PLLA］のほか，光学異性のD-乳酸，ラセミのDL-乳酸を単位とするポリ-D-乳酸［poly(D-lactic acid)：PDLA］およびポリ-DL-乳酸［poly(DL-lactic acid)：PDLLA］がある。また，PLLAとPDLAを混合して得られるステレオコンプレックス型のポリ乳酸（sc-PLA）や，DとLシーケンスをブロック状に配置したステレオブロック型ポリ乳酸（sb-PLA）があり，いずれも異なった性質を示すことが知られている[3]。

最初，DL-乳酸の加熱脱水重合やα-ハロプロピオン酸の脱ハロゲン化水素などの縮重合によってPDLLAの合成が行われていたが，重合度の高いものは得られなかった。その後，L-乳酸の環状二量体であるL-ラクチド（L-lactide）やDL-ラクチド（DL-lactide）の開環重合により高分子量のPLLA，PDLLAの合成が行われてきた。このラクチドの開環重合によって得られたポリ乳酸は，ポリラクチド（polylactide）とよばれることもある。現在行われているポリ乳酸の工業生産はすべてこのラクチド法に依拠しており，2002年からNatureWorks社（Cargill社）では年産14万トンのPLLA生産を行っている[4]。また，トヨタ自動車も2005年に年産1000トンのPLLA生産設備を完成している[5]。一方，L-乳酸の直接脱水重合についても，ようやく最近になって技術革新が進むようになり，高分子量を有するPLLAの合成が可能となった。また，この直接重縮合法を用いて，中分子量を有するPLLAとPDLAを出発物質にして高分子量を有するsb-PLAが得られている。

3 直接重縮合法によるPLLA合成

L-乳酸の直接脱水重縮合により一段階でPLLAが合成されるならば，より簡易な工程でPLLAが製造できるはずである。ところが，この方法により高分子量のPLLAを得ることができるようになったのはごく最近になってからである。L-乳酸の直接重縮合法には，溶液重縮合法[6]と溶融重縮合法[7,8]があるが，筆者らは後者に関して固相重合を組み合わせた方法[9,10]を開発した。これらの方法により，PLLAの高重合体の合成が可能となり，直接重縮合法がラクチド法に十分対抗できる有力な重合法となることを示した。この新しいプロセスについてもう少し詳しく見てみよう。

スキーム2　乳酸の脱水縮合における二つの平衡反応

3.1 乳酸の直接脱水縮合反応の熱力学

L-乳酸の脱水縮合反応にはスキーム2に示すような，二つの化学平衡が存在することに留意しなくてはならない。一つは生成ポリマーとなるPLLA鎖の末端COOHとOH基のエステル縮合に伴う脱水平衡，もう一つはPLLAとL-ラクチドとの環鎖平衡である。生成ポリマーの分子量はこの二つの化学平衡によって支配される。

まず，エステル縮合における脱水平衡を考えてみよう。この反応の平衡定数を算定するために，筆者らは高分子量のPLLAを重クロロホルム中に溶解し，これに微量の水と触媒としてp-トルエンスルホン酸を添加して加水分解反応を行なった[2, 11]。室温で2ケ月以上放置して分解が平衡に達したと思われる時点で，^{1}H NMRスペクトルの測定を行ない，加水分解によって生じた-OH末端のメチンシグナルより生成したOH基及びCOOH基の量，および未反応のエステル量と水の量を決定した。それをエステル形成反応式（1）の平衡式（2）式に代入して脱水平衡定数K_1を求めた。K_1は無銘数である。

$$-COO- + H_2O \xrightleftharpoons{K_1} -COOH + HO- \qquad (1)$$

$$K_1 = [-COO-][H_2O] / [COOH][OH] \qquad (2)$$

その結果，室温では約1.5，50℃では約0.5と算出された。この様にして求められたK_1を実際の重合系に当てはめてみると，次の様な解析ができる。

PLLAの重合度をDP，系中のエステルと水のモル比をp（$p = [H_2O] / [-COO-]$）とおき，PLLAにおいて[COOH] = [OH]となることを考慮するとDPは（3）式から求められる。

$$DP - 1 = [-COO-] / [COOH] = (K_1/p)^{1/2} \qquad (3)$$

この式から，脱水が進行すればするほどPLLAの分子量は上昇することが分かる。今，仮にPLLAの吸湿率が1wt%だとすると，室温では$p=2.2$となり，PLLAを空気中もしくは水中に放置しておくと加水分解が徐々に進行してダイマーもしくはモノマーにまで分解されることが示

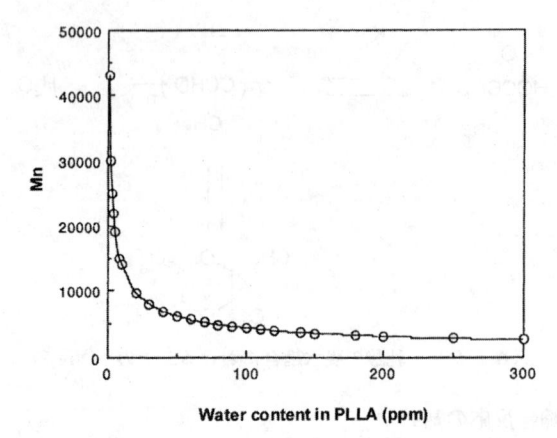

図1 縮合重合系におけるPLLAの分子量と水分率との関係

唆される。また，乳酸の脱水重合によりPLLAが10 g（＝エステル基にして0.139 mol）得られたと考え，PLLA中に含まれる水分率を変化させてPLLAの数平均分子量を計算すると，図1に示すような水分率と分子量の関係が得られる。この関係からPLLAの重合度を上げるには，いかにして効果的に反応系から副生物である水を除去するかが重要であることがわかる。PLLAの分子量を100,000 Da以上にするには，少なくとも縮合水を1 ppm以下にする必要がある。ただし，ここで求めた分子量は室温時の平衡定数を用いたものであり，実際に重合を行う200℃前後ではさらに低くなる可能性がある。

一方，環鎖平衡すなわちPLLA鎖のバックバイティングに伴うL-ラクチドの形成反応はどうなるであろうか。一般的な開環重合で知られているように，この環鎖平衡定数はあまり大きくはないため，ラクチド形成によるPLLA分子量の変化はあまり大きくはない。しかしながら，縮合による副生水を除去するために必要とされる真空反応系ではラクチドが留去されやすく，それによってPLLAの分子量と収率の低下が生じやすくなる。従って，ラクチドが系外に逃げないように充分に配慮をしながら脱水縮合を行うことが不可欠となる。また，この平衡により生成するラクチドは必ず生成ポリマー中に残存するため，ポリマーの性状，特に熱安定性，加水分解性に大きな影響を与える。

3.2 溶液重縮合法

この反応プロセスはスキーム3のように示すことができる[6]。この方法の特徴は，ジフェニルエーテルを溶媒として用いて還流させることであり，これによりラクチドの留去を防ぎながら縮合水を効果的に除去することができる。まず，L-乳酸とジフェニルエーテルの混合液中に触媒を添加し減圧下に還流脱水を行い，乳酸オリゴマーを得る。その後，モレキュラーシーブの入っ

第3章　重縮合型ポリ乳酸

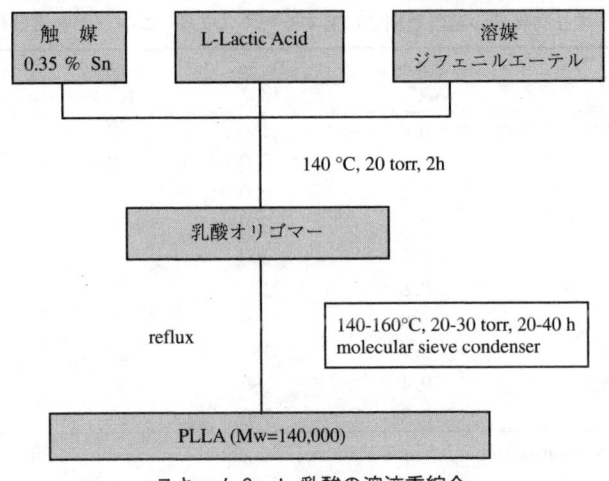

```
┌──────────┐  ┌──────────────┐  ┌──────────────┐
│  触 媒   │  │ L-Lactic Acid│  │   溶媒       │
│ 0.35 % Sn│  │              │  │ジフェニルエーテル│
└──────────┘  └──────────────┘  └──────────────┘
         │           │                │
         └───────────┼────────────────┘
                     │
              140 °C, 20 torr, 2h
                     │
              ┌─────────────┐
              │乳酸オリゴマー│
              └─────────────┘
                     │
      reflux   140-160°C, 20-30 torr, 20-40 h
               molecular sieve condenser
                     │
              ┌─────────────────┐
              │PLLA (Mw=140,000)│
              └─────────────────┘
```

スキーム3　L-乳酸の溶液重縮合

た環流管を取り付けて還流を続け，還流液中に共沸されてくる縮合水を連続的に除去することにより，重合度の上昇を図っている[6]。その結果，長時間の還流反応後に重量平均分子量 100,000 ～200,000 程度の高分子量 PLLA が形成される。

　ジフェニルエーテルを溶媒に用いる利点は，反応系内の微量の水を共沸除去できることのほか，減圧度の調節により沸点を変えて反応温度の制御ができること，環鎖平衡で生成するラクチドを還流させて系外への留去を防ぐことができることであろう。また，ジフェニルエーテルは PLLA の θ 溶媒であり，高温では PLLA を溶解するが，低温では不溶となって沈殿させる。そのため，生成ポリマーの単離が容易となり，かつ触媒や生成物中の L-ラクチドの除去もしやすい。

3.3　溶融重縮合法

　L-乳酸の直接溶融重合プロセスをスキーム4Aに示す。まず，L-乳酸の加熱脱水重縮合を行い，重合度3～5の乳酸オリゴマー（OLLA）を合成し，それに触媒を添加して，徐々に減圧加熱重縮合を行い，高分子量の PLLA を得る。この重合においては，脱水縮合に利用される重合触媒の選択が特に重要となる。各種の金属酸化物，金属化合物を L-乳酸の直接溶融重合の触媒と

A)　Melt state

$$\underset{\text{HOCHCOOH}}{\overset{\text{CH}_3}{|}} \xrightarrow[150\ °C]{-H_2O} {\left(\underset{\text{OCHCO}}{\overset{\text{CH}_3}{|}}\right)}_m \xrightarrow[180\ °C]{Sn^{2+}\text{- TsOH}} {\left(\underset{\text{OCHCO}}{\overset{\text{CH}_3}{|}}\right)}_m$$

1st step　　　　　　　2nd step

oligomer (m = 8)　　　　　PLLA

スキーム4A　直接溶融重合法による PLLA の合成経路

表1　オリゴ乳酸の溶融重縮合に対する触媒スクリーニング（金属酸化物）

Run No.	Catalyst	Cat./OLLA Wt%	Temp. (℃)	Time (h)	Pressure (torr)	Mw[a] Da
1	GeO_2	0.8	180	20	10	28,000
2	Sb_2O_3	0.1	200	30	20	20,000
3	ZnO	0.1	200	30	20	36,000
4	Fe_2O_3	0.1	200	8	1	20,000
5	Al_2O_3	8.5	200	30	20	27,000
6	SiO_2	0.8	180	20	10	11,000
7	TiO_2	0.8	180	20	10	11,000
8	SnO	0.2	180	20	10	50,000
9	$SnCl_2 \cdot 2H_2O$	0.4	180	20	10	41,000
10	TSA[b]	0.34	180	10	10	17,000

a) Determined by GPC relative to polystyrene standard with chloroform as the eluent.
b) p-Toluenesulfonic acid

表2　オリゴ乳酸の溶融重縮合に対する触媒スクリーニング（金属アルコキシド）

Run No.	Catalyst system	Polymer yield(%)	Mw[b] (10^4 Da)	Mw/Mn	Appearance
1	$Al(OiPr)_3$	65	0.5	1.5	White
2	$Ti(OiPr)_3$	66	1.1	1.5	Black wax
3	$Y(OiPr)_3$	67	0.7	1.5	white
4	$Ge(OEt)_4$	73	5.0	1.7	White
5	$Si(OEt)_4$	77	0.7	1.9	White
6	$SnCl_2 \cdot 2H_2O$	37	4.1	1.6	Black wax
7	$SnCl_2 \cdot 2H_2O + Al(OiPr)_3$	13	3.2	1.2	Pale brown
8	$SnCl_2 \cdot 2H_2O + Ti(OiPr)_3$	38	8.0	1.4	Brown
9	$SnCl_2 \cdot 2H_2O + Y(OiPr)_3$	37	1.4	1.3	Pale brown
10	$SnCl_2 \cdot 2H_2O + Ge(OEt)_4$	65	6.3	1.7	White
11	$SnCl_2 \cdot 2H_2O + Si(OEt)_4$	78	3.8	1.7	Brown wax
12	$SnCl_2 \cdot 2H_2O + p\text{-}TSA$	41	10.0	1.7	Pale brown

a) 10 g of OLLA was reacted at 180℃ and 10 torr for 10 h.
b) Determined by GPC relative to polystyrene standard with chloroform as the eluent (35℃)

してスクリーニングした結果を表1および表2に示す。この結果より，Sn（II）イオンが特に有効であることが見出された。Sn（II）触媒は均一触媒であり，酸化スズ（SnO）もしくは塩化第一スズ（$SnCl_2$）を乳酸オリゴマーに添加することにより重縮合が触媒される[8]。溶融重合の反応条件（180℃，20 mmHg）では反応時間10 hで生成ポリマーの分子量は100,000に達するが，それ以上に反応時間を増やしても分子量は増大しないうえ，ポリマーの着色が著しくなり，到底実用に耐えなくなる。この着色が，乳酸の直接重合を妨げてきた主因であった。筆者らは，このSn（II）触媒にp-トルエンスルホン酸等のプロトン酸を添加すると，生成ポリマーの着色を効果的に防止できることを見出し，安定的に高分子量のPLLAの合成ができることを報告した。

一方，SiO_2-Al_2O_3（Si/Al＝93/7）も，L-乳酸の直接溶融重合の有力な触媒となることも見出された。この複合酸化物触媒はBronsted酸点をより多く持つ不均一触媒であり，脱水反応に有効に働く。従って，エステル交換反応によるラクチド形成よりも，脱水重縮合が進行しやすく，重合度を効果的に上昇させることができる。しかしながら，SiO_2-Al_2O_3は不均一系触媒であるため，生成物中から触媒を除去することは工業的に困難であり，触媒の残留によりポリマーの透明性が失われる欠点がある[12]。

3.4　固相重縮合法

上述のSn（II）/p-トルエンスルホン酸二元系触媒を用いてL-乳酸の溶融重縮合を行った後，固相系で後重合をすると，分子量の飛躍的増大が実現される（スキーム4B）[9]。図2は，L-乳酸を180℃で5h溶融重縮合した後に，反応温度を下げて縮合物を固化させ，固相系後重合を行ったときのPLLAの分子量上昇を示したものである。固相重合系ではポリマーの結晶化とともにポリマー末端や触媒が非晶領域に濃縮されて脱水平衡が縮合側に傾き，ポリマーの鎖延長が促進される。その結果，生成ポリマーの結晶化度は70％にまで達し，分子量は数十万にも達する。この直接重縮合は，PLLAの安価な合成法となると期待されており，工業的に利用する方策が検討されている。

スキーム4B　固相重合法によるPLLAの合成経路

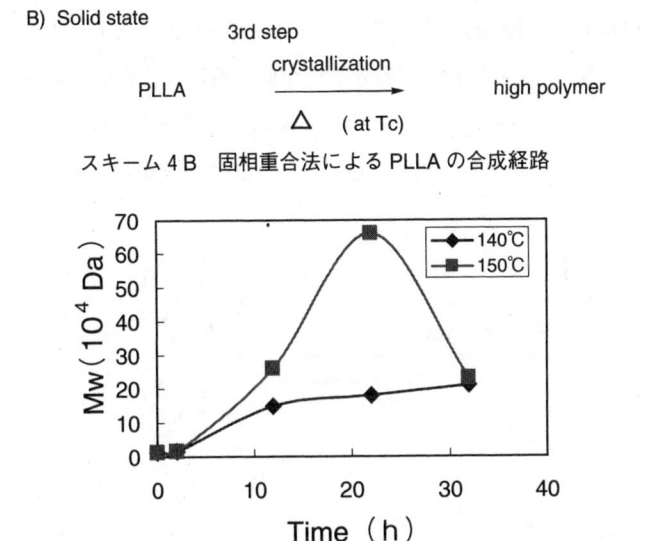

図2　固相重合におけるPLLAの分子量増加：140℃（◆），150℃（■）

4　直接重縮合法によるsc-PLAの合成

PLLAの熱的・機械的性質を改善するために種々の改質が検討されているが，その一つとしてsc-PLAの利用がある。PLLAおよびPDLAの高分子鎖は互いに対称なラセン構造を形成するが，両者を1：1で混合するとステレオコンプレックスが形成される[13]。この結晶の融点はPLLAに比べて50℃上昇するため，sc-PLAは耐熱性素材として期待されている。さらに，ステレオコンプレックス結晶が良好に生成した場合，そのフィルム強度はPLLAフィルムに比べて約70％も向上するとも報告されている[14]。

sc-PLAを工業的に利用していくためには，二つの問題を解決しなくてはならない。第一に，生産されていないD-乳酸の大量合成である。これに対して，筆者らは古米をでんぷん源に用いて高効率にD-乳酸が発酵合成できることを初めて見出し，その工業生産が可能なことを示した[15]。第二は，高分子量のPLLAとPDLAのポリマーブレンドでは，両ポリマーの単独結晶が多く形成され，ステレオコンプレックスが部分的にしか形成されないという問題である。筆者らは，その改善を図るために，PLLAとPDLAのマルチブロックポリマーであるステレオブロック型ポリ乳酸（sb-PLA）を合成することを検討し，上述の固相重縮合を介した直接重縮合法を用いてその合成が可能であることを示した（スキーム5）[16]。

具体的には，L-乳酸，D-乳酸の直接重縮合法によって得られる中分子量（10,000～50,000）のPLLAおよびPDLAを溶融混練させてステレオコンプレックス化し，さらに固相重合により鎖延長を図るものである。PLLAとPDLAの分子量が低い場合，ステレオコンプレックス形成は容易であり，それによりポリマーの融点が上昇して高温で固相重合を行うことができる。固相重合の結果生成するポリマーはPLLAとPDLAがブロック状につながったsb-PLAである。

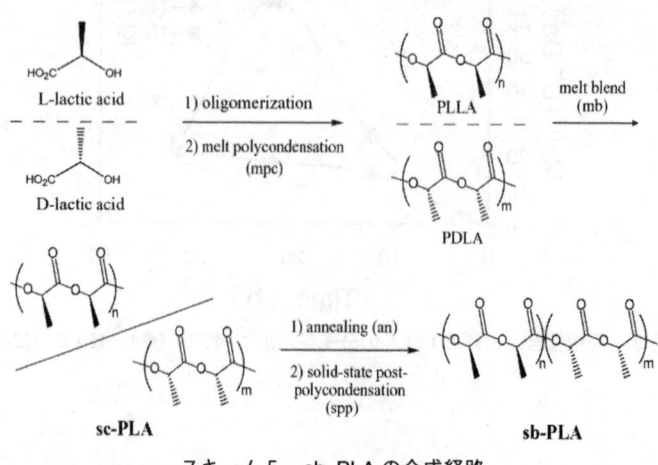

スキーム5　sb-PLAの合成経路

第3章　重縮合型ポリ乳酸

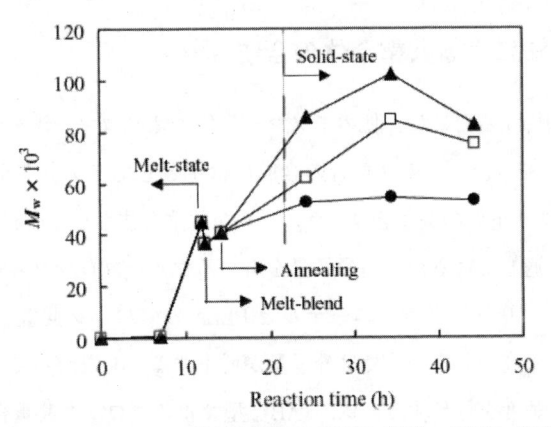

図3　固相重合における sb-PLA の分子量増加：120℃（●），150℃（□），170℃（▲）

一例として，図3に PLLA，PDLA の溶融重縮合およびその後の溶融ブレンド，固相重合におけるポリマーの分子量変化をいくつか示す（固相重合温度別に比較）。混合前の PLLA，PDLA の分子量は触媒量や重合時間に依存しており，$M_w=2.0$-$5.0×10^4$ に制御してある。両者の溶融混合によってステレオコンプレックスが容易に形成されるが，この際，エステル交換反応，加水分解が生じてポリマーの分子量低下が認められた。10 h 時に見られる分子量の低下は，このことによるものである。固相重合の段階では徐々に分子量が増大していき，反応温度が170℃のとき，最大の分子量となった（$M_w=1.0×10^5$）。WAXD より混合時には少量の単独ポリマーの結晶が形成されたが，重合後には確認されなかったことより，固相重合によってステレオコンプレックス結晶相が増大したことが認められた。

このステレオブロック共重合においては，上述の PLLA の固相重合のような飛躍的な分子量増大（$M_w=6.0×10^5$）には至らなかった。sb-PLA の緩慢な分子量増加の理由としては次のように考えることができる。(1) PLLA・PDLA 間の鎖延長反応はラセミユニットを形成するため生成ポリマーの結晶化を増大させることにならない。(2) 非晶部ではエステル交換により鎖がラセミ化しやすくなる。(3) 溶融ブレンド時に生成するラクチドが再重合して末端付近のシーケンスをランダム化させる。(4) ランダム鎖は鎖延長後も非晶であるため，エステル交換を繰り返し最終的には末端からの解重合，すなわちラクチド形成を優先的に生じて収率の低下を招く。

これまでに sb-PLA は D- および L-ラクチドの多段階重合[17]，ならびに DL-ラクチドの立体特異重合によっても合成されており[18]，将来の工業生産にはラクチド法も採用できると考えている。

5　直接重縮合法による共重合体の合成

ポリ乳酸の物性を制御するために，他のモノマー単位やオリゴマー鎖を導入して共重合体を合成することが検討されてきた。この共重合の合成には主としてラクチド重合法が用いられている。しかしながら，ラクチドとの共重合は，ランダムな共重合体もしくはジブロック，トリブロック共重合体の合成には適しているが，高分子量を有するマルチブロック共重合体の合成には適していない。特に，テレケリックなポリエーテルとPLLAのブロック共重合をラクチド法で行うと，ポリエーテル組成の高い共重合体では分子量が低下する。したがって，この共重合体を高分子量化して十分な力学強度を付与するには，$(AB)_n$型マルチブロック共重合体を合成する手法の開拓が求められた。そこで，筆者らのグループは、直接重縮合による方法を検討した。すなわち，乳酸とテレケリックポリエーテルを共縮合してマルチブロック共重合体polylactide-multi-poly-etherを合成するルートである（スキーム6）[19]。

具体的には，乳酸の脱水により生成するオリゴ乳酸にポリエーテルを混ぜ，後者と等モル量のデカンジカルボン酸を添加して水酸基とカルボキシル基の当量性を保ちながら、ジフェニルエーテルを溶媒とした還流により効率よい脱水が可能となるように工夫した。一例として、ポリエーテルにプルロニック68（PEG-PPG-PEGブロック共重合体：poly(oxyethylene)-poly(oxypropylene)-poly(oxyethylene)）を用いた共縮合を示す。この結果，プルロニックF68組成が11～87％の範囲で，分子量10万のPLLA-プルロニックマルチブロック共重合体を得ることに成功した。プルロニックは静脈内投与も可能であることから安全なソフトセグメントとして利用される。従って，生成するポリ乳酸とのブロック共重合体も毒性が低く高い組織適合性を有するものと考えられる。

種々のポリエーテル組成を有するPLLA-プルロニックマルチブロック共重合体のリン酸緩衝液中での膨潤テストを行なった結果，ポリエーテルセグメント組成の上昇と共に共重合体の含水率は上昇し，87％ポリエーテルセグメントを有する共重合体は，平衡膨潤状態で含水率約85％に達した。これらのポリマーマトリックス上には細胞付着や組織付着が起こらず，組織反応性も

スキーム6　PLA/Pluronic®マルチブロックポリマーの合成

極めてマイルドであることが in vitro および, in vivo 実験により確認された。また, ラット腹腔内に埋入すると2週間でマトリックスは完全に分解吸収された[20]。

6 おわりに

各種脂肪族ポリエステルの中で, ポリスチレンに似た透明なプラスチックを形成するのはPLLA のみである。ただ, PLLA のガラス転移点 (Tg) は 60 ℃程度であるため, 通常の条件で射出成形されたガラス状の透明な成形体は熱安定性に乏しく, 加熱によって結晶化を生じて失透するだけでなく大きな収縮をも生ずる。従って, 安定な成形体とするためにアニーリングや延伸による結晶化, さらには核剤の添加による結晶化促進, クレーとのナノコンポジット化が検討されている。また, 耐衝撃性の改善を目的に他の生分解性ポリマーとのポリマーブレンドも行われている。このような努力にもかかわらず, ポリ乳酸のコストは依然として高く, その普及の妨げになっている。ポリ乳酸の低コスト化には, いろいろの方策が講じられているが, 乳酸の直接重縮合法の採用が有力であることは筆者らの推計からも確かである。しかしながら, 固相重合の最適化, 触媒量の低減と重合後の脱触媒もしくは不活性化など, 工業化へのハードルはまだまだ高い。今後, 精力的な検討が加えられ, 実用化レベルにまで高められるであろう。また, この直接重縮合法が乳酸共重合体や sb-PLA の製造にも応用展開されるであろう。

文　献

1) 川島信之, 包装技術, **34** (7), 654-664 (1996)
2) 筏義人編著, 生分解性高分子の基礎と応用, アイピーシー (1999)
3) 筏義人編, ポリ乳酸—医療・製剤・環境のために—, 高分子刊行会 (1997)
4) R. E. Drumright, P. R. Gruber, D. E. Henton, *Adv. Mater.*, **12**, 1841 (2000)
5) 築島幸三郎, グリーンプラジャーナル, (11), 5-7 (2003)
6) M. Ajioka, K. Enimoto, K. Suzuki, A. Yamaguchi, *Bull. Chem. Soc. Jpn.*, **68**, 2125 (1995)
7) T. Fukushima, Y. Sumihiro, K. Koyanagi, N. Hashimoto, Y. Kimura, and T. Sakai, Intern. Polymer Processing XV (2000) **4**, 380-385 (2001)
8) S.-I. Moon, C. W. Lee, M. Miyamoto, Y. Kimura, *J. Polym. Sci. Part A; Polym. Chem.*, **38**, 1673-1679 (2000)
9) S.-I. Moon, C. W. Lee, I. Taniguchi, M. Miyamoto, Y. Kimura, *Polym. Commun.*, **42**, 5059 (2001)
10) S. I. Moon, Y. Kimura, Melt polycondensation of L-lactic acid to poly (L-lactic acid) with Sn

(II) catalysts combined with various metal alkoxides, *Polym. Int.*, **52**, 299-303 (2003)
11) 木村良晴, グリーンプラジャーナル, 2004 (13), 114-17 (2004)
12) H. Tsuji, Y. Ikada, *Macromolecules*, **25**, 5719 (1992)
13) K. Shiraki, H. Tsuji, Y. Ikada, *Polym. Prep. Jpn.*, **39**, 584 (1990)
14) K. Fukushima, Y. Kimura, K. Sogo, S. Miura, *Polym. Prep. Jpn.*, **52**, 4210 (2003)
15) T. Murayama, Y. Yokomori, N. Yanagisawa, S. Tomioka, S. Konishi, Y. Kimura, 1995 Int. Chem. Cong. of Pacific Basin Soc. (Hawaii), 1995
16) K. Fukushima, Y. Kimura, K. Sogo, S. Miura, *Polym. Prep. Jpn.*, **52**, 4176 (2003)
17) N. Yui, P. J. Dijkstra, J. Feijen, *Makromol. Chem.*, **191**, 481 (1990)
18) T. M. Ovitt, G. W. Coates, *J. Am. Chem. Soc.*, **127** (7), 1316 (2002)
19) T. Yamaoka, Y. Takahashi, T. Ohta, M. Miyamoto, A. Murakami, Y. Kimura, *J. Polym. Sci.:Part A:Polym. Chem.*, **37**, 1513-1521 (1999)
20) T. Yamaoka, Y. Takahashi, T. Fujisato, C. W. Lee, T. Tsuji, T.Ohta, A. Murakami, Y. Kimura, *J. Biomed. Mat. Res.*, **45**, 470-479 (2001)

第4章 酵素合成アミロース

北村進一[*1], 鈴木志保[*2], 小川宏蔵[*3]

　天然アミロースは，デンプンから熱水抽出により，あるいはブタノールなどのゲスト分子との包接複合体として単離されるわずかに分岐を含む直鎖状の（1→4）-α-sc-グルカンである。その分子量，分子量分布，分岐度はデンプンの種類により異なる。ここで紹介する酵素合成アミロースは，天然のアミロースと異なり，分子量分布が狭く分岐を持たない。また，反応を制御することにより分子量の異なるアミロースを製造することが可能である。

　本稿ではまず，酵素合成アミロースの調製法と基礎物性について述べる。つぎにこの酵素合成アミロースを主原料として成型される機能性材料，特に酸素バリア性，偏光性，透明性，生分解性などの特性を備えた高機能性フィルムについて紹介する。

1　調製法

　グルカンホスホリラーゼ（例えばジャガイモ由来のホスホリラーゼ EC 2.4.1.1）は図1の反応を触媒する酵素である。生体内ではリン酸存在下でデンプン分子を分解し，グルコース1-リン酸（G-1-P）を生成する酵素として働いている。一方，グルコース1-リン酸存在下では，平衡は無機リン酸生成の方に傾き，アミロースの伸長反応を触媒する[1~5]。すなわち，適当な primer（図1ではマルトペンタオース）の非還元末端にグルコシル残基が一個ずつ重合することにより酵素合成アミロースが得られる。その分子量は反応時間，あるいは primer と G-1-P の濃度比を変えることで制御することができる。

　また，他の酵素とグルカンホスホリラーゼを共存させて G-1-P が常に供給されるような反応系を構築する試みもなされてきた。すなわち，シュクロースを出発原料にしてシュクロースホスホリラーゼ（EC 2.4.1.7）をグルカンホスホリラーゼと共存させることで，アミロースを得ることができる[6]。江崎グリコ株式会社と三和澱粉工業株式会社は世界ではじめて，この方法で酵

---

*1　Shinichi Kitamura　大阪府立大学大学院　生命環境科学研究科　教授
*2　Shiho Suzuki　大阪府立大学大学院　生命環境科学研究科　研究員
*3　Kozo Ogawa　大阪府立大学大学院　生命環境科学研究科　前教授

図1 ホスホリラーゼが触媒する反応

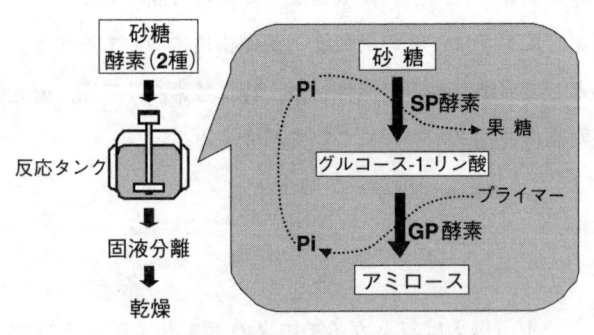

図2 酵素合成アミロースの製造方法[7]

素合成アミロースを大量に製造することに成功した。図2はシュクロースからアミロースを大量に生産する過程を模式的に示したものである[7]。このアミロースの工業生産は，使用する酵素の耐熱化[8,9]や培養法などの改良により熱に安定な酵素が大量に供給されるようになりはじめて可能になった。

ホスホリラーゼ以外の酵素の利用によりアミロースを調製する試みもなされてきた。CGTaseをシクロデキストリンに作用させる方法[10]，アミロシュクラーゼを用いてシュクロースから調製する方法[11]などである。しかしながら，これらの方法では，分子量分布が狭く，かつ高重合度のアミロースを得ることはできない。

2 分子量と基礎物性

ホスホリラーゼは，いわゆる multi-chain-mechanism で反応が進む酵素であり，全ての primer

は，ほぼ同じ速さで縮合が進行する。その結果，得られたアミロースは著しく狭い分子量分布を持ち，理論的にはPoisson分布になることが予測される[12]。モル分率 x_p に関するPoisson分布は，

$$x_p = e^{-\nu}\nu^p/p!$$

で与えられる。ここでpは重合度を示し，またνはprimer分子あたりに反応したG-1-Pすなわち，数平均重合度に等しく，$DP_n = \nu$である。また，分子量分布を表す重量平均重合度DP_wとDP_nの比は次式で表される。

$$DP_w/DP_n = 1 + \nu/(\nu+1)^2$$

たとえば，重合度5000のアミロースではこの比は1.0002となる。実際の測定値は1.05であるから理論値から予想される重合度分布よりは広い分布をもつアミロースが得られたことになる。しかしながら，天然のアミロースと比較すると重合度分布は非常に狭い。図3に，重合度の異なるアミロースの重合度分布を天然のアミロースと比較した結果を示す。

アミロースの中性水溶液の安定性はその重合度と濃度によって大きく左右される（図4）。重合度（DP）が50付近では沈殿，DP=500ではゲルになりやすいが，興味深いことにDP=4000〜15000以上では低濃度で水溶液となる。天然のアミロースでは分子量分布が広いので，これらの性質は特徴的にあらわれない。一方，アルカリ水溶液やDMSOはアミロースに対して良溶媒であり，すべての重合度域で良好な溶液となる[13,14]。

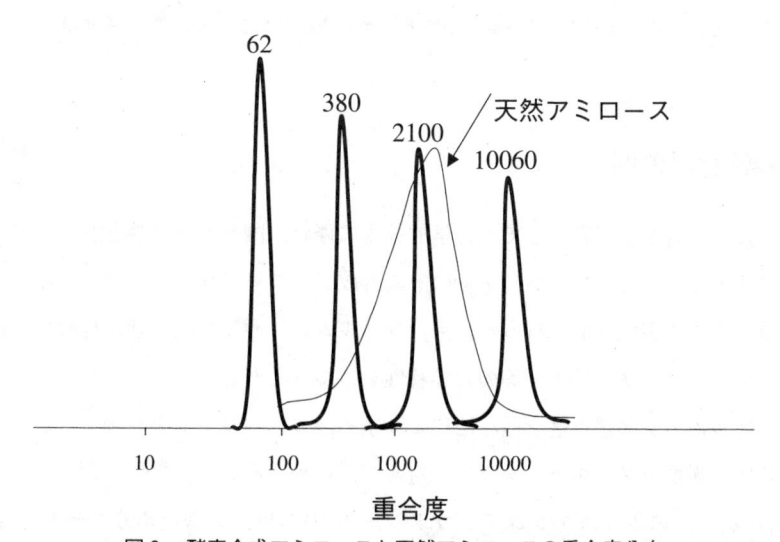

図3 酵素合成アミロースと天然アミロースの重合度分布
図中の数字は酵素合成アミロースの平均重合度。天然アミロースの重合度分布は，矢印で示した。天然アミロースは，ジャガイモデンプンから分離・精製したもの（DP=2400）である。

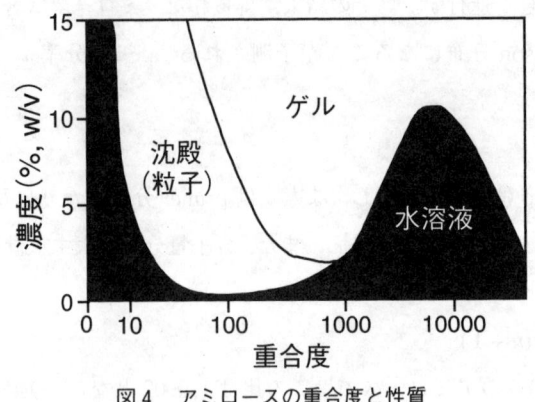

図4 アミロースの重合度と性質

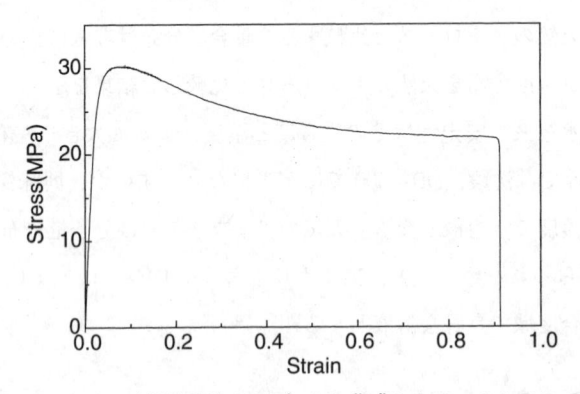

図5 アミロース（分子量約100万）から作成したフィルムのS-S曲線

3　機能性材料の例

　酵素合成アミロースを主原料として，力学的強度に優れ，酸素バリア性を有するフィルムやカプセルを製造することができる。高分子量の酵素合成アミロースを水に溶解し，キャスト法により作成したフィルムの引張試験を行った結果，フィルムは，硬くて粘り強い材料に特徴的なS-S曲線を示し，ポリプロピレン等と同等の力学特性を持つことが分かった（図5）。

　さらに，フィルムの気体透過度を差圧法により求め，ガスバリア性を評価したところ，フィルムは酸素，窒素，炭酸ガス，エチレンガスに対して，極めて高いバリア性を示すことが分かった（表1）。合成高分子のポリエチレンテレフタレート（PET），低密度ポリエチレンやポリ乳酸フィルムに比べても，アミロースフィルムは非常に高いガスバリア性を有することが分かる。一般にプルランのような多糖は，高いガスバリア性を示すが，そのフィルムは硬くもろいため割れやすく，カプセル材料としては不向きである。酵素合成アミロースの特徴は，その柔軟なフィル

第4章 酵素合成アミロース

表1 各種ポリマーフィルムの気体透過係数

試料フィルム	気体透過係数 $P\times 10^{12}$ (cm$^3\cdot$cm／cm$^2\cdot$s$\cdot$cmHg)			
	O_2	CO_2	C_2H_4	N_2
酵素合成アミロース	0.061	0.13	0.37	0.011
プルラン	0.041	—	—	—
セロハン	0.092	0.105	0.12	—
キトサン	0.48	0.59	0.57	—
ポリエチレンテレフタレート	6.8	—	—	—
ポリイミド（カプトン）	15	30	—	—
ポリ乳酸	36	170	5.3	—
低密度ポリエチレン	293	1260	—	97

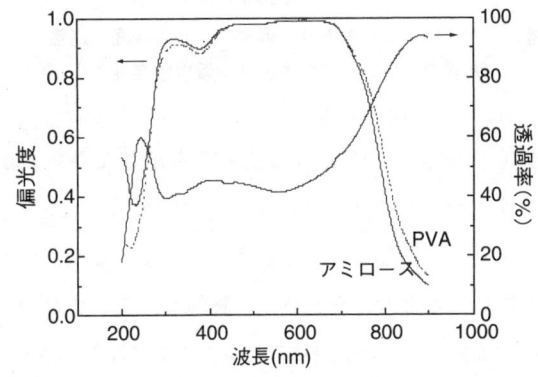

図6 ヨウ素を包接したアミロースフィルムの光学特性
破線はポリビニルアルコールより調整した偏光フィルムの特性。

ム特性にあり，ガスバリア性と優れた力学特性を兼ね備えた材料であると言える。

また酵素合成アミロースは，多数の水酸基を有する親水性高分子であるが，水酸基を化学修飾することにより，水や有機溶媒に可溶な誘導体に変換したり，熱可塑性を持たせることができる。アセチル化アミロースでは，アセチル基の置換度をかえることにより，アセトンやクロロホルムなどの有機溶媒への溶解性を持たせることができた。また，アセチル化アミロースのフィルムは未修飾のものより破断歪みが大きく，しなやかさをより向上させることがわかった。

アミロースの包接機能を生かして偏光フィルムや薬剤徐放性を有する成型物を作ることもできる。図6にヨウ素を包接したアミロースフィルムの偏光度と透過率の波長依存性を示した。また，酵素合成アミロースフィルムは非常に高い透明度を示すことも特徴の一つであるが，偏光度と透過率とも実用に耐えうる特性を示しているのがわかる[15]。

アミロースフィルムに抗菌性を付加することを目的として，少量のキトサンを添加した混合フィルムをキャスト法で作成し，大腸菌に対する抗菌性を検討した[16]。図7に示すように，アミ

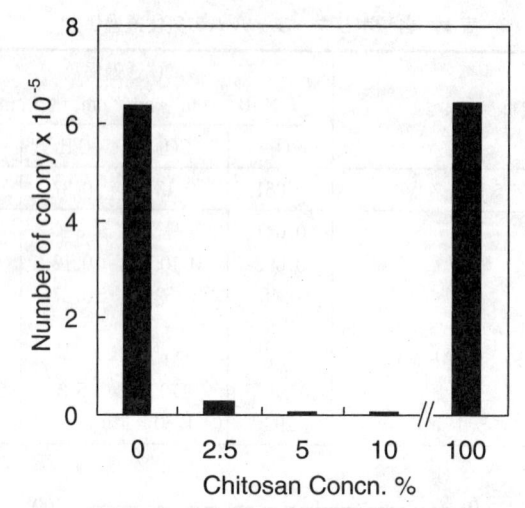

図7　アミロース―キトサン混合フィルム表面で増殖した
大腸菌コロニー数のキトサン濃度依存性[16]

ロースとキトサンのみから作成したフィルムは抗菌性を示さなかったが，アミロースに少量（10％以下）のキトサンを混合したフィルムは強い抗菌性を示した。抗菌性にはグルコサミン残基の遊離のアミノ基（$-NH_2$）が関与していると考えられているが，これがフィルム表面に露出することでより効果が得られると考えられる。一般的に，キトサンのような高分子化合物のフィルムをキャスト法で作成すると，分子鎖はフィルムの面に平行に配向する。X線構造解析によると，自然界にもっとも多く存在する含水結晶ではキトサン分子鎖はよく延びた2回らせん（ジグザグ）構造であり，分子はグルコサミン残基のピラノース環のフラット面を水平に並べたシート状の集合体を作っている。この構造では，すべてのアミノ基がシート面と平行に存在する[17]。これらのことから，キトサンフィルムでは，アミノ基がフィルム表面に露出せず，フィルム面に対して水平の方向に分布しているため，抗菌性を示さなかったと考えられる。一方，キトサン添加アミロースフィルムでは，キトサン分子鎖から成るミクロフィブリル（微細繊維）がアミロースのマトリックス内に分散され，その結果，アミノ基がフィルム表面に露出するようになり，抗菌性を示すようになると考えられる。フィルム表面に露出したアミノ基は，水中では陽イオン（$-NH_3^+$）となる。ゼータポテンシャルの測定によって，キトサンフィルムは電荷が認められないのに対して，キトサン添加アミロースフィルムでは正の電荷が認められ，混合フィルムの表面にアミノ基が露出していることが証明された。さらにこのフィルムは，キトサンの添加により，破断歪みに関する力学特性が向上することが分かった。

酵素合成アミロースは，優れた力学的特性をもつ生分解性フィルム素材であるが，さらに包接機能を利用することにより，その特徴を生かした高度な機能をもつ材料を造ることができる。今

第4章 酵素合成アミロース

後，酵素合成アミロースの機能特性に関する基礎的研究が進むことにより，本素材が食品，医薬，化粧品，化学などの幅広い産業分野で利用されることを期待している。本稿で紹介した研究の一部は，「地域新生コンソーシアム事業」（経済産業省）の助成により得られた。

文　献

1) G. T. Cori, M. A. Swanson and C. F. Cori, *Federation Proc.*, **4**, 234 (1945)
2) W. J. Whelan and J. M. Bailey, *Biochem. J*., **58**, 560 (1954)
3) B. Pfannemuller, *Staerke*, **11**, 341 (1968)
4) S. Kitamura, H. Yunokawa, S. Mitsuie and T. Kuge, *Polymer Journal*, **14**, 93 (1982)
5) M. J. Gidley and P. V. Bulpin, *Macromolecules*, **22**, 341 (1989)
6) H. Waldmann, D. Gygax, M. D. Bendnarski, W. R. Shangraw and G. M. Whitesides, *Carbohydrate Research*, **157**, C 4 (1986)
7) 鷹羽武史，和田守，北村進一，ブレインテクノニュース，**111**, 27 (2005)
8) M. Yanase, H. Takata, K. Fujii, T. Takaha and T. Kuriki, *Appl. Environ. Microbiol*., **71**, 5433 (2005)
9) K. Fujii, M. Iiboshi, M. Yanase, T. Takaha and T. Kuriki, *J. Appl. Glycosci*., **53**, 91 (2006)
10) T. Shibuya, T. Yamauchi, H. Chaen, M. Nakano, S. Sakai and M. Kurimoto, *Denpun Kagaku*, **40**, 375 (1993)
11) G. Potocki, De Montalk, M. Remaud-Simeon, R. M. Willemot, V. Planchot and P. Monsan, *Journal of Bacteriology*, **181** 375. (1999)
12) P. J. Flory, Principles of polymer chemistry, Cornell University Press, New York, p 337 (1953)
13) Y. Nakanishi, T. Norisuye, A. Teramoto, and S. Kitamura, Conformation of amylose in dimethyl sulfoxide. *Macromolecules*, **26**, 4220 (1993)
14) S. Kitamura, Starch polymers, natural and synthetic In: The polymeric materials encyclopedia, Synthesis, properties and applications (Ed. J. C. Salamone), CRC Press, Vol 10, 7915 (1996)
15) 鈴木志保，高原純一，工藤謙一，鷹羽武史，北村進一，日本農芸化学会 2005 年度大会要旨集，P 1 (2005)
16) S. Suzuki, K. Shimahashi, J. Takahara, M. Sunako, T. Takaha, K. Ogawa and S. Kitamura, *Biomacromolecules*, **6**, 3238 (2005)
17) K. Okuyama, K. Noguchi, T. Miyazawa, T. Yui and K. Ogawa, *Macromolecules*, **30**, 5849 (1997)

第5章　パラミロン

河原　豊*

1　はじめに

　パラミロンはユーグレナ（ミドリムシ）が光合成によって生産・貯蔵する多糖であり，後述するような特異な構造を有している。まず，パラミロンを生産するユーグレナについて簡単に説明する。ユーグレナは動物学と植物学の双方の分類表に記載されている属であり，現在120余種が確認されている。ユーグレナは湖沼（淡水）に広く生息しており，それほど水質に影響されることなく飼育が可能であるため，実験生物としても多用されている。動物学では原生動物門（Protozoa）の鞭毛虫綱（Mastigophorea），植物鞭毛虫亜綱（Phytomastigophorea）に属する目の中にミドリムシ目（Euglenidia）があり，これは三つの亜目，Euglenoidina, Peranemoidiana, Petalomonadoidina よりなり，Euglenoidina には属としてユーグレナ（Euglena）が含まれている。また，植物学ではミドリムシ植物門（Euglenophyta）の下にミドリムシ藻類綱（Euglenophyceae），ミドリムシ目（Euglenales）があり，その目に含まれる属として動物学での分類と同じくユーグレナが記載されている。Euglena 属の中で生理学，生化学的研究には専ら Euglena gracilis が広く用いられている。ユーグレナの種の多くは紡錘形であるが，球形のものや球状に近いものもある。共通していることは，細胞全体に前端から後端にかけて螺旋状の多数の条構を持つことである。細胞の形は生育時期や環境によって変わり，また概日リズムに従い一日二回球形と長形の変形を繰り返す。Euglena gracilis では細胞の大きさは長さ約 $50\mu m$，幅約 $10\mu m$ の小さなものから約 $500\mu m$ の大きなものに渡り様々である。細胞の大きさは生育時期，環境によっても変化する。なお，詳しいユーグレナの生態については成書[1]を参照されたい。

　ユーグレナはパラミロン（paramylon）と呼ばれる（1→3）-β-グルカンを原形質に澱粉粒のような状態で蓄積する[2]。このパラミロンについては過去に多くの研究がなされている。パラミロンはヨード反応を全く示さないが，アミロースの異性体であることから，par（等しい）とamylon（デンプン）からパラミロンと命名された。パラミロンはすべての種，変種のユーグレナ細胞内に顆粒として存在し，その個数，形状，そして粒子の均一性は種によって特徴がある。

---

　*　Yutaka Kawahara　群馬大学　工学部　生物化学工学科　教授

第5章 パラミロン

また，パラミロンはグルコースのみから成り，メチル化分析と赤外吸収スペクトルから，パラミロンが（1→3）-β-結合のみからなることが証明されている。ユーグレナのパラミロンは，X線回折によれば，パン酵母の細胞壁を塩酸中で約2時間煮沸したものと回折がほぼ一致することや[2]，3本の直鎖状（1→3）-β-グルカンが右巻きの縄のようにねじれあった緩やかな螺旋構造をとるということが分かっている[3]。この様なグルカンがいくつか集まってパラミロンとなる。パラミロン顆粒の結晶化度は約90％であり，多糖類の中で最も結晶化度の高い化合物である。

ところで，ユーグレナには乾燥重量当たり50％程度のタンパク質が含まれるため，将来予測される食糧危機に備える目的で食飼化の研究が盛んに行われた。例えば中野ら[4]の報告によれば，ユーグレナに含まれるタンパク質は栄養価が高くアミノ酸価で88という値を示し，これは他の藻類のクロレラよりも高く，良質であることが確認されている。ラットを用いた飼育試験ではカゼインと同程度の成長効果が認められ，通常飼料に比べてラットの生存日数が明らかに長くなり食糧資源としての可能性が期待された。しかし，ニジマスの養殖では生残率は改善されるものの成長効果はカゼインに比べて劣った。これは，ユーグレナに貯蔵される結晶性のパラミロンが影響したのではないかと推測される。ユーグレナを食糧資源化システムとして利用していくためにも未利用のパラミロンの用途開発が必要である。

最近，パラミロンを構成する（1→3）-β-グルカンのオリゴ糖については植物に病害抵抗反応を引き起こすエリシターとして作用することが報告され，注目され始めている[5]。しかしながら，パラミロンを工業原料として利用する報告は見当たらない。ここでは，スプレー乾燥したユーグレナからパラミロンを分離する方法とその溶液の調製法，また，キャストフィルムの作製法について述べるとともに，熱処理によるパラミロンの構造変化がフィルムの物性に及ぼす影響や，ポリビニルアルコール（PVA）とのブレンドについて検討した結果を示す。

2 パラミロンの分離

パラミロンを生産するユーグレナ種の中で最も代表的な *Euglena gracilis* のスプレー乾燥品（以下Egと略記する）を用いて分離テストを行った。図1にEgのSEM写真を示す。Egはスプレー乾燥によって様々な大きさの塊状になっており，図より一部のEgの表皮は破壊されてその中にパラミロン顆粒が観察される。この顆粒は形状，大きさ共にMarchessaultらによって報告されているパラミロンと一致する[3]。

このEgからパラミロンを分離するにあたり，Egがタンパク質リッチであることから水酸化ナトリウム水溶液を用いることを検討した。すなわち，黄色の顆粒状Egを0.1～1Nの水酸化

図1　スプレー乾燥したユーグレナ（*Euglena gracilis*）の外観

ナトリウム水溶液に浴比1：10の割合で加え，5時間攪拌し24～96時間室温で静置した。その後，2500 rpmで10分間遠心分離を行い，沈殿層に酢酸を加えpHを6～7に保ちながらろ過した。分離した沈殿層を再度，蒸留水に展開してpHを確認し，中和ができていなければ，水洗とろ過を繰り返し，最後に沈殿層を室温で自然乾燥した。乾燥後，沈殿物を乳鉢ですりつぶし，ふるいにかけ白色の粉末を得た。

図2～4に各濃度の水酸化ナトリウム水溶液でEgを処理後，得られた粉末のSEM写真を示す。図2，3より0.25 Nに濃度を高めることで，パラミロン顆粒周囲の残骸等が除去されることがわかる。また，図3を注意深く見ると，水酸化ナトリウム水溶液の浸漬時間が72時間を越えると，顆粒同士が部分的に融着していることがわかる。さらに，分離液の濃度を高めると1 Nでは顆粒同士が完全に融着してしまった（図4）。顆粒の融着はパラミロンに比較的低分子の（1→3）-β-グルカンも含まれていることを示唆する。0.25 N水酸化ナトリウム水溶液に48時間浸漬処理して分離した粉末について窒素雰囲気下で熱分解挙動を測定したところ，熱分解開始温度は190.8℃となり，熱分解温度は（1→4）-β-グルカンのセルロースと比較して約60℃ほど低い276.1℃であった。これはパラミロンの特徴と考えられる。なお，熱分解温度の測定は，窒素雰囲気下（30 ml/min）において昇温速度10 K/分で行った。曲線が基線より離れる点を熱分解開始温度とし，減量曲線の直線部分の高温側への延長線が基線の低温側への延長線と交差する温度を熱分解温度とした。

分離液に水酸化ナトリウム水溶液を用いた場合，室温では少なくとも濃度0.25 N，分離時間24時間以上が適当であることがわかる。この条件で分離された粉末の広角X線回折写真を図5（Ⅰ）に示す。図5（Ⅱ）はKregerら[2]によって報告されたパラミロンのX線パターンである。両図形はほぼ一致していることがわかる。また，回折角度から面間隔を算出して比較したところ，本法で得られた結果はClarkeら[6]の結果とほぼ一致した。

第5章　パラミロン

(a) (b)
(c) (d)

図2　0.1N水酸化ナトリウム水溶液を用いて分離したパラミロン顆粒
分離時間(h) a, 24 ; b, 48 ; c, 72 ; d, 96

(a) (b)
(c) (d)

図3　0.25N水酸化ナトリウム水溶液を用いて分離したパラミロン顆粒
分離時間(h) a, 24 ; b, 48 ; c, 72 ; d, 96

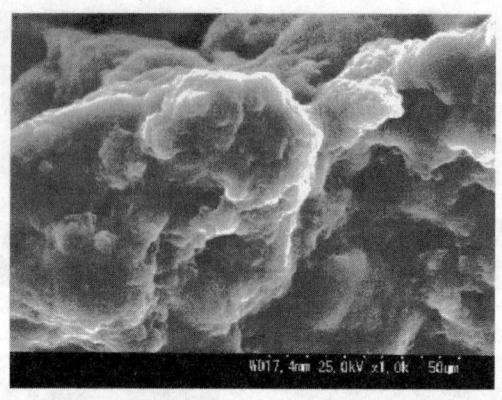

図4　1N水酸化ナトリウム水溶液を用いて分離したパラミロン顆粒の外観（分離時間，24 h）

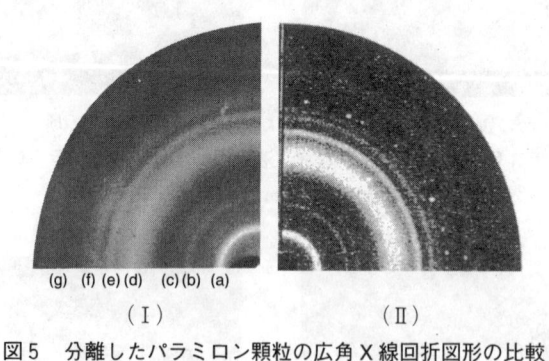

(g) (f) (e) (d)　(c)(b) (a)
　　　　（Ⅰ）　　　　　　　　（Ⅱ）
図5　分離したパラミロン顆粒の広角X線回折図形の比較
（Ⅰ）河原，（Ⅱ）Clarke et al.[6]

3　パラミロンフィルム

　パラミロンを溶媒に展開してキャストフィルムの作製を試みた。溶媒として90％ギ酸溶液を用いた。Egを0.25N水酸化ナトリウム水溶液に24時間浸漬処理して分離した粉末を0.15g/mLの割合で90％ギ酸に加え，36時間撹拌して溶液を調製した。

　ガラス板上にキャストした後，水中で急激に凝固させると図6aに示すように，薄茶色で透明なフィルムが得られるが，乾燥過程でシワが生じ平滑なフィルムを得ることが出来なかった。一方，室温で風乾させてゆっくり脱溶媒させると，図6bに示すように，薄茶色の透明で平滑なフィルムが得られた。

　ギ酸を用いた溶液では（1→3）-β-グルカンの加水分解が生じると考えられるため，溶液調製時間がフィルムの力学物性に及ぼす影響を検討した。ちなみにパラミロンを構成する（1→

第5章　パラミロン

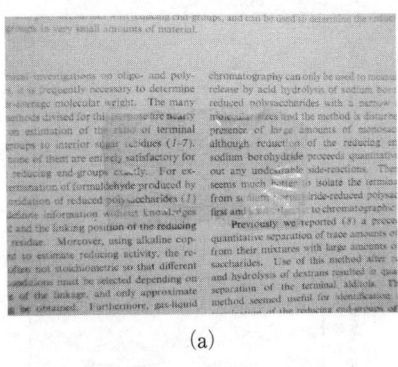

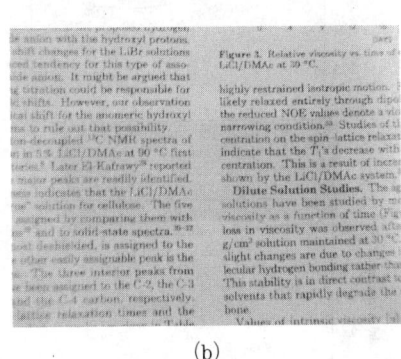

図6　パラミロン再生フィルムの外観
a, 水中で凝固；b, ドラフト内で風乾

3)-β-グルカンの重合度はせいぜい700程度と報告されている[7]。各調製時間で作製したフィルム0.1 gを10 mLのジメチルスルホキシド（DMSO）に投入し，攪拌して溶液を得，Ostwald型粘度計を恒温漕に固定して30℃における溶液の相対粘度（t/t_0）の変化を求めた。t, t_0は，それぞれ溶液及びDMSOの落下時間である。図7aに示すように相対粘度は時間の増加とともに単調に減少した。加水分解を受けながらギ酸溶液にパラミロンが溶解していくことがわかる。次に，分子量の低下がフィルムの力学特性に及ぼす影響を調べた。フィルムを長さ30 mm，幅5 mmの短冊状に切り出し，厚みをマイクロメーターで測定して初期の断面積を求め，引張試験を行った（ゲージ間隔20 mm，クロスヘッドスピード2 mm/min）。各測定値は，10回の試験の平均値である。図7b, cに示すようにフィルムの引張強度，弾性率には処理時間が48時間において極大を生じ，調製時間の増加とともに単調に減少した。フィルムの力学特性の低下はグルカンの加水分解のためと考えられるが，力学特性に極大を生じたのは，36時間処理ではパラミロンが完全に溶解せず，36～48時間処理してはじめて均一な溶液を調製出来たためと考えられる。

　パラミロンの構造の安定化には水素結合が重要な役割をもつと考えられる。天然のセルロース系繊維では単純に水で膨潤して水素結合を解離させ結晶周囲のひずみを緩和することで高強度化

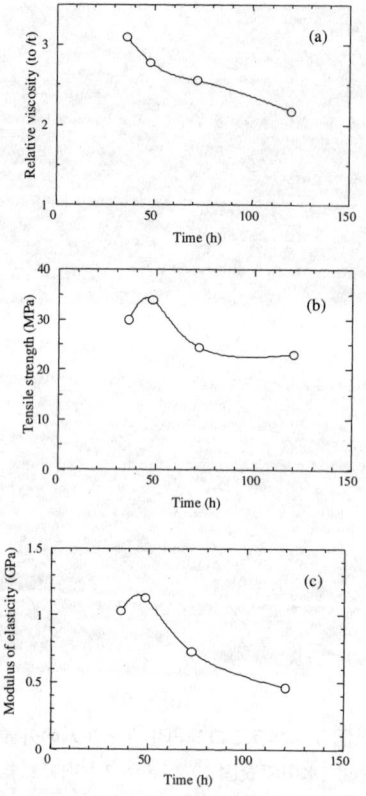

図7 ギ酸によるパラミロンの加水分解の影響
a：溶液の相対粘度の変化およびキャストフィルムの力学特性の変化（b：引張強度，c：弾性率）

が生じる。パラミロンは結晶性が高いため，単純に水に浸漬するだけでは十分な緩和が生じないと考えられるため，ここでは水蒸気処理（135℃，2時間）を行った。図8にパラミロンフィルム（48時間処理品）を用いて熱処理による応力歪曲線の変化を示す。熱処理により顕著な物性の向上が認められた。また，広角X線回折測定から図9に示すように，熱処理によって新たに2$\theta = 18°$，22°，31°付近に結晶化によるピークが観測された。このことが力学特性の向上につながったと考えられる。

4 パラミロン/PVA ブレンドフィルムおよび繊維

ポリビニルアルコール（PVA）と生分解性樹脂とのブレンドは一般的に行われており，ブレンドによる物性の向上も報告されている[8]。そこでPVAのブレンドによるフィルムの物性への影響を調べた。表1に結果を示す。PVAの割合が高くなるにつれてフィルム強度及び弾性率が単調

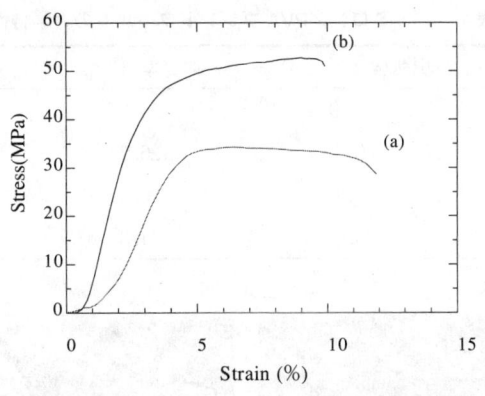

図8 水蒸気処理によるキャストフィルムの応力歪曲線の変化
a：未処理，b：処理後

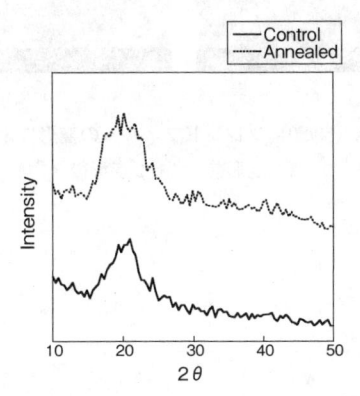

図9 水蒸気処理によるパラミロンフィルムの広角X線回折強度曲線の変化

に低下することがわかる。図10にパラミロン/PVA比が50/50のフィルムの引張変形による表面形態の変化を示す。図10aからフィルムが海島構造になっていることがわかる。分析した結果，島はパラミロンリッチで，海はPVAリッチであることがわかった。引張変形を加えると，図10bに示すように海と島との界面が剥離している部位の発生割合が高くなり，海島界面の接着性の悪さが強度及び弾性率の低下につながったと考えられる。一方，PVAのブレンドによる伸び率の増加は海を形成する非晶性PVAの分子鎖間のすべり変形によるためと考えられる。パラミロンフィルムとパラミロン/PVAブレンドフィルムの引張強度及び破断伸びを他の生分解性フィルム[8〜10]と比較し，図11に示す。パラミロンフィルムはセロハンに比べて高強度を示し，破断伸びも同等の値であった。また，ポリヒドロキシブチレート（PHB）キャストフィルムと比較すると破断伸びはパラミロンフィルムの方が大きいものの強度はやや劣っていたが，水蒸気を用いた熱処理によりPHBキャストフィルムより高強度化することが出来た。一方，パラミロン/PVAブレンドフィルムではPVAのブレンドにより強度低下を生じるが，力学特性は澱粉/PVA

表1 パラミロン／PVA ブレンドフィルムの力学特性

パラミロン／PVA	引張強度（MPa）	伸び率（%）	弾性率（GPa）
100／0	33.9	14.2	1130
90／10	9.6	26.7	366
70／30	7.9	26.1	36
50／50	5.0	34.3	10

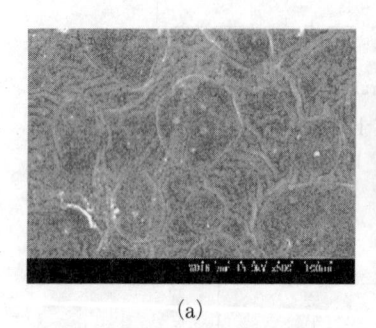

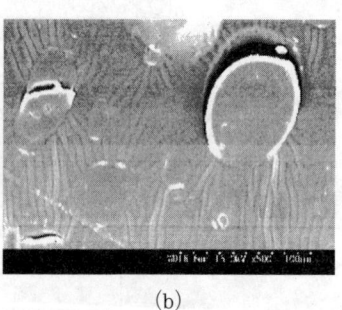

図10 パラミロン/PVA（50/50）ブレンドフィルムの変形による海島構造界面の剥離
a：変形前， b：変形後

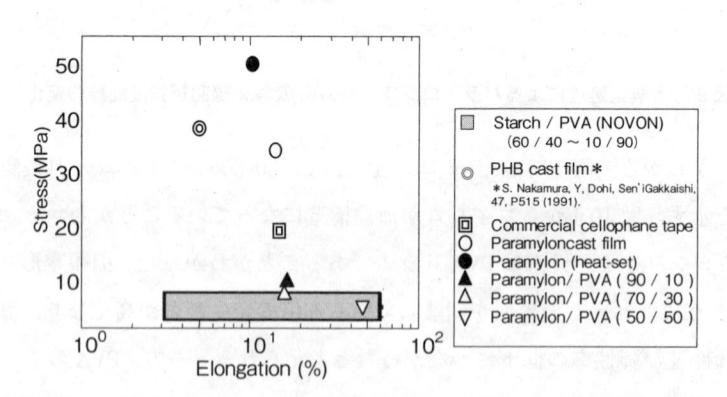

図11 パラミロンフィルムと他の生分解性フィルムとの力学特性の比較

ブレンドフィルムと同程度であった。

　パラミロンの利用を進めるため湿式紡糸法による再生繊維の試作を試みた。しかし，ギ酸で溶解したとき加水分解が生じることや，$(1\rightarrow3)$-β-グルカンの重合度がもともと低いことから，パラミロンのみでは繊維化が難しくPVAとのブレンドを検討した。PVAの重量分率を70％にまで高めることで紡糸が可能となった。このとき凝固浴の硫酸ナトリウムの濃度を300 g/L，温

第5章 パラミロン

表2 パラミロン/PVA（30/70）ブレンド繊維の力学特性

熱処理温度（℃）	引張強度（cN/dtex）	伸び率（%）
160	0.19	19.6
180	0.28	19.8
200	0.33	19.3

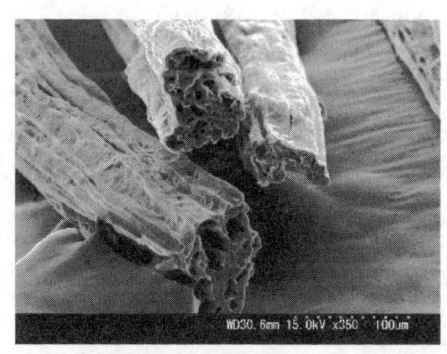

図12 パラミロン／PVA（3070）ブレンド繊維の外観

度を20～30℃に調整した。紡糸性はPVA濃度と凝固浴の温度に敏感に影響され，PVAの分率が50％以下，凝固浴温度が50℃以上になると紡糸が不可能となった。PVAを結晶化させ繊維を水に不溶にするため，繊維の両端を固定して，熱風オーブンを用いて160～200℃で5分間熱処理を行った。この繊維の力学特性を表2に，繊維の外観を図12に示す。図より繊維内部に空孔が認められる。このため繊維の破断強度は0.33 cN/dtexに過ぎず，著しく低い数値となった。空孔をなくすためには再生・凝固条件を更に検討する必要がある。また，今回，試作したブレンド繊維は広角X線回折を測定したとき，いわゆる繊維図形が得られず，分子の配向はほとんど認められなかった。繊維強度は高分子量成分のPVA分子を延伸・配向させることで改善されると考えられる。

5 今後の展開

良質なタンパク質を生産するミドリムシは食糧問題と二酸化炭素の固定の観点から注目されたが，同時に多量に体内に貯蔵されるパラミロンについては開発が遅れていた。そこで，パラミロンについて基礎的な成形加工特性を検討したところ，新たな生物由来材料として利用の可能性を見出すことが出来た。今回の試験では単純にパラミロンとPVAをブレンドしたため，海島構造が生じてしまったが，今後，可塑剤について検討することで，将来，新たな環境素材としての提案が出来るのではないかと考えている。

文　　献

1) 北岡正三郎編，ユーグレナ　生理と生化学，学会出版センター，東京，pp. 1-5 (1989).
2) D. R. Kreger, and B. J. D. Meeuse, *Biochim. Biophys. Acta*., **9**, 699 (1952).
3) R. H. Marchessault, and Y. Dealandes, *Carbohydr. Res*., **75**, 231 (1979).
4) 中野長久，宮武和孝，乾　博，穂波信雄，村上克介，相賀一郎，近藤次郎，金井謙三，辰巳雅彦, Celss Journal, Vol. 10, No. 2, 13(1998).
5) H. Miyagawa, A. Isihara, C. H. Lim, T. Ueno, and N. Furuichi, *J. Pestic. Sci*., **23**, 49 (1998).
6) A. E. Clarke, B. A. Stone, *Biochim. Biophys. Acta*., **44**, 161 (1960).
7) K. Miyatake, S. Kitaoka, *Bull. Univ. Osaka Pref., Ser. B*, **35**, 55 (1983).
8) 白石信夫，谷　吉樹，工藤謙一，福田和彦，バイオプラスチックのすべて，工業調査会，大阪，p. 63 (1993).
9) 中村茂雄，土肥義治，繊維学会誌, **47**, P 515 (1991).
10) 西山昌史，繊維学会誌, **47**, P 527 (1991).

第6章　セルロース系ナノコンポジット

矢野浩之[*]

1　セルロースの構造

セルロースはグルコースがβ-1,4結合した直鎖状のホモポリマーである（図1）。アミロースでグルコース残基がα-1,4結合することで，らせん状の構造をとっていることと対照的である。セルロース源は，草本，海草，海藻などの植物が主であるが，動物であるホヤやある種の酢酸菌もセルロースを産生する。酢酸菌の産生するセルロースは，バクテリアセルロースと呼ばれ，ナタデココとして食されている。地上に存在するバイオマス量の約95％が樹木であり，その約5割がセルロースであることを考えると，セルロースは，この地上で最も大量に存在する持続型資源といえる。

セルロースの重合度は天然セルロースで500〜10,000，再生セルロースで200〜800程度である。β-1,4結合により直線的に伸びたセルロースが，何本か束となって，分子内あるいは分子間の水素結合で固定され，伸びきり鎖となった結晶を形成している。水は通常この結晶領域には入れない。

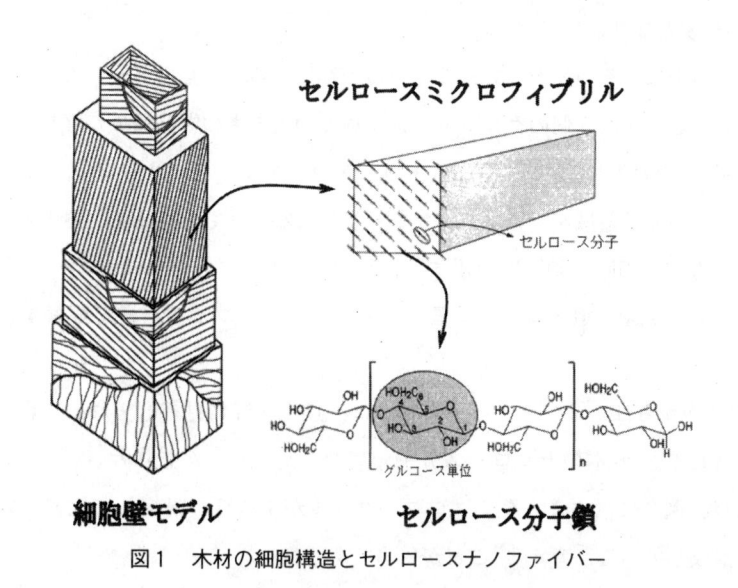

図1　木材の細胞構造とセルロースナノファイバー

[*] Hiroyuki Yano　京都大学　生存圏研究所　生物機能材料分野　教授

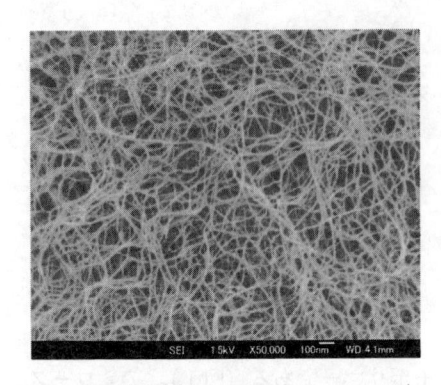

バイオベースマテリアルの新展開

図2 木材細胞壁中のセルロースナノファイバー
ブナ（Fagus crenata）軸方向柔細胞の細胞壁最内層を撮影。京都大学　粟野博士提供

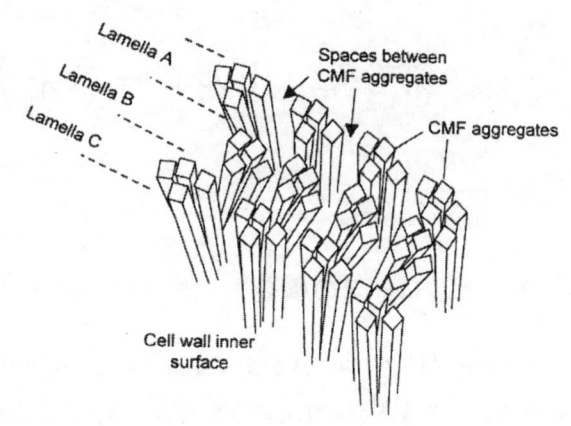

図3　二次壁の細胞壁モデル（片岡，1999）
CMF：セルロースミクロフィブリル

　セルロース結晶の幅は，一般の植物で4nm程度であり，これは，セルロース分子鎖が6本×6本，すなわち36本束になった状態をイメージできる。一部の海草には20nmになっているものもある。このような結晶性のセルロース束は，基本的な構成単位として，セルロースミクロフィブリルと呼ばれる。

　セルロースの結晶には，多くの結晶形が存在していることはX線回折や固体NMRによる解析で明らかになっているが，天然セルロースの結晶形はI型のみである。X線回折などから，セルロースにおける結晶領域の比率は，木材パルプで約50〜60％，バクテリアセルロースはこれより高く約70％程度と推測されている。

　ミクロフィブリルは，その表層部分に非晶領域が存在するが，長さ方向にも200〜300程度のグルコース残基ごとに4，5個のグルコース残基程度の大きさの非晶領域が存在する。天然のセルロースの結晶自体は弾性率が約140GPaあり，剛直であるが，数ナノメートルの細さと長さ方向に存在するこの非晶領域が，ミクロフィブリルにしなやかさを与えていると考えられる。

　図2に木材軸方向柔細胞の細胞壁を示す。細胞壁がリグニン，ヘミセルロースといったマトリックス成分により充填される前は，均質なセルロースナノファイバーを観察することが出来る。

　図のFE-SEM像からはナノファイバーの細さは，10数nmに見積もられ，これは観察用の試料調整法を考慮しても36本のセルロース分子鎖束と考えるにはかなり太い。このことから，木材細胞壁中では，図3に示すようなミクロフィブリルが4本ほど凝集して比較的安定したナノファイバーを形成していると考える[1]ことが妥当である。

2　無尽蔵のバイオナノファイバー：セルロースミクロフィブリル
　　―高強度，低熱膨張―

　近年，植物資源由来の持続可能な高性能ナノファイバーとして，セルロースミクロフィブリル（バイオナノファイバー，BNF）の材料への利用に関心が集まっている。セルロースミクロフィブリルは，伸びきり鎖結晶であることに起因して，弾性率が高いだけでなく，鋼鉄の5倍の強度，ガラスの1/10以下の線熱膨張係数を示す。木材等，植物資源の50％以上を占めるほぼ無尽蔵の持続型資源でありながら，これまでナノファイバーレベルまでの解繊コスト，ナノファイバーとしての取り扱いの難しさなどから，ナノファイバーとしての工業的利用はほとんどなされていない。

　我々は，このバイオナノファイバーを安価に製造する技術の開発を進めると共に，IT機器，ディスプレイ，自動車，建築，医療等，幅広い用途に利用可能な，高強度で低熱膨張，あるいは透明なナノコンポジットの開発を進めている。

3　ミクロフィブリル化セルロース（MFC）を用いた繊維強化材料
　　―クモの巣状ネットワークの効果―[2~7]

　MFC（Microfibrillated Cellulose）は，予備解繊した植物繊維（パルプ）を高圧ホモジナイザーやグラインダーでナノレベルまで解繊したもので，マイクロからナノレベルまでのクモの巣状ネットワークが特徴である（図4）。

　MFCシートにフェノール樹脂（PF）を10～20％複合し，積層成型したMFC-PF複合成型物は，密度約1.5 g/cm^{3}で，400 MPa近くの曲げ強度を示す（曲げヤング率は20 GPa）。これは，軟鋼やマグネシウム合金に匹敵する値である。MFCコンポジットの密度は鋼鉄の1/5である。

　MFC 10％濃度のスラリーに酸化デンプンをバインダーとして2％添加し，脱水後に熱圧した成型物（MFC-Starch）は，曲げヤング率は12.5 GPaであるが，破壊ひずみが大きく，曲げ強度は320 MPaに到達する。また，MFCとポリ乳酸繊維（PLA）を水中で混抄し（MFCとPLAの重量比は7：3），成膜後，積層熱圧すると，成型物（MFC-PLA）の曲げヤング率，曲げ強度は，それぞれ17.5 GPaおよび270 MPaに達する（図5）。

　ポリ乳酸とMFCとの複合については，混練によるコンパウンド化についても検討を進めている。ポリ乳酸を溶媒に溶かし，そこにMFCを添加してポリ乳酸中に均一分散させると，少量のMFC添加で引張強度が約1.4倍にまで増大する。また，MFC添加により軟化点以上での弾性率

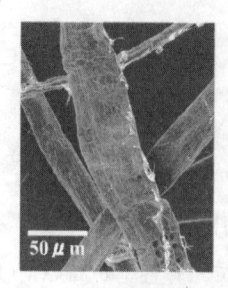

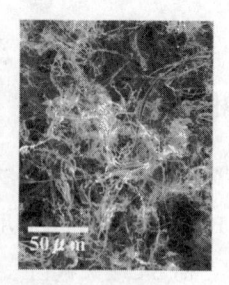

図4 ミクロフィブリル化セルロース
クラフトパルプ（NBKP）を高圧ホモジナイザーで解繊。

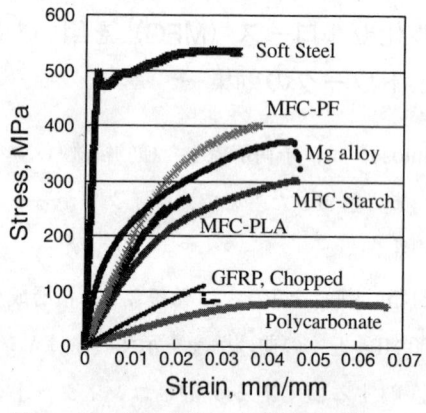

図5 ミクロフィブリル化繊維成形材料と他材料の強度特性比較

低下が大きく抑制されることも明らかになっている。

いずれの材料もカーボンニュートラルな低環境負荷高強度材料として，モバイル型コンピュータや携帯電話の筐体（ケーシング），自動車部材等への応用が考えられる。

MFCは，現在，食品添加剤やパルプ添加剤として製造，販売されている。高品質のナノファイバーではあるが，販売量が少ないこともあり，価格は乾燥重量で5000円/kg前後で，上記の複合材料用繊維として利用するには価格の点で困難である。このため，我々は，安価なナノファ

イバー化技術の開発にも力を入れている。経済産業省の地域新生コンソーシアム研究開発により行っている企業との共同研究において2軸混練機を用いた解繊処理により400円/kg程度でパルプをナノファイバー化する技術の目途が立ちつつある。

さらに，セルロースナノコンポジットの実用化を考えたとき，製造コストとナノファイバーの品質のバランスを考えた原材料選びが重要である。そこで，木材パルプ以外に，例えば，ジャガイモのデンプン絞りカスや焼酎カスといった農産廃棄物や産業廃棄物からのナノファイバー製造について研究を行っている。ヨーロッパでは，砂糖大根の絞りカスや麦ワラからのナノファイバー製造が試みられている。化石資源に依存せず，「自国の資源で植物繊維をナノまで解して固めた，金属並みの強度を有する成形材料」を製造することが我々の目標である。

4　ナノファイバー繊維強化透明材料
　　―波長の 1/10 以下のエレメントは散乱を生じない―[8〜11]

携帯電話やモバイルコンピュータといった情報関連機器の急激な進歩に伴い，ディスプレイ材料や光通信関連部材に用いられる透明材料には，フレキシブルでかつ低熱膨張，高強度といった，既存のガラスやプラスチックでは得られない特性が求められる様になっている。我々は，バクテリア（酢酸菌，Acetobacter Xylinum）が産出するセルロースミクロフィブリル束が，幅 50 nm と，可視光波長に対して十分細いことに着目して，バクテリアセルロースによる透明樹脂の補強について検討している。

アクリル樹脂，エポキシ樹脂等の透明樹脂をバクテリアセルロースシートに含浸し硬化させると，繊維を 60 〜 70 ％も含有しながら波長 500 nm で約 90 ％の光透過率を示す透明ナノコンポジットが得られる。このナノコンポジットは，シリコン結晶に匹敵する低い線熱膨張係数（3 〜 7 ppm）を有し，鋼鉄並の曲げ強度（460 MPa）で，かつフレキシブルである。また，ナノファイバー効果により繊維補強後も透明性が保たれていることから，マトリックスとの屈折率差は大きな問題とはならず，温度変化に伴い透明樹脂の屈折率が変化しても，透明性は変化しない。このようなことから，ガラスの脆さ，ポリマーの高熱膨張を克服した新しい透明素材として，幅広い用途への展開が期待できる。

この透明複合材料のフレキシビリティと低熱膨張性を活かした用途として，次世代のディスプレイであるフレキシブル有機 EL（OLED）ディスプレイの透明基板（有機 EL 素子を搭載し，ディスプレイとするための透明材料）への応用について検討した。数々の処理プロセスの検討，改良を経て，バクテリアセルロース補強透明材料上で有機 EL を発光させることに成功した（図6）。生き物の力を借りて作る新規の IT 材料である。

図6　セルロースナノファイバー補強透明材料
（上）とセルロースナノコンポジットを
透明基板に用いた EL 発光素子（下）

　これらの成果を踏まえ，植物繊維からの透明ナノコンポジットの製造についても研究を進め，MFC をグラインダーで処理することで，均一なナノファイバーが得られること，それを用いたナノ繊維複合材料はバクテリアセルロースと同等の透明性を有することが明らかになっている。しかし，植物繊維由来の透明ナノコンポジットの線熱膨張係数は，バクテリアセルロース補強コンポジットに比べ，15～18 ppm と大きく，その低減が課題である。

5　セルロース系ナノコンポジットに関する急激な世界の動き

　セルロース系ナノファイバーおよびナノコンポジットに関する研究開発は世界中で激化している。ヨーロッパや米国ではセルロースナノファイバーと呼び，次世代グリーンコンポジットの補強繊維として関連コミュニティで大きく取り上げ，新たな研究プロジェクトが数多くスタートしている。例えば，スウェーデンとフィンランドが共同で行っているプログラム（Wood Material Science Research Program，5年間，30億円）において，STFI-PACKFORSK の Lindstrom 教授がリーダーとなった Nanostructured cellulose produscts のプロジェクトが 2004 年より走っている[12]。High Performance Nanocomposites, Modified Surface and their Characterisation, Functional Materials, Superhydrophobic Materials などのサブプロジェクトにより，安価なナノファイバーの製造技術，ポリマーとのブレンドが容易な乾燥セルロースナノファイバー製造技術，ポリマーとの親和性向上を目的とした化学修飾技術の開発などが進められている。

第6章　セルロース系ナノコンポジット

　欧州ではセルロースナノウィスカー（BNFをさらに切断した針状結晶物質）によるナノコンポジット研究も盛んである[13,14]。この背景には，豊田中央研究所が開発したナノクレーコンポジットの影響があるように思われる。1995年頃からフランス，CERMAVの研究者グループが，セルロースナノウィスカーとラテックスとの複合によるナノコンポジットシートの研究を始め，その後も多くの関連研究が様々なナノファイバー原料を用いて行われている。2000年に入ってからは，Oksman教授（最近ノルウェーからスウェーデンに移った）が，ガスバリア性に優れた廃棄容易な容器の開発を目指して，ポリ乳酸とナノウィスカーとの複合について開発研究を進めている。また，欧州では植物資源利用に対する自動車産業の意識は高く，現在は，麻・ジュートなど植物繊維とポリマーの複合材料開発が中心であるが，今後は，より高性能のセルロースナノコンポジットに関心が集まる可能性がある。

　一方，北米では，製紙産業が主導して，急激にBNF研究体制を整えつつある（シンポジウム開催や大型プロジェクト立ち上げに向けたプラットフォーム形成）。BNF研究の多くは，植物繊維や木材粉末をポリプロピレンなどの熱可塑性樹脂と溶融混練する複合材料研究の発展として行われており，極性材料であるセルロースと非極性の樹脂との界面制御技術には多くの蓄積がある。自動車産業との関係が深いトロント大学のSain教授は，植物繊維補強材料の延長としてセルロースナノコンポジットの開発研究を精力的に進めている。また，最近，新聞で，米国の環境保護省のナノテクノロジー関連プログラムとして，シラキュース大学のWinter博士が「セルロースナノ粒子で補強したエコ複合材料」の開発を行っていることが報じられていた。環境保護省という，人の健康にとりわけ敏感な部署が，セルロースのナノ粒子に関する材料開発を認めたということは注目に値する。

　このような欧米の状況に対して，我々は，木質材料科学やセルロース科学で培われた技術に基づき，バイオナノファイバーの優れた強度を生かした構造用途や透明材料に特化して研究を進めている。BNFの基本構成要素であるセルロースの結晶構造，化学反応性等に関する研究において世界をリードしている研究者と共同で材料開発を進められている点が，今後のバイオナノマテリアル材料開発における強みであると考えている。

　バイオマス資源のエネルギー・化学原料利用の特許戦略で欧米諸国に大きく水をあけられている我が国にとって，「セルロースナノファイバー，ナノコンポジット」は，優位を保ち得る数少ない分野の一つである。我が国が米国やヨーロッパに特許戦略で遅れを取ることが無いよう，一日も早く，企業と大学が連携した大きなチームで先導的開発研究を始める必要がある。持続型資源に基づく新産業の創成に向けて，関係の方々のご指導，ご支援を賜りたい。

文　　献

1) A. Kataoka, Doctoral thesis, The University of Tokyo, Tokyo (1999)
2) A. N. Nakagaito, H. Yano and S. Kawai., Proc. 6 th Pacific Rim Bio-based Composites Symposium, Nov. 2002, Portland, p.171-176.
3) H. Yano, S. Nakahara and A. N. Nakagaito, Proc. 6 th Pacific Rim Bio-based Composites Symposium, Nov. 2002, Portland, p.188-192.
4) H. Yano and S. Nakahara, *J. Materials Science*, **39**, 1635-1638 (2004)
5) A. N. Nakagaito and H.Yano, *Applied Physics A*, **80**, 155-159 (2005)
6) A. N. Nakagaito and H. Yano, *Applied Physics A*, **78**, 547-552 (2004)
7) A. N. Nakagaito, S. Iwamoto and H. Yano, *Applied Physicis A*, **80**, 93-97 (2005)
8) H. Yano, et al., *Advanced Materials*, **17**, 153-155 (2005)
9) M. Nogi, A. N. Nakagaito and H. Yano, *Applied Physics. Letters*, **87**, 243110-1-3 (2005)
10) M. Nogi, et al., *Applied Physics Letters*, **88**, 133124 (2006)
11) S. Iwamoto, et al., *Applied Physics A*, **81**, 1109-1112 (2005)
12) http://www.woodwisdom.fi/?docId=12331
13) L.A. Berglund, (Ed.: M. A. D. Mohanty), CRC Press LLC (2004)
14) M.A.S.A. Samir, F. Alloin, and A. Dufresne, *Biomacromolecules*, **6**, 612-626 (2005)

第7章 コハク酸

1 コハク酸発酵

山岸兼治*

1.1 はじめに

コハク酸は自然界に存在する有機酸の一種で貝の旨味成分としても知られている化合物である。世界で年間 15,000 ton 以上生産されており，その大半がブタンより無水マレイン酸を経て生産される石油化学製品である。既存市場としては，界面活性剤，イオンキレート剤，酸味料，pH 調整剤等の食品添加物，医薬関連などであるが，より汎用的な化学品中間体としてコハク酸は大きく注目されている。コハク酸をベースとして生産しうる汎用化学品としては，methylene chloride の代替溶媒となる N–methylpyrrolidone，樹脂等の原料となる 1,4–butanediol，化学品原料の γ–butyrolactone，ナイロン 6,6 の原料となるアジピン酸，溶媒のテトロヒドロフランなどがあり，275,000 ton/y 以上の市場規模があるという報告もある[1]。さらに，生分解性プラスチックの PBS（ポリブチレンサクシネート）の原料としても注目されている。

1.2 コハク酸の生成経路

コハク酸は TCA サイクルの中間体であり，多くの通性または偏性嫌気性微生物が最終代謝産物の一つとして蓄積することが知られている。コハク酸生産菌の多くは，種類，培養条件により

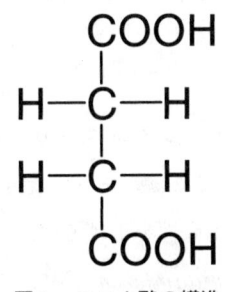

図1 コハク酸の構造
分子式：$C_4H_6O_4$
分子量：118.09

---

* Kenji Yamagishi　㈱三菱化学科学技術研究センター　R&D 部門　非枯渇資源 PJ

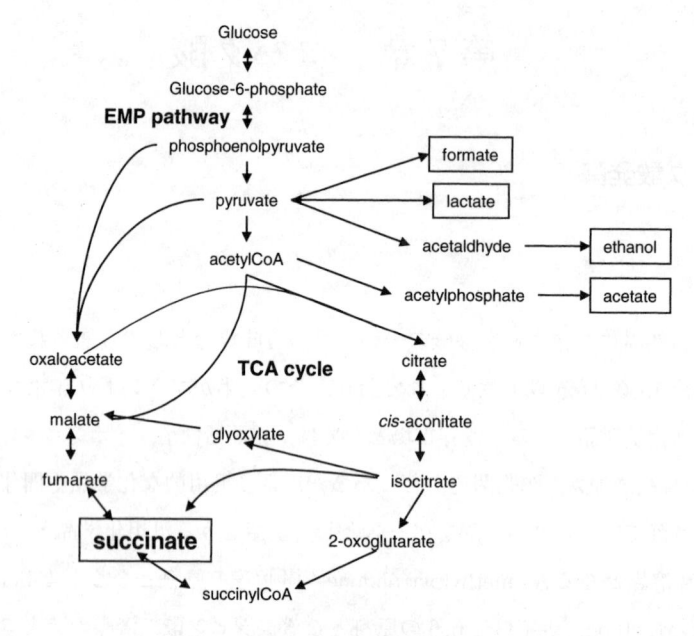

図2　コハク酸生成経路（推定）

変動するが，その他にエタノール，乳酸，酢酸，ギ酸等の副生成物を生成することが多い。コハク酸，副生成物の割合は基本的には生成系酵素の活性，遺伝子発現調節，酸化還元のトータルなバランスにより規定される。代謝経路は種によって異なるが，主な経路はTCAサイクルの逆回りでフマル酸の還元によりできていると推測されている。それ以外にグリオキシル酸サイクルからも生成していることが示唆されている。理想的な代謝が行なわれると，グルコース1モルからコハク酸1.7モルが生産されることになる。コハク酸発酵を考える上では，副生成物を減らして理想代謝に近づけることと，生産速度を上げることが重要となる。

1.3　コハク酸生産菌

コハク酸発酵の本格的な研究はグリーンケミストリーの流れから米国の幾つかの研究所で1990年頃から始まっている。一つの流れはルーメン菌を用いた研究であり，もう一つは*Escherichia coli*を用いて代謝工学的に生産性を上げる検討である。国内の研究機関ではアミノ酸発酵に用いられる*Corynebacterium glutamicum*が中心に検討されている。

*Anaerobiospirillum succiniciproducens*はビーグル犬より分離された絶対嫌気性のグラム陰性細菌であり，嫌気的にグルコースからコハク酸と酢酸を主産物として生成する[2]。Michigan Biotechnology InstituteのGuettlerらは，*A. succiniciproducens* ATCC 29305のモノフルオロ酢酸体制株FA-10を分離し，副生酢酸の低減化に成功している。この株はグルコースより44.5 hr

で 34 g/ℓ のコハク酸を生産し，主な副生成物である酢酸は 0.4 g/ℓ と親株（8 g/ℓ 前後）の 1/20 の低減化に成功している[3]。

MBI International の Guettler らは，牛のルーメンよりコハク酸を主要な発酵産物として生成するグラム陰性の通性嫌気性細菌 *Actinobacillus succinogenes* 130 Z 株を単離した[4]。本株はグルコースからの主要産物としてコハク酸以外に，副生成物として酢酸，ギ酸，エタノールを産生するが，乳酸は生成しない。彼らは，*Actinobacillus succinogenes* 130 Z 株よりモノフルオロ酢酸耐性変異株を分離し，約 100% の対糖収率で 110 g/ℓ の蓄積，3.8 g/ℓ/hr の生産速度を達成している[5]。

Escherichia coli は代謝工学のモデル研究に多く用いられており，コハク酸発酵でも多くの研究機関で検討されているが，Southern Illinois University の Dr. David Clark が作成した NZN 111 株が多く使われている。この株は pyruvate formate lyaze (pfl) と lactate dehydrogenase (ldh) が欠損した株である。Donnelly らは更に NZN 111 株より嫌気でグルコースに生育できる変異株 AFP 111 を取得した[6]。本株はグルコース 1 mol から，コハク酸 1 mol，エタノール，酢酸を 0.5 mol ずつ生産する。菌の増殖とコハク生産をそれぞれ好気，嫌気に切り替える 2 段階発酵で気相を 100% 炭酸ガスにすると 0.99 g succinate/g glucose でコハク酸：酢酸＝6：1 の選択性で，最終 45 g/ℓ のコハク酸が生成する。この変異株を解析したところ，phosphotransferase 系のグルコース特異的膜結合 permease EIICB^{glc} 遺伝子 *ptsG* の変異であることが判明している[7]。NZN 111 及び AFP 111 に *pyc* 遺伝子を導入し，完全嫌気，好気的増殖と嫌気的反応とからなる 2 段階発酵において，グルコース消費，産物，各種酵素活性等について検討を加えたところ，コハク酸は AFP 111/*pyc* の 2 段階発酵で最も多く生成した。好気的増殖から嫌気的反応への切り替えのタイミングを中心に 2 段階発酵の最適化を行い，fed-batch 培養により約 110% の対糖収率で 99.2 g/ℓ の蓄積，生産性 1.3 g/ℓ/hr の生産速度を達成している[8]。

Corynebacterium glutamicum はグルタミン酸発酵として分離された細菌であるが，グルタミン酸を生産しない条件（ビオチン添加，低酸素供給）で培養するとコハク酸が著量に生産することを 1961 年に既に報告されている[9]。*Corynebacterium glutamicum* は炭酸イオンを添加した嫌気的に培養すると，乳酸を著量に蓄積することが報告されている[10]。更に，乳酸脱水素酵素を欠損した株は乳酸が生成せず，コハク酸が主な生産物になることが報告されている[11]。

1.4 精製プロセス

コハク酸の発酵はアルカリによる中和を伴う。したがって，塩から酸に戻す精製過程が重要となる。従来用いられている有機酸の精製方法でもコハク酸塩からコハク酸を精製することができるが，多量の副生塩が発生する。グリーンケミストリーの観点から，副生塩の発生が無い方法が

求められており，いくつかの方法が提唱されている。

石膏晶析法はクエン酸などの有機酸の精製に多く用いられている。コハク酸でも同じ方法が報告されているが[12]，この方法は副生する石膏の処理が問題となる。イオン交換による精製も報告されているが[13]，イオン交換樹脂の再生の際に副生塩が発生し，その処理が問題となる。

乳酸発酵で用いられているのと同様な溶剤抽出法も報告されている[14]。この方法は高圧下でCO_2中和し，イオンペア試薬を含む抽出溶剤により抽出することを特徴とする。その際に炭酸塩も生成し，発酵工程の中和剤として再利用され，ほとんど副生成物が出ないことが特徴である。

電気透析法も乳酸で提案されている方法であるが，コハク酸の精製でも検討されている[15]。この方法の特徴は1段目の電気透析でコハク酸塩を濃縮し，2段目ではバイポーラー膜を用いた電気透析によりコハク酸ナトリウムをコハク酸と水酸化ナトリウムに分解し精製する。水酸化ナトリウムは発酵工程に再利用され，副生塩が発生しない。

酸晶析の副生塩を熱分解する方法も提唱されている[16,17]。この方法の特徴はコハク酸のアンモニウム塩を酸晶析することを特徴としている。硫酸や酢酸が酸晶析の際に用いられている。また，塩分解で発生するアンモニアは再利用され，副生塩が発生しない。

1.5 今後の展望

発酵法によるコハク酸はバイオマス由来の汎用化学品として注目され，多くの研究機関で研究がなされている。特に生産菌の開発においては代謝工学のモデルとしても注目されている。近い将来，発酵法によるコハク酸が石油化学品より安価に製造できるようになると確信している。

文　献

1) Zeikus, J.G., Jain, M.K., Elankovan, P., *Appl. Microbiol. Biotechnol*., vol.**51**, 545–552.
2) Davis, C.P., Cleven, D., Brown, J., Balish, E., *Int. J. Syst. Bacteriol*., vol.**26**, 498–504.
3) US 5521075
4) Guettler, M.V., Rumler, D., Jain, M.K., *Int. J. Syst. Bacteriol*., vol.**49**, 207–216.
5) US 5573931
6) Donnelly, M.I., Millard, C.S., Clark, D.P., Chen, M.J., Rathke, J.W., *Appl. Biochem. Biotechnol*., vol.**70–72**, 187–198.
7) Chatterjee, R., Millard, C.S., Champion, K., Clark, D.P., Donnelly, M.I., *Environ. Microbiol*., vol.**67**, 148–154.
8) Vemuri, G.N., Eiteman, M.A., Altman, E., *J. Ind. Microbiol. Biotechnol*., vol.**28**, 325–332.

第7章 コハク酸

9) 大石,相田,朝井,農化,第35巻,第9号,855-861 (1961)
10) 特開平 11-113588
11) 特開平 17-027533
12) 特開平 3-30685
13) 特表 2002-30685
14) WO-98/01413
15) 特開平 3-151884
16) 特表 2001-514900
17) 特開 2004-196768

2 コハク酸系ポリエステル樹脂

加藤 聡*

2.1 はじめに

コハク酸は，代表的な生分解性樹脂の１つであるポリブチレンサクシネート（PBS）の原料として利用されている。三菱化学ではPBS系樹脂「*GS Pla*®」の原料であるコハク酸を石油資源原料からバイオマス資源に切り替える目的で，バイオマスからの発酵によるコハク酸製造研究を味の素㈱と共同で進め[1]，環境負荷が少なく安価に提供できる発酵法コハク酸の世界で初めての本格的な商業生産を目指している。また発酵コハク酸を原料とした世界初のバイオマス由来ポリブチレンサクシネートの実用化を目標としている。

以下にコハク酸系樹脂の代表であるポリブチレンサクシネート系樹脂の開発状況について概説する。

2.2 脂肪族ポリエステルとしてのポリブチレンサクシネート系樹脂開発経緯

脂肪族ポリエステル樹脂の研究の歴史は古く，PETやPBTが開発される以前に，ナイロンの発見者として有名なDuPont社のCarothersが脂肪族ポリエステル樹脂の研究を行い1929年に脂肪族ポリエステルの重縮合の報告を行っている[2]。しかしナイロンなどのポリアミドやPET，PBTなどの芳香族ポリエステルに比べ耐熱性が低かったため，長い間材料として実用化されることが無かった。

機械物性の点においても脂肪族ポリエステルは芳香族ポリエステルに比べ強度等が低いため，実用化するためにはPBTなどより非常に重合度を向上させる必要があった。一方脂肪族ポリエステルは熱分解温度が低いため高温での重縮合反応には不利な構造であり，高分子量化も困難であった。

そこである程度の比較的分子量の低いポリエステルを重合しその末端同士を反応させて鎖延長することにより高分子量化するなどの工夫が必要であった[3]。

三菱化学では長年培ったポリエステルの製造技術によりこのことを克服し１段階で高分子量のポリブチレンサクシネートを製造する技術を開発した[4]。この技術を応用して，三菱化学は，2003

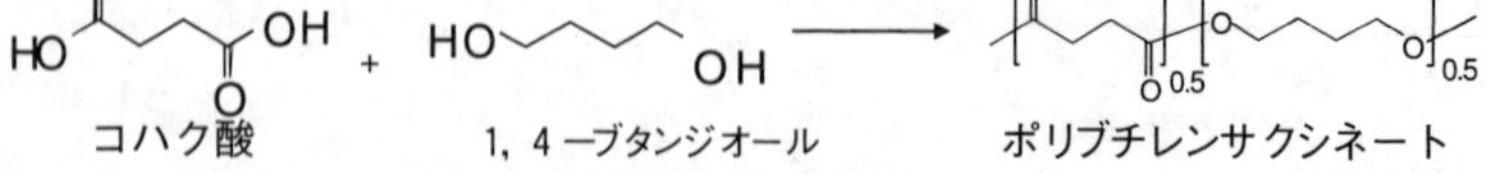

図1 ポリブチレンサクシネートの合成

---

* Satoshi Kato 三菱化学㈱ 科学技術戦略室 横浜センター

第7章 コハク酸

年4月より脂肪族ポリエステル樹脂「GS Pla®」の本格的な市場導入を開始した。現在,「GS Pla®」は石油資源より得られるコハク酸と1,4-ブタンジオールを主な原料に用いて製造しているが,この原料のうちコハク酸を数年後に植物から得られるバイオマス資源に転換する計画で検討を進めている。「GS Pla®」はバイオマス資源を原料としたプラスチック材料として知られるポリ乳酸とは大きく異なる物性を有し,ポリ乳酸より広範な用途分野での使用やポリマーブレンドによる機械物性の補完を目的とした使用が期待される。

一方「GS Pla®」を含む生分解性樹脂全般の課題として,生分解性がメリットと認められるが,実際は生分解性樹脂が土壌中で自然分解されるのを待つしかないのが現状である。生分解性樹脂の生分解速度は気候や土壌の種類などに依存し,生分解されるまでに数ヶ月～1年強かかる。そこで,三菱化学は「GS Pla®」の生分解性機能をより使いやすくするため,「GS Pla®」の分解を促進する酵素配合液の開発も行っている。

2.3 「GS Pla®」の特徴

「GS Pla®」は,コハク酸と1,4-ブタンジオールを主な原料とする脂肪族ポリエステル樹脂である。脂肪族ポリエステルは,十分な機械強度,成形性等を確保しようとすると,PETやPBTといった芳香族ポリエステルより高分子量の重合体を製造する必要がある。しかしながら,従来脂肪族ポリエステルは高分子量の重合体が得られにくいとされており,低分子量重合体を,鎖延長剤等を用いて高分子量化する方法が一般的であった。三菱化学では,PETやPBT等のポリエステル樹脂の製造で培った重縮合技術を応用し,高分子量脂肪族ポリエステルを効率よく製造する技術を見いだした。本技術により,物性に大きな影響を与える分子量調整や共重合を容易に且つ高い生産性で実現することができるようになったばかりか,既存のポリエステル重合設備を転用することでの製造も可能となり,高いコスト競争力を持つ材料を世に提供できるようになった。

2.4 「GS Pla®」の用途展開

現在「GS Pla®」には用途に応じて,標準タイプのAZシリーズ及びAZシリーズに透明性と柔軟性を付与したタイプのADシリーズの2つの基本グレードがある。それぞれの主要な物性値を表1にまとめる。

「GS Pla®」の成形法に関しては,現行プラスチック材料で用いられているほぼ全ての成形加工法(インフレ成形,射出成形,押出し成形,シート成形,発泡成形,真空成形等)への適用が可能であり,用途に応じて幅広く対応できるように工夫されている。

現在,これら「GS Pla®」の優れた成形加工性と機械物性を基に,各種用途(農業資材,日用

表1 *GS Pla* の主要物性

物性	単位	*GS Pla*		HDPE	LDPE	PLA	PS
		AZ 91 T	*AD 92 W*				
密度	g/cm^3	1.26	1.24	0.95	0.92	1.26	1.05
Tg	℃	−32	−45	−120	<−70	59	100
Tm	℃	110	86	132	108	179	−
引張強度	MPa	50	45	70	18	55	40
引張破断伸度	%	400	750	800	700	2	2
引張弾性率	MPa	700	200	1,000	150	2,800	3,000
曲げ弾性率	MPa	530	300	900	150	3,500	3,150
Izod 衝撃強度（ノッチ無し）	kJ/m^2	N. B.	N. B.	N. B.	N. B.	23	15

雑貨，包装資材，土木資材など）への展開を図るべく市場開発を展開しているところである。

2.5 「GS Pla®」の生分解性と分解制御

「*GS Pla*®」は，土壌中等で微生物に代謝され水と二酸化炭素に分解される「生分解性」機能を有している。即ち，廃棄する際の作業性や費用等を考慮し，回収やリサイクルが難しい場合はそのまま自然環境中で分解，消滅させることができる。一定期間後の分解性に関しては，例えば JIS K 6950 に準じた活性汚泥中の分解試験においては *AZ 91 T* で約 10 %（28 日後），*AD 92 W* で約 60 %（28 日後）が分解消滅する結果を得ている。

三菱化学が開発した *GS Pla*®分解酵素は，加水分解酵素の一種である「リパーゼ」が主要成分である。三菱化学がデンマークの酵素メーカー Novozymes 社と共同で見出した「リパーゼ」は，PBS（ポリブチレンサクシネート）系ポリエステル樹脂「*GS Pla*®」に対して高い分解活性を持つことがわかった。この分解酵素に「*GS Pla*®」ペレットを浸漬させると 7 時間以内にペレットが完全にモノマー化する。

2.6 発酵コハク酸を用いたポリブチレンサクシネート樹脂の製造

三菱化学はオールバイオマス由来の原料から製造したポリブチレンサクシネート系樹脂を世界で初めて製造し，この樹脂から成型した書類ケースを 2005 年 7 月に開催された愛知万博会場で開催された「こども環境サミット 2005」において 1,300 個配布した[5]。写真 1 で示すようにこのオールバイオマス由来の原料から製造した樹脂は，従来の石油由来原料から製造した樹脂と同様の成型加工法により，製品が製造可能であることを確認した。

第7章 コハク酸

(a) 植物由来原料からの試作品　　(b) 石油原料からの試作品
写真1　植物由来原料PBSから製造した書類ケース

2.7　今後の課題及び展望

三菱化学ではPBS系樹脂「*GS Pla*®」の原料のひとつであるコハク酸を石油資源からバイオマス資源に転換する計画である。しかし原料価格が現行品より高くなればいかにバイオマスといえども市場の拡大は困難と考えている。従ってバイオマス資源を使うことによって現行品のコストよりも高くならないという前提で開発を進めている。

三菱化学グループではこれまで培ってきた樹脂に関する種々の技術，発酵などのバイオ合成技術及び化学品合成に関するプロセス技術を応用して，バイオマス資源からのコハク酸を原料として重合したPBS系樹脂「*GS Pla*®」を事業化することによりバイオマスの活用，普及に取り組んでいる。

文　　献

1) 化学工業日報, 2003年3月13日
2) W. H. Carothers, *J. Am. Chem. Soc.*, **51**, 2548(1929)
3) 特許第2825969号
4) 特許第3377142号, 特許第3377143号, 特許第3402006号, USP 5,652,325
5) 日経産業新聞, 2005年8月15日

第8章 キチン，キトサン

相羽誠一*

1 はじめに

　持続可能社会の実現のためには再生可能資源への原材料転換が急務であり，バイオマスから製造される材料（バイオベースマテリアル）は21世紀のクリティカルマテリアルとして期待されている。バイオマスの活用によって，化石資源枯渇と地球温暖化の問題解決に資することができるからである。バイオベースマテリアルは汎用プラスチックの代替になりうる材料から，特殊な機能を有するファインケミカルまで幅が広い。ここで取り上げるキチン，キトサンは地球上での生物生産量がセルロースに匹敵するほど多量に存在するが，セルロースと比較すると収集の困難さから大量生産と消費が行われているものではない。そのため機能性を有するバイオベースマテリアルとしての研究開発が進展している。1980年代から研究が活発になり，キチン，キトサンが各種の生物活性（生体内消化性，抗菌性，創傷治癒効果など）を有すること，またキチン，キトサンの化学修飾によって機能変換が可能であることなどから機能性材料として期待されるようになり，着実に研究開発は進歩してきている[1~6]。この10年ほどの間でキトサンの生理機能が解明されるにつれ，健康食品としてキトサンということばが一般的に世の中で見かけられるようになってきた[7,8]。さらにキチンから誘導されるN-アセチルグルコサミン[9,10]，グルコサミン[11,12]も健康食品として注目されるようになってきた。本章では材料開発の観点から化学修飾によるキチン，キトサンの機能変換を中心に述べる。

2 キチン，キトサンの一般的性質

　キチンはカニ殻やエビ殻から得られる天然多糖であり，キトサンは図1のようにキチンをさらに化学的に処理して得られる多糖である。しかし，キトサンは自然界にもみられ，限られた種類の接合菌類の細胞壁に存在する[13]。同じ一つのものを指してキチンあるいはキトサンという名前が使われていたり，キチン・キトサンで一つの物質のように扱われていたりと，誤解されている

---

　* Sei-ichi Aiba　㈱産業技術総合研究所　環境化学技術研究部門　バイオベースポリマーグループ　グループ長

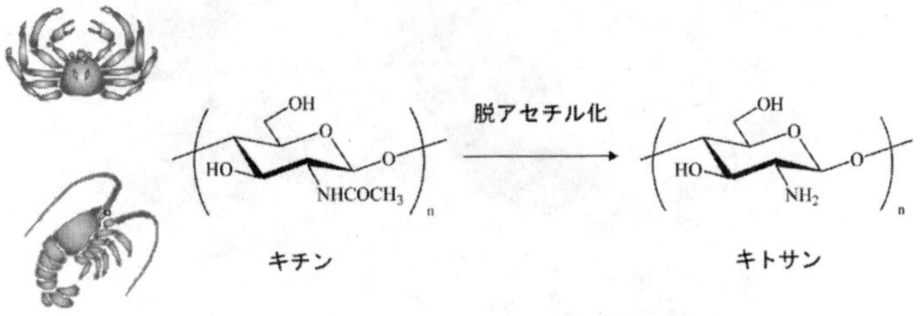

第8章 キチン,キトサン

図1 キチン,キトサンの化学構造

場合もあるが,実はこの2種類の多糖は全く別の物質で,キチンはN-アセチルグルコサミンがβ1-4結合で連なった直鎖構造をしており,キトサンはグルコサミンを構成単位とする。市販されているキチン,キトサンは北海道や山陰地方のカニ漁港の水産加工工場から排出されるカニ殻が原料となる。カニ殻やエビ殻にはキチンが20〜30%程度含まれていて,残りは炭酸カルシウムとタンパク質である。キチン,キトサンの製造は以下のように行う[14];粉砕したカニ殻を数%の苛性ソーダ水溶液中で加熱してタンパク質を除き,洗浄し,次いで室温で希塩酸につけてカルシウム分を除く。脱タンパクと脱灰の順は逆でもよい。キチンは水に溶けないので,固体状で得られる。さらにキトサンは40〜50%の苛性ソーダ水溶液中で数時間100℃以上に加熱することで得られる。日本以外でも,タイ,インド,中国,韓国,ポーランド,ロシア,ノルウェー,ドイツなどで生産が行われている。日本でのキトサンの生産量は年間約500トンで,中国,韓国などからも輸入している。世界の潜在量は14,000トンといわれている[15]。

キチン及びキトサンは通常のプラスチックのようには成形できない。キチンは分子間で強く水素結合していて融溶成形はできず,また一般の溶媒には簡単に溶けない。ギ酸＋ジクロロ酢酸,トリクロロ酢酸＋ジクロロエタン,ジメチルアセトアミド(あるいはN-メチルピロリドン)＋塩化リチウム,ヘキサフルオロ-2-プロパノール[16],メタンスルホン酸,メタノール＋塩化カルシウム・2水和物[17],10%苛性ソーダ水溶液などの特殊な溶媒に溶ける[18]。強酸を使う場合,キチンの分解は避けられない。これに対してキトサンはずっと溶解性が良い。塩酸,ギ酸,酢酸,乳酸,クエン酸等の希薄水溶液に溶ける。キチンやキトサンをこのような溶媒に溶解後,様々な形のものに成形できる。ガラス板などに平らに溶液を流して乾燥させるか,凝固液中に入れて不溶化させることによってフイルムが得られる[18]。細いノズルから連続的に凝固液中に引き出せば繊維になる[17]。あるいは凝固液中に滴下すればビーズになる[19]。キチンの場合,粉末をN-メチルピロリドンに浸漬し,塩化リチウムを徐々に添加していくと,キチン粉末は膨潤し,非常に粘度の高い溶液となる。これをガラス板に流延し,全体を2-プロパノールに浸すと,ゲル状のフィルムが生成してくる(図2)。これを水で洗浄し乾燥することでフィルムが得られる。結晶構造が壊されているため水によく膨潤し,透析膜としての性質を有する[20]。

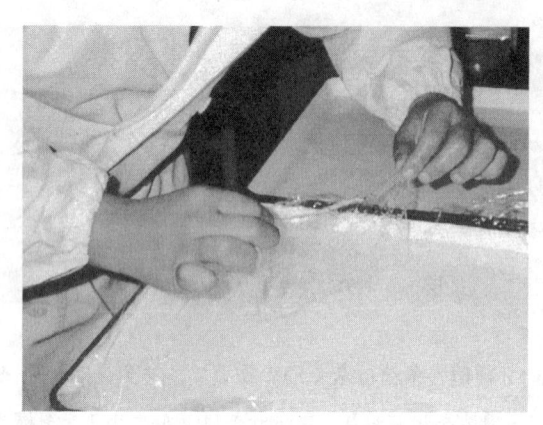

図2 キチンフィルム

　天然のキチンは結晶構造の違いによってα型とβ型がある[21]。カニやエビの甲殻ではキチンはα型であり、イカの甲ではβ型である。分子間の水素結合の数に差があり、β型の方が少なく、凝集力が弱いので、溶媒の親和性が高く、また、反応性も高い[17,22]。

3　キチン，キトサンの実用化例

　キチンを繊維化して実用化した製品に創傷被覆材（人工皮膚）がある[23]。厚生労働省の製造承認がおり、20年近く使われている。これはキチンの繊維からなる不織布である。キチンを塩化リチウム＋ジメチルアセトアミド溶液に溶解させ、ノズルからアルコール溶液に紡糸することによって繊維が得られる。これを短繊維にして、ポリビニルアルコールをバインダーとして不織布とする。人間ばかりではなく、ペットや家畜の創傷治療にもキチンスポンジ、綿状キトサンが使われている[24]。化粧品分野では水溶性誘導体（カルボキシメチルキチン[25]、サクシニルキトサン[26]、ミリストイル化キトサン塩[27]など）が保湿剤などとして開発されている。キチンやキトサンは天然物であるので、自然界で微生物によって分解される。そこでこの性質を利用して生分解性プラスチックが開発されている[28]。キトサンとセルロースの複合体を用いると各種の成形体に加工でき、土の中に2ヶ月間埋めておくと完全に分解してしまう。キトサンには抗菌性があるので、これを繊維に付与した抗菌性繊維が数種類上市されている。キトポリィはレーヨンの中にキトサンの微粉末を練り込んだ繊維で、10回洗濯後でも抗菌性が残っているという[29]。クラビオンはセルロースとキトサンをビスコース化した後分子レベルで混合し、紡糸した繊維である。分子レベルで混合してあるので洗濯による剥離はない[30]。パークリンはアクリル繊維にキトサン微粒子を練り込んだもので、耐久性のすぐれたアクリルとして、衣料やインテリアに展開されてい

る[31]。バイオキトンはキトサンを基布にコーティングしたもので,スポーツ用衣料としての用途展開がされている[32]。

4 部分N-アセチル化キトサンの性質

前述のようにキチンはN-アセチルグルコサミンを構成単位とし,キトサンではグルコサミンとなっているが,現実のキチン,キトサンは単一の糖からなるホモ多糖ではない。というのは,たとえカニ殻中ではキチンはN-アセチルグルコサミンからなるホモ多糖であっても,脱灰,脱タンパクの工程でアセチル基が脱落するため,数%は脱アセチル化されている。また,キトサンも濃アルカリ処理工程で完全に脱アセチル化されているわけではないので,部分的にアセチル基が残っている。よって,キチンもキトサンもN-アセチルグルコサミンとグルコサミンの共重合体となっている(図3)。N-アセチルグルコサミンが多い場合,つまりアセチル化度が高い場合をキチンといい,グルコサミンが多い場合,つまりセチル化度が低い場合をキトサンということになる。キチン,キトサンの定義は確立されているわけではないが,一般的に,アセチル化度が高くて,希酸水溶液に溶けない物質をキチンといい,アセチル化度が低くて,希酸水溶液に溶ける物質をキトサンということになっている[33]。しかし,このキチンとキトサンの中間に位置する部分N-アセチル化キトサン,あるいは部分脱アセチル化キチン(つまり,アセチル化度が50%前後の場合)ではどういう性質を有するか,興味を引く課題である。著者は以前部分N-アセチル化キトサンをキトサンの均一系アセチル化によって調製し,キチンとキトサンの両方の性質を発現することを見いだした。セルロースでも起こるように均一系で側鎖を化学修飾すると,置換基はランダムに導入される(図3)。そのため固体状態では結晶性が低下し,溶解性が上昇する。普通のキトサン-酢酸溶液はアルカリを加えていくとpH6以上で沈澱を生ずるが,表1に示すようにアセチル化度が50〜70%の場合,沈澱しない[34]。この性質を利用すると部分N-アセチル化キトサンがキチナーゼ活性測定用の簡便な基質として利用できる。従来はコロイダルキチン

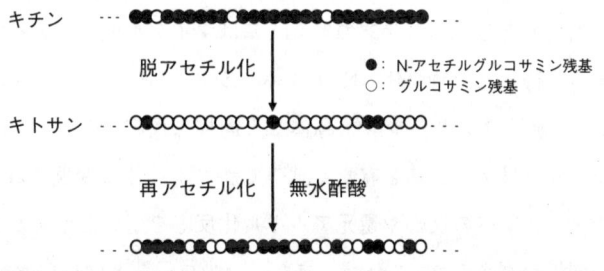

キチン ⋯●●●●●●●●●●●●●●●●●●●●●●●●●●●●●●●●●●⋯

　　　　脱アセチル化　　　　　　　●:N-アセチルグルコサミン残基
　　　　　　　↓　　　　　　　　　○:グルコサミン残基

キトサン ⋯○○○○○○○○○●○○○○○○○○○○○○○○○○○○○○○○○○⋯

　　　　再アセチル化 │ 無水酢酸
　　　　　　　↓

⋯●○●○○●●○○●○●○○●●○○●○●○○●○●○●○○●○⋯

部分N-アセチル化キトサン

図3　キチン,キトサン,部分N-アセチル化キトサンの化学構造

表1 部分N-アセチル化キトサンのアセチル化度とアルカリ添加による溶液の状態変化の関係

アセチル化度(%)	溶解に用いた酢酸に対する添加NaOHの当量	溶液の状態
6	0.78	沈澱,pH 6.2
32	0.95	沈澱,pH 7.2
44	1.0	沈澱
49	1.0	均一溶液→6時間後にゲル化
49	1.2	均一溶液→1時間後にゲル化
52	1.2	均一溶液（長期間安定）,pH 12.3
64	1.2	均一溶液（長期間安定）

キトサンの0.5％溶液

が用いられていたが，この部分N-アセチル化キトサンを用いると均一系で感度よく測定できる。Schales変法でもアルカリを加えてもキトサンが沈澱しないので操作が簡略化される。キトサンも均一系で使用できるが，アセチル化度が低いため感度が低い[35]。また，この部分N-アセチル化キトサンが中性及びアルカリ性で沈澱しないことを利用してこのpHで反応性が高い試薬を用いての化学修飾も効率良く達成できる。例えば，水溶性カルボジイミドを用いたアシル化，塩化シアヌルとの反応，活性エステルとの反応などである[36]。このような特異な性質がさらに活用されることが期待される。

5 水溶性誘導体

キチン，キトサンは溶媒が特殊であることから材料化が困難になっている。それを解決すべく化学修飾による性質転換が研究されている[22,37,38]。キチンもキトサンも中性及びアルカリ性の水溶液に溶解しないことから，これらの水溶液に溶解する誘導体の合成が多く研究されている。中性及びアルカリ性の条件で溶解することでさらなるキチン及びキトサンの利用形態が発展するからである。水溶性誘導体は図4にあるように各種試薬を用いて合成される。この中で特にアクリル酸を用いる方法が簡便である。キトサンのアミノ基はマイケル反応によって活性化された二重結合と容易に反応する。得られた誘導体（N-カルボキシエチルキトサン）は置換度0.18以上で水溶性を示す[39]。また，水溶性アクリル酸誘導体でも同様に反応する[40]。さらに，アクリル酸エステルを導入したキトサンはアミノ基を有する試薬で別の誘導体に変換される[41]。その他，環状カルボン酸無水物のアミノ基への反応や還元アルキル化反応を用いた糖質の導入についても詳細に置換基と溶解性の関係が調べられている[42]。また，セルロースと同様に水酸基をランダムにアセチル化すると水溶性が発現する[43]。

第8章 キチン,キトサン

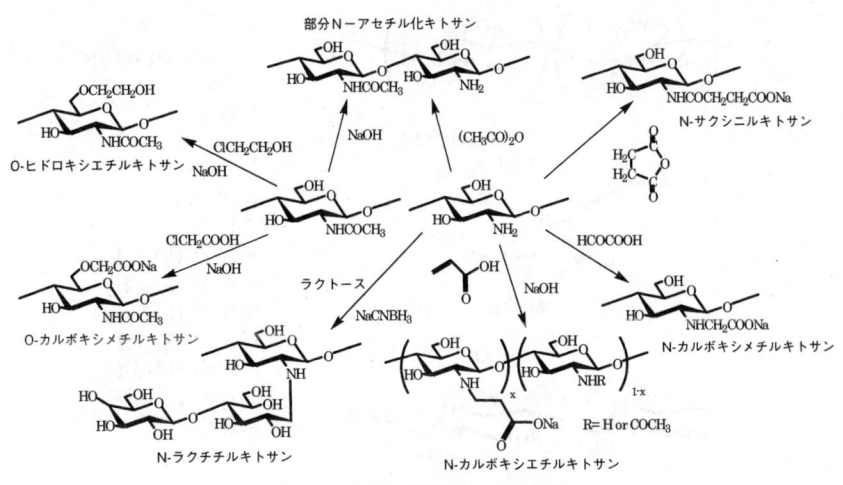

図4 水溶性誘導体の合成経路

6 有機溶媒可溶型キトサン誘導体

キトサンの応用範囲を拡大するためには水溶性だけではなく,最も困難な有機溶媒への溶解がキーポイントである。フタロイル化も有機溶媒可溶化への道であるが[22,38],アミノ基がブロックされてしまうため,アミノ基へのさらなる置換基の導入ができない,あるいはアミノ基の機能を活用できないという欠点がある。そこで,アミノ基を残存させた有機溶媒可溶型キトサン誘導体が必要となる。これを解決したのがメタンスルホン酸中でのキトサンとアシルクロライドとの反応によるO-アシル化誘導体である(図5)[44]。本反応ではメタンスルホン酸との塩形成によりアミノ基への反応がある程度抑制され,水酸基への反応が優先された。そのため一工程でキトサン中に遊離のアミノ基が残存し,且つ水酸基に置換基が導入された誘導体を得ることができた。いずれの場合も60%以上の収率で誘導体を得た。水酸基への置換度は1.0付近であった。得られた誘導体は炭素数の増大に伴い有機溶媒への親和性が認められ,炭素数が6以上の誘導体ではTHF,クロロホルム,トルエン,ジメトキシエタンに溶解した。また芳香環を有するベンゾイルキトサンやかさ高い官能基を有するピバロイルキトサンもこれらの有機溶媒に可溶であった。これらの誘導体はそのアミノ基によっていずれも十分なパラジウムイオン吸着能を示した[45]。

7 その他の研究展開

上述したようにキチン,キトサンを材料化する手法を紹介したが,その他にもキトサン誘導体

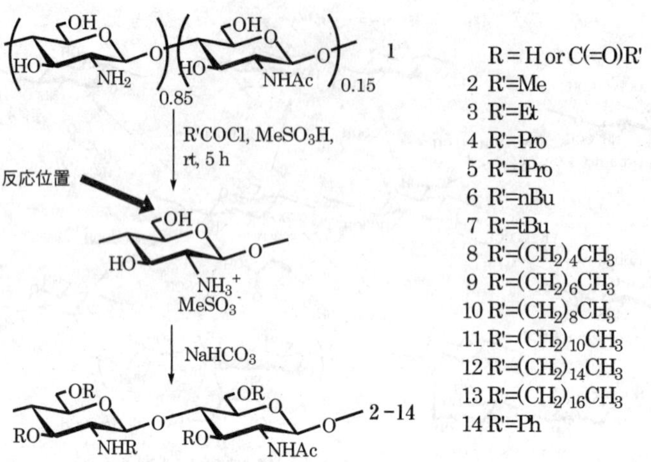

図5 有機溶媒可溶型キトサン誘導体の合成

を他の材料にコーティングして機能付与を行うこともできる。材料表面にキトサンを共有結合で固定化するためにアジド基を導入したキトサンを活用することができる[46]。キチンは前述のように結晶系が二つあるが，β型では溶媒に対する親和性が高いため，水と混合し，激しく攪拌することで容易にスラリー状の懸濁液が得られる[17,47]。さらにこれを流延して乾燥すると，紙のような不織布ができる。キチン，キトサンは生体との親和性も良好で各種の医用材料への応用が研究されている。ハイドロキシアパタイトを含有したキトサン骨補填材[48]，創傷治癒に対するキチン，キトサンの効果[12,49]，生体組織再生用の基材[50]などが研究されている。

8 おわりに

キチン，キトサンの機能が明らかになるにつれて，研究が活発に行われるようになり，国内では毎年シンポジウムが開催され，2007年には21回目を迎える[33]。また国際会議は2006年で10回目を迎える。キチン，キトサンの研究領域は広範であるため，学会では様々な分野の研究者との交流が活発であり，新規用途の発見へと発展する可能性がある。キチン，キトサンの開発では研究段階ですばらしい性質があるからといって，すぐに実用化できるものではない。原料の供給，製造過程の品質管理，従来品との競合など，まだまだ問題は山積みしている。キチン，キトサンの化学を基盤に産学官の協力体制を組みながら基礎及び応用研究を進めていきたいと考えている。

第8章 キチン，キトサン

文　　献

1) キチン，キトサン研究会編，最後のバイオマス　キチン，キトサン，技報堂（1988）
2) キチン，キトサン研究会編，キチン，キトサンの応用，技報堂（1990）
3) キチン，キトサン研究会編，キチン，キトサン実験マニュアル，技報堂（1991）
4) キチン，キトサン研究会編，キチン，キトサンハンドブック，技報堂（1995）
5) 平野茂博監修，キチン・キトサンの開発と応用，シーエムシー出版（2004）
6) T. Uragami *et al*., ed, Material Science of Chitin and Chitosan, Kodansha-Springer, Tokyo（2006）
7) 平野茂博，文献4，p.384
8) 卜蔵浩和，キチン・キトサン研究，**10**，8（2004）
9) 相羽誠一，文献5，p.70；H. Sashiwa *et al*., *Chem. Lett*., 308（2001）；H. Sashiwa *et al*., *Carbohydr. Res*., **337**, 761（2002）
10) 又平芳春ほか，キチン・キトサン研究，**12**，92（2006）
11) 中村　洋ほか，キチン・キトサン研究，**12**，94（2006）
12) S. Minami，文献6，p.191
13) 宮岡俊輔ほか，キチン・キトサン研究，**10**，13（2004）；キチン・キトサン研究，**10**，237（2004）
14) 滝口泰之，文献4，p.204
15) P. A. Sandford, Adv. Chitin Sci., 6, p.35, NTNU, Trondheim（2003）
16) 指輪仁之ほか，キチン・キトサン研究，**8**，249（2002）
17) 戸倉清一ほか，文献5，p.33
18) 浦上　忠，文献4，p.402
19) 瀬尾　寛，他，文献4，p.506
20) S. Aiba *et al*., *Carbohydr. Polym*., **5**, 285（1985）；*Br. Polym. J*., **17**, 38（1985）
21) 櫻井謙資，文献4，p.134
22) 栗田恵輔ほか，文献4，p.228
23) 木船紘爾，文献4，p.324
24) 斎本博之ほか，文献4，p.189
25) 近松義博，文献4，p.356
26) 菊地隆二ほか，キチン・キトサン研究，**12**，88（2006）
27) 情野治良ほか，文献5，p.247
28) 西山昌史，文献4，p.460
29) 瀬尾　寛，天然資源キチン・キトサンの活用法，財界特別増刊 11-30，p.98，鈴木茂生監修，財界研究所（1998）
30) オーミケンシ，文献19，p.86
31) 小寺芳伸，文献19，p.144
32) 中川幸夫，文献4，p.474
33) 日本キチン・キトサン学会，URL:http://www.jscc.jp
34) S. Aiba, *Int. J. Biol. Macromol.*, **13**, 40（1991）；*Int. J. Biol. Macromol.*, **11**, 249（1989）

35) S. Aiba, *Carbohydr. Res.*, **230**, 373 (1992); *Int. J. Biol. Macromol.*, **15**, 241 (1993)
36) S. Aiba, *Makromol. Chem.*, **194**, 65 (1993)
37) H. Sashiwa *et al.*, *Prog. Polym. Sci.*, **29**, 887 (2004); 指輪仁之ほか, キチン・キトサン研究, **9**, 211 (2003)
38) 栗田恵輔, 文献5, p.96; K. Kurita, 文献6, p.51
39) H. Sashiwa *et al.*, *Macromol. Biosci.*, **3**, 231 (2003)
40) H. Sashiwa *et al.*, *Biomacromolecules*, **4**, 1250 (2003)
41) H. Sashiwa *et al.*, *Carbohydr. Res.*, **338**, 557 (2003)
42) H. Sashiwa *et al.*, *Carbohydr. Polym.*, **39**, 127 (1999)
43) H. Sashiwa *et al.*, *Biomacromolecules*, **3**, 1126 (2002)
44) H. Sashiwa *et al.*, *Biomacromolecules*, **3**, 1120 (2002); *Chem. Lett.*, 598 (2002)
45) 大村善彦, 文献5, p.266
46) S. Aiba *et al.*, *Biomaterials*, **8**, 481 (1987); 相羽誠一ほか, 高分子論文集, **48**, 811 (1991)
47) H. Tamura, 文献6, p.245
48) 伊藤充雄, 文献5, p.232
49) 南ほか, 文献4, p.178
50) A. Teramoto *et al.*, 文献6, p.219

第9章　発酵乳酸

瀧澤　誠*

1　はじめに

　人類は，長年にわたって日々の生活の中で発酵乳酸を食してきた。特に味噌，醤油，漬物，清酒，鮨などの自然発酵食品の豊かな日本においては顕著である。更に，消費者の天然嗜好，安全に対する関心から，発酵乳酸の需要はここ数年にわたって2桁の成長を続けている。また，発酵乳酸の需要は食品用途に留まらず，メッキ，電子材料製造，ポリ乳酸の原料等々と工業用途にも拡大している。
　ここでは，発酵乳酸の歴史を振り返り，最近の動向を踏まえつつ現状をお伝えする。

2　発酵乳酸の歴史

2.1　発酵乳酸の発見

　最初に乳酸の分離に成功したのはスウェーデンの化学者 Carl Wilhelm Scheele である。彼は1780年に発酵した牛乳から酸の分離に成功し「乳酸」と名付けた。1808年には同じくスウェーデンの化学者 Jöns Jakob Berzelius が食肉等の動物性食品にも乳酸が存在することを確認した。フランスの化学者 Henri Braconnot は砂糖ダイコンや米の絞り汁，豆のゆで汁，パン用酵母液等の中にも乳酸を発見した。これらの研究を通じて Braconnot は，急激な発酵ではアルコール，また二次発酵で酢酸などが出来るが，乳酸はゆっくりとした発酵で出来やすいという現象を報告している（1813年）。

2.2　発酵乳酸製造の始まり

　フランスの Joseph Louis Gay-Lussac と Théophile-Jules Pelouze は砂糖ダイコンの絞り汁を発酵させた液体から乳酸を分離，精製し，更に研究のために15種類の乳酸塩類も製造した（1833年）。この研究を更に進めるためには多量の乳酸が必要だった。この乳酸の製造を手がけたのが T. J. Pelouze の助手 Edmond Frémy で，彼は砂糖液にレンネット（凝乳酵素）を加え40℃に保

＊　Makoto Takizawa　ピューラック・ジャパン㈱　開発営業部　部長

つと乳酸が出来ることを報告している。FrémyはF. Boutronと研究を続け，レンネットと同様にカゼイン，麦芽等の有機物から発酵乳酸を得られることを発見した。フランスでは1839年に乳酸鉄が，乳酸に関連する素材の第1号製品として，貧血の薬として発売された。

2.3 発酵乳酸製造技術の発展

その後，乳酸の発酵製法の研究は更に加速し，牛乳に乳糖を加えて15～20℃に保ちながら空気中の菌で発酵させつつ，重曹で中和して発酵を進める方法がFrémyとBoutronに発見され，大量生産の見通しをつけた。このとき，石灰を加え乳酸カルシウムを経由することで高純度の発酵乳酸の製造にも成功した。また，加熱により粉末化すると酸味がなくなること，その粉末を湯に溶かすと酸味が再び現れることを確認した（1845年）。因みにこの粉末は世界で初めて作られたラクチド又はポリ乳酸の可能性がある。

その後，発酵乳酸の製法には数々の発見がなされ，原料は乳製品から現在と同じ砂糖に替わり，pH調整剤も重曹から石灰へ替わり近年の大規模生産の様式に近づいた（1847年）。しかし，これらの発酵が微生物由来である点について当時はまだ理解されておらず，種菌として腐ったチーズを使い，発酵にも約10日もかけていた。この後，Louis Pasteurがビールの生産過程における乳酸発酵，アルコール発酵と微生物の係りを明らかにし，本格的な発酵乳酸製法の研究が更に進展した。

2.4 発酵乳酸の工業生産

これらの発酵乳酸製法の基礎は欧州で開発されたが，工業的生産は19世紀の終わりに米国で始まっている。その後多くの地域で発酵乳酸の製造が始まり，ピューラック社の前身のSMF社はオランダで1935年に砂糖を原料に年間100トン規模での生産を開始した。

ピューラック社は現在，オランダ，スペイン，米国，ブラジルにて乳酸を生産している。更に2008年からはタイで年間10万トンの生産能力の工場が稼動を開始する予定である。

3 食品での利用

L(+)-乳酸は表1に示すように食肉，魚，チーズ，ヨーグルト，ワインなどに加えて日本酒，醤油，味噌といった日本の伝統的食品にも含まれている。

3.1 味質

発酵乳酸の味質は，上記のように乳製品や伝統的な発酵食品を通じて日本人にとって親しみの

第9章　発酵乳酸

表1　天然食品中のL(+)-乳酸濃度

L(+)乳酸を含有する食品例	L(+)乳酸(%)
牛肉	0.9
豚肉	0.9
鶏肉	0.9
赤身魚	0.6〜1.3
チーズ	1.3
ヨーグルト	1.0
ワイン	0.2
日本酒（純米酒）	0.1
醤油（本醸造）	0.1
味噌（豆味噌）	0.5

ある味である。図1に示すように酒石酸，クエン酸等の柑橘類に多く含まれる有機酸に比べ酸味が強くなく，かつその酸味の立ち上がりが緩やかなことが特徴である。乳酸の酸味は乳製品，ヨーグルトフレーバーだけでなく柑橘類やチェリー，イチゴなどのフレーバーとの相性もよく，相乗効果を発現する。その一方で，図2のようにpH4.5ではリンゴ酸，クエン酸に比べ乳酸は酸味が穏やかに感じられるという特徴もある。この特徴はpHを調整しながら酸味を抑えることが可能な日持ち向上剤という形で食品に利用されている。

3.2　保存性

　発酵乳酸の保存性は日本の伝統食品に数多く利用されている。例えば清酒造りでは，仕込まれたもろみの中にいる乳酸菌がまず乳酸を作りpHを低下させることで他の雑菌の繁殖を抑え，酵母が良好に生育することを助ける。漬物では塩分濃度の高い環境でも生育する乳酸菌が作る乳酸が貯蔵性を増し，美味しさに貢献している。水産食品では琵琶湖周辺のふな鮨に代表されるなれ鮨の例があげられる。ふな鮨は本漬けから4〜5ヶ月の間に乳酸菌による発酵乳酸が魚体中に1.1〜1.2%生じ長期保存に耐えられるようになる。近年の研究により乳酸を含む有機酸の抗菌作用は下記の3要素にまとめられることが判った：①pHの低下，②非解離分子の菌体内への透過，③各有機酸の独自の機能。

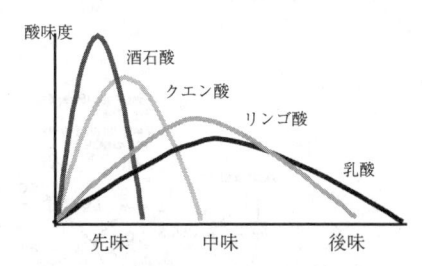

図1　有機酸の酸味曲線（0.2%溶液）

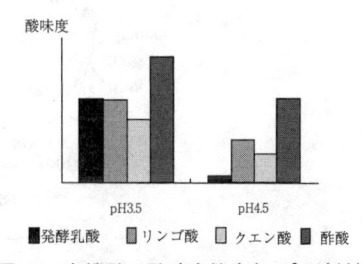

図2　有機酸の酸味官能度（0.2%溶液）

L(＋)-乳酸の特色を生かし乳酸ナトリウムのハム，ソーセージ，水産加工食品への応用が進んでいる。

3.3 栄養

L(＋)-乳酸は生命活動の解糖系から発生し，体内でピルビン酸に酸化され，図3に示すようにミトコンドリア内のTCA回路で消費される。また，ピルビン酸が過剰な状態では還元反応により乳酸に変換され短期的にエネルギー源として貯蔵されうることも確認されている。

更に詳しく述べれば，乳酸は，激しい運動で素早くエネルギーが必要な時に「速筋」と呼ばれるタイプの筋繊維が糖質を分解してエネルギーの元になるATP（アデノシン三リン酸）を生成する際に発生する。発生した乳酸は持続的な運動で使われる「遅筋」と呼ばれる筋繊維でピルビン酸を経由してATPに変換される。図4に示すように激しい運動を行った直後は筋中，血中の乳酸濃度は上昇するが，既述の「遅筋」の活動により30分～50分以内に運動前の状態に戻ることが確認されている。

世間では，乳酸を「糖の絞りかす」，「運動の老廃物」，「疲労物質」などと呼ぶことがままあるが，全くの誤解であること，更に「乳酸が血液，筋肉中に蓄積される」ことはありえないことをご理解いただけると思う。

端的に言えば，乳酸は生命活動の重要なエネルギー源であり，世間でよく言われる「運動の老廃物」，「疲労物質」では全くないことを再度強調したい。

L(＋)-乳酸は糖，脂肪等に比べエネルギーへの変換がしやすく，かつ化学的に安定なことか

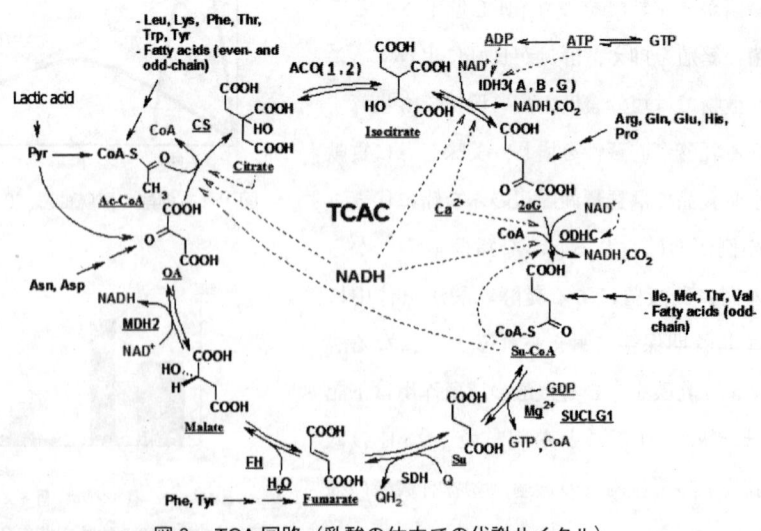

図3 TCA回路（乳酸の体内での代謝サイクル）

第9章　発酵乳酸

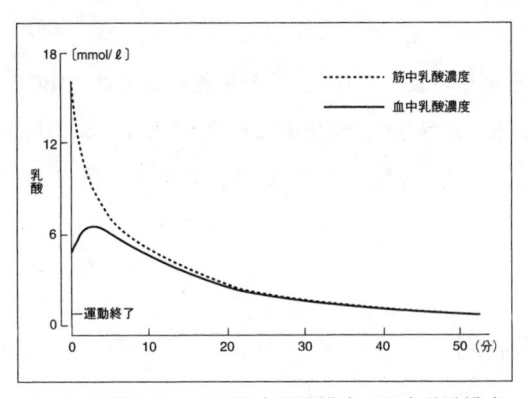

図4　運動後における筋中乳酸濃度と血中乳酸濃度

ら，L-乳酸ナトリウムとして輸液（乳酸リンゲル液）や腹膜透析の電解質として利用されている。

また，L-乳酸カルシウムは他の有機酸のカルシウム塩より溶解度が高い特徴（表2）を利用して，飲料等のカルシウム源として利用されている。

3.4　安全性

乳酸は食品添加物として世界各国で許認可を受けているが，中でも発酵L(+)-乳酸は人間の生命活動で生成される生体物質なので最も安全性が高いといえる。一般的にL(+)-乳酸は人の筋肉中に0.2～0.8％存在する。一方，L(+)-乳酸の鏡像体D(−)-乳酸はL(+)-乳酸と代謝経路が異なるのみならず，乳幼児ではD(−)-乳酸は代謝できないため，国連FAO/WHOの合同食品添加物専門委員会では「D(−)-乳酸，DL-乳酸は乳幼児食品に使用してはならない」という勧告を出した。EUの食品添加物リストには乳児のフォローアップミルク及び乳児，幼児用の離乳食にはL(+)-乳酸のみが使用許可されている。また欧州薬局方でもL-乳酸ナトリウムのみが認可されている。

表2　有機酸カルシウム塩の溶解度

有機酸Ca塩	溶解度（g/100g，25℃）	水溶液中のCa含量（％）
発酵L-乳酸カルシウム	9.0	1.2%
合成DL-乳酸カルシウム	5.0	0.7%
グルコン酸カルシウム	3.5	0.3%
クエン酸カルシウム	0.1	0.1%

3.5 環境安全性

L(+)-乳酸は環境にも優しい製品である。生分解性の点では，$(BOD)_5=0.45\,mgO_2/mg$ と低く，容易に二酸化炭素と水に分解され，環境中に蓄積されない。この特徴が，ポリ乳酸の生分解性に利用されている。ポリ乳酸の分解性等については第2編，第3編で詳しく述べられているので参照されたい。

4 工業用途での利用

乳酸及び乳酸誘導体は食品以外にも様々な用途で利用されている。ここでは工業用途のうち，メッキ，フォトレジスト，洗浄剤及びポリマーについて簡単に紹介する。

4.1 メッキ

乳酸はカニゼンメッキに代表されるニッケル無電解メッキの必須成分の一つとして古くから使われている。この無電解メッキは，電解メッキと異なり被着体が導電体である必要がないので，プラスチック，ガラス，陶器等の装飾メッキとして使われている。近年は，プリント配線基板の端子，回路，ハードディスクアルミ基板等の電子材料関連にまで用途が広がっている。

4.2 フォトレジスト

フォトレジストは，半導体のシリコンチップの製造に必須な感光性インキである。1970年代に米国でブチルセロソルブに代表されるエチレングリコールモノアルキルエーテル系溶剤に変異原性が見つかり安全な溶剤への変更が余儀なくされた際，乳酸エチルが安全な生分解性の溶剤として選ばれ，現在までフォトレジストの基本溶剤の一つとして使用されている（写真1）。

4.3 洗浄剤

L-乳酸は，カルシウム塩の溶解度が他の有機酸に比べて高い。この特徴を利用してL-乳酸カルシウムは飲料等のカルシウム源に使用されている（食品用途の項参照）。

この特徴は工業用途では付着したカルシウムの除去というかたちで利用されている。欧州，米国のような水道水の硬度が高い，即ち水中のカルシウム濃度が高い地域では，キッチンシンク，バス

写真1 半導体

タブ，コーヒーメーカー内部などにカルシウム塩が付着するため，日常的に酸性の家庭用洗剤が使用されている。L-乳酸はカルシウムの除去効率のよい有機酸として利用が拡大している。また，同様なカルシウムスケールの除去を目的として工業用洗浄剤でのL-乳酸の使用が徐々に始まっている。

4.4 ポリマー

乳酸は水酸基とカルボキシル基を併せ持つ分子であり自己縮合する。この特性を利用し乳酸を重合することは可能である。但し，モノマーである乳酸に合成乳酸に代表されるDL-乳酸を用いた場合，重合体は非晶質で強度も低く実用に耐えない。発酵L-乳酸（特にL-乳酸含量が99％以上のもの）を使用して初めて融点170～200℃の結晶性重合体が得られる。ポリ乳酸の合成方法については第1編第2章，第3章に詳細が述べられているのでご参照されたい。

ポリ乳酸について重要な点の一つは，ポリ乳酸の物性はモノマーである乳酸の光学異性体純度に影響されるという点である。高純度の光学異性体（特にL-体）が適当なコストで得られる発酵法による乳酸の生産技術はポリ乳酸にとっても極めて重要な技術であるといえよう。

ポリ乳酸には大きく分類して2つの用途がある。一つは成型用一般プラスチック，もう一つは外科手術で用いられる医療材料（写真2）である。これらの用途については第3編（応用編）で詳しく述べられるので参照されたい。

なお，比較的安価で高純度の光学異性体が得られる乳酸は医薬，農薬等の光学異性体合成の出発物質としてもよく用いられることをここで合わせ述べる。

5 おわりに

発酵乳酸は日本人の食生活の中で，味噌，醤油，漬物，清酒，寿司，乳製品などの幅広い自然食品を通じて親しまれてきた。更に食品添加物の枠を越え，メッキ，電子材料，洗浄剤，プラスチック原料等の工業用用途へも需要が拡大している。

ピューラック社では，2008年年初に年間10万トンの生産能力を持つタイ工場が稼動し，既存の欧州の2工場，北米と南米の2工場と合わせると欧州，米州，亜州の3大需要地で発酵L-乳酸の生産が行われることになる。ピューラック社は世界最大の発酵L-乳酸専業メーカーとして，これからもお客様のニーズに合致した高品質でコストパフォーマンスの高い，か

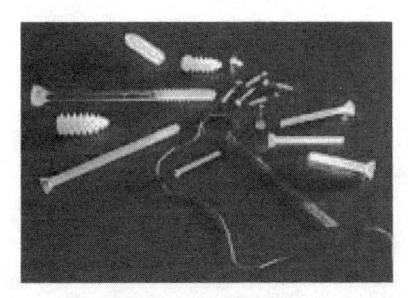

写真2　医療材料

つ安全性の高い発酵L-乳酸を世界中に供給してゆく所存である。

参 考 文 献

- H. Benninga, A History of Lactic Acid Making, Kluwer Academic (1990)
- 小崎，乳酸発酵の文化譜，中央法規 (1996)
- 辻，筏，ポリ乳酸，高分子刊行会 (1997)
- Wikipedia (en. wikipedia. org)
- 八田，乳酸 (Sportsmedicine Express 6)，ブックハウスHD (1997)
- 日本経済新聞（夕刊）2006年1月18日

第10章　バイオプラスチックと自動車部品

加藤　誠[*]

1　はじめに

　20世紀，人類の生産活動は，石炭・石油などの化石資源に依存し，発展してきた。しかし，21世紀になり，依存していた化石資源の「枯渇」や生産活動に伴って排出された二酸化炭素による「地球温暖化」が懸念され，人類の持続的な発展に対して警鐘が鳴らされている。21世紀に生きる我々には，地球環境の保護と人類の持続的な発展の両立という重要な課題が課せられていると言えよう。

　化石資源に変わるものとして，再生可能資源であるバイオマスが注目されている。バイオマスとは，植物が生産するセルロース，デンプン，ブドウ糖などの多糖類，大豆油，ひまし油などの油脂類，また，動物が生産するキチン，キトサンなどの多糖類，ゼラチン，コラーゲンなどのタンパク類である。これらの中で，特に注目されているのが，植物の生産するバイオマスである。植物の生産するバイオマスは，植物が二酸化炭素を吸収し，光エネルギーを利用して生産するため，使用後に焼却しても大気中の二酸化炭素濃度を上昇させることにはならない。この観点から，植物由来のバイオマスの使用には，「カーボンニュートラル「(Carbon-neutral)」という言葉が使われている[1]。

　ポリ乳酸（PLA）は，植物由来のバイオマスから製造可能なポリエステル系樹脂であり，その分子構造は，図1に示したように，石油由来の樹脂であるポリエチレンテレフタレート（PET）やポリブチレンテレフタレート（PBT）と同様にエステル結合によって結合された高分子である。PLAはPETやPBTと同様に石油からも合成できるが，植物由来のPLAは主鎖骨格に不斉中心を持っており，その光学異性体としてはL体である。これまでPLAは，生体吸収性や生分解性の利点から医療用縫合糸，農業用マルチシートなどに使用されてきた。しかし，PLAの生分解性は，それほど高くなく，土壌に埋めても，すぐには分解せず，分解するためには，コンポスト処理する必要がある。また，未反応モノマー濃度の低減，末端カルボン酸の封止などのエステル結合の加水分解を抑制することにより，石油由来の樹脂と同様に耐久性のある材料として使用可能となってきている。

---

　[*]　Makoto Kato　㈱豊田中央研究所　材料分野　有機材料研究室　主任研究員

図1 ポリエステルの分子構造
PLA：ポリ（L-乳酸）
PET：ポリエチレンテレフタレート
PBT：ポリブチレンテレフタレート

2 自動車用ポリ乳酸におけるカーボンニュートラルの概念

　自動車用 PLA におけるカーボンニュートラルの概念を図2に示す。植物は，光合成により大気中の CO_2 を澱粉など多糖類の形で固定化する。続いてそれら糖から発酵，精製を経て純粋な乳酸が得られる。乳酸は通常，環状2量体であるラクチドに変換した後重合され，PLA となる。更に，生成した PLA を自動車用材料とするためには，添加剤や他のポリマーとの複合化し，高性能化する。自動車部品として使用された後の PLA は，焼却や分解されるが，その際には CO_2 を排出する。しかし，その CO_2 はそもそも光合成により固定化された CO_2 であり，カーボンニュートラルの概念が成り立つわけである。

　このとき材料製造工程を考慮に入れ，CO_2 発生の LCA（Life Cycle Assessment）を行わなければ，真に環境負荷の小さい材料とは判断できない。PLA の場合，例えばサトウキビバガスの焼却エネルギー利用を仮定すると，PP（ポリプロピレン）に比べて最大80％程度の CO_2 削減が可能との試算結果も出ている。

3 自動車メーカーの動き

　トヨタ自動車は，世界に先駆け，PLA を使用したスペアタイヤカバー（ケナフ繊維と PLA の

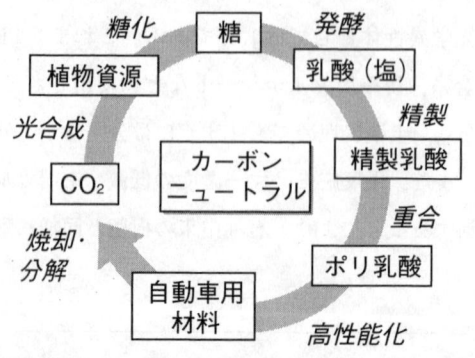

図2 自動車用ポリ乳酸におけるカーボンニュートラルの概念図

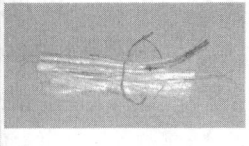

第 10 章　バイオプラスチックと自動車部品

図3　スペアタイヤカバー（左）とケナフ繊維（右）

複合材, 図3）及びフロアーマット（PLA 繊維）を採用（2003 年 5 月ラウムに搭載）した。また, これらの製品の製造にあたったトヨタ紡織では, 最近, ドアトリム基材や PLA ファブリックへの提案もしている。トヨタ自動車での採用を機に, 他のメーカーでも PLA や植物由来のポリマーを採用しようとする動きが高まっている。

　マツダは, 産学協同のプロジェクトで自動車内装部品に向けた PLA の改質を行っている[2]。このプロジェクトは, 地域新生コンソーシアム研究開発事業のテーマのひとつとして行われ, テーマ名は,「PLA 射出成形による自動車モジュール部品の新規開発」である。プロジェクトは, 広島大学　助教授　白浜博幸氏をプロジェクトリーダーとし, 中心メンバーが広島大学, 西川ゴム工業株式会社, 広島県立西部工業技術センター, マツダで, 2 大学, 7 企業, 2 研究機関が参画している。プロジェクトにおける PLA の最終的な改質目標は, 引張強度：140 MPa, 曲げ弾性率：6 GPa, 熱変形温度：150 ℃, Izod 衝撃強度：40 kJ/m^2, 2 分以内での結晶化率：50 %, 抗菌性：抗菌剤 1 wt% 添加での抗菌活性発現, 難燃性：UL 規格 V-0 相当の達成, ケミカルリサイクル：酵素分解評価法の確立とケミカルリサイクルへの適用としている[3]。現状の開発材料は, PLA（三井化学製レイシア H 100-J）が 88 %で, 残りの 12 %が石油由来の原料で, 新たに開発した結晶化促進核剤, 相容化剤を配合することにより, 引張強度：50 MPa, 曲げ弾性率：2 GPa, 変形温度：110 ℃, Izod 衝撃強度：7 kJ/m^2 を達成し, 現行のガラス繊維強化 PP マトリックス材の物性値をほとんどの項目で上回る性能としている。また, 新たに開発した乳酸共重合物（3～7 %添加）の結晶化促進効果で, 金型内で 2 分以内の結晶化率が 35 %を達成している。今後は, マトリックス材と長繊維との複合化を実施し, 目標値の達成と実用化に取り組むとしている。

　ホンダは, 自動車内装用の表皮材として, 植物を原料に使い, 耐久性, 耐光性に優れた繊維, バイオファブリックの開発に成功したと発表した[4]。原料は, とうもろこしから製造される 1, 3 PDO（プロパンジオール）と石油成分のテレフタル酸を重合して作る PPT（ポリプロピレンテレフタレート）というポリエステル素材で, 開発したバイオファブリックは, 自動車用

シートの表皮材料として，ソフトでスムーズな風合いを持ち，耐久性も高く，長年の使用でも色あせない優れた耐光性を持つと言う。シート以外にもドアやルーフなどの表皮，またフロアマット材としての用途があり，3年以内の実用化（燃料電池車で使用）を目差している。バイオファブリックは原料製造過程で植物由来の成分を用いているため，今までの石油由来のポリエステル製造に比べ約10～15％のエネルギーを削減でき，1台あたりのCO_2排出量も約5kgの削減としている。

　三菱自動車は，植物由来の原料から製造可能な樹脂であるポリブチレンサクシネート（PBS）に，竹の繊維を組み合わせた自動車内装部材を，愛知県産業技術研究所（愛知県刈谷市）の協力を得て開発したと発表した[5]。開発した部材は，2007年度に発売予定の新コンセプト軽自動車の内装部品に採用するとのことである。三菱自動車は，この開発部材をはじめ，同社独自の植物由来樹脂技術の総称を「グリーンプラスチック」と名付けて，環境に配慮した新材料の開発を推進，順次実用化を目指すとしている。

4　ポリ乳酸の高性能化への取り組み

4.1　加水分解の抑制

　PLAは，図1に化学構造を示したように，PET（ポリエチレンテレフタレート）やPBT（ポリブチレンテレフタレート）と同じポリエステルの一種である。PETやPBTは，加水分解により低分子量化するが，PLAも同様に低分子量化する。ここで，問題となるのが，加水分解の速度である。ポリエステルの加水分解速度は一般に，①エステル基濃度，②水濃度，③酸濃度に比例するとされる。PLAのエステル基濃度は高く，例えば分子量10万当たりのエステル基数を計算すると1389個となる。同様の方法で算出したPET及びPBTの値（それぞれ1042個，909個）と比べてみても，かなり高いことが分かる。エステル基濃度はその高分子固有の値ではあるが，共重合，ブレンド等で「材料」全体としてのエステル基濃度を下げることは可能である。PLAの飽和吸水量は通常の条件下で0.1～0.5％とされ，PETやPBTなどの芳香族ポリエステルに比べ，高い。これは，PLAの化学構造によるものであるが，オレフィン系樹脂やPETなどの水バリア性の高い樹脂とのブレンド，アロイ化により，PLA相が吸湿するのを妨げることは可能と考えられる。加水分解速度に対するエステル基濃度，水濃度の課題は，本来の化学構造に由来する面が大きく，その解決には共重合，ブレンドやブレンド等の方法等に依らざるを得ないが，以下に述べる酸濃度の課題は，添加剤等によって解決可能である。

　PLA，乳酸，ラクチド（乳酸の環状2量体）の3者の間には平衡が存在する。従って，ラクチドの開環重合でPLAを合成しても，ポリマーへの転換率は100％に達しない。残留したラクチ

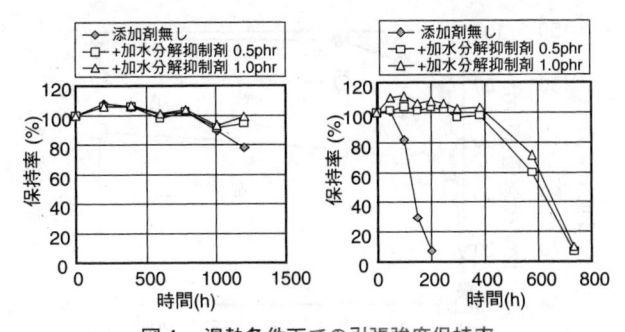

図4　湿熱条件下での引張強度保持率
（左）50℃，95% RH，（右）65℃，95% RH
図中「加水分解抑制剤」はカルボジイミドを示す。

ドは吸湿により乳酸に変わり，加水分解の酸触媒として作用する。また，乳酸/PLA間のエステル交換反応による低分子量化も生じる。重合後の工程で残留ラクチドを除去することはもちろん可能であるが，一般には，存在する酸（乳酸並びに高分子鎖末端のカルボン酸）を捕捉する方法が簡便である。具体的には，カルボジイミド（—N=C=N—）類等の添加による分子鎖末端の封止が有効である。カルボジイミドは，PLAのカルボキシル基と容易に反応し，末端をエステル化することができる。この手法は，①PLA系材料の作製（混練・成形）時（→溶融状態，短時間），②PLA系材料の使用時（融点以下，長期間），のどちらにも効果をもたらす。前者と後者では有効なカルボジイミドの種類が異なるとされる。

　カルボジイミド（図中加水分解抑制剤）の添加効果について，50℃，95%RH及び65℃，95%RHの湿熱老化試験の結果を図4に示す。PLAのガラス転移温度（約58℃）前後における劣化挙動の違いは非常に大きい。50℃の条件では，PLA単独でも1000時間までであれば強度低下はほとんどない。一方，65℃の条件では，PLA単独の場合，200時間までに著しく強度低下するが，カルボジイミドを添加した系では，400時間までであれば，ほとんど強度低下が無い。このことは，非晶領域の運動性が加水分解促進と密接につながっていることを示すものと考えられる。

4.2　結晶化

　PLAを自動車用高分子材料として捉えたとき，解決すべき点は，耐久性以外に耐熱性（＋成形性）と耐衝撃性がある。ここでは，結晶化による耐熱性向上を述べる。

　PLAは，その結晶化速度が極めて小さいことから自動車の生産速度に合わせた成形条件で成形すると，ほとんど結晶化しない。そのような成形条件で成形すると，得られる試験片の特性は，低荷重熱変形温度（HDT）は約55℃，またIzod衝撃値（ノッチ付）は25～30J/mと，自

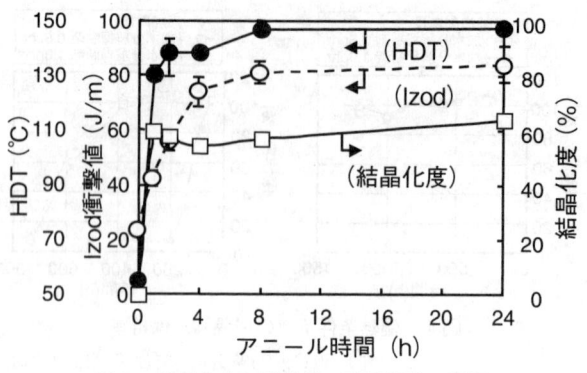

図5　結晶化度と耐熱性，耐衝撃性の関係

動車用としては全く使用に耐えないレベルである。それでは，そもそもPLAは，自動車用としてまったく使用できないような材料なのであろうか？一般に結晶性樹脂は，結晶化度の高低が物性を左右する。結晶化PLAの特性（耐熱性，耐衝撃性）と結晶化度の関係を明らかにするため，非晶PLA（30℃の金型で成形）を120℃で1～24時間アニールし，その影響を明らかにした（図5）。この結晶化度は，結晶化度100％の結晶融解エンタルピーを93 J/gと仮定して[6]，DSCにより決定した。熱変形温度（HDT）は，結晶化度が高くなるに従い，150℃近傍まで到達した。また，HDTばかりでなく，Izod衝撃強度もそれに伴い向上することが分かった[7]。アニールは生産を考えた場合，非現実的ではあるが，核剤等により，結晶化速度を高めることによって十分に自動車用材料として通用するものとなる。

4.3　クレイナノコンポジット化による耐熱性向上[7～13]

1980年代後半から1990年代初頭にかけて，豊田中央研究所は，世界に先駆けて「ナイロンクレイハイブリッド（ナノコンポジット）」の開発に成功した[14]。以来，「クレイナノコンポジット」技術は，基礎化学から実用化まで大きな拡がりをみせ，ひとつの学術・技術分野にまで成長した。クレイとのナノコンポジット化は一般に，（高温）弾性率の向上，結晶化促進などの効果を示すことが知られているため，PLAの耐熱性向上の一手段として期待が大きい。また，ナノコンポジットに用いられる層状ケイ酸塩の多くは「天然資源由来」の粘土鉱物であり，環境調和型ナノフィラーとして植物由来樹脂に適する素材と言える。

4.3.1　有機化剤の検討

一般にクレイのナノコンポジット化では，クレイをオクタデシルアンモニウムに代表されるアンモニウムで有機化し，高分子への親和性を向上させ，マトリックス高分子へのナノ分散を図っている。選択するアンモニウムによって，分散性が大きく異なることも知られている。ここで

第10章 バイオプラスチックと自動車部品

表1 有機化クレイ，有機化クレイ/ラクチド層間化合物，ラクチド重合後のクレイの層間距離

	d(001), nm		
	有機化–Mont	有機化–Mont/ラクチド	重合後
Na–Mont	1.25	1.71	ピーク無
C 12–Mont	1.76	2.67	2.88
C 18–Mont	2.13	3.21	3.27
C 14 Bz–Mont	1.85	3.08	3.13
DSDM–Mont	3.66	3.80	3.85
18(OH) 2 –Mont	2.19	3.89	>10

は，まず，PLAのモノマーであるラクチドが，クレイにどの程度親和性があるか（シリケート層間に挿入するか）を述べる。クレイとしてはNa型モンモリロナイト（Na–Mont）を用い，種々の有機アンモニウム塩を用いて有機化処理を行った。代表的なクレイについて，X線回折（XRD）の結果を表1に示す。ここでC 12–Montは$CH_3(CH_2)_{11}N^+(CH_3)_3$，C 18–Montは$CH_3(CH_2)_{17}NH_3^+$，C 14 Bz–Montは$CH_3(CH_2)_{13}N^+(CH_3)_2(CH_2C_6H_5)$，DSDM–Montは$(CH_3(CH_2)_{17})_2N^+(CH_3)_2$，18(OH) 2 –Montは$CH_3(CH_2)_{17}N^+CH_3(CH_2CH_2OH)_2$でそれぞれイオン交換されたNa–Montを表す。

次に作成した有機化クレイに乳酸の2量体であるラクチドをラクチドの融点（94～96℃）以上で接触させて層間化合物を形成させ，シリケート層の層間距離をXRDで調べた。ラクチドは，親水性の高い有機物であるので，親水性のNa–Montに対してある程度親和性があるようで，層間は若干拡大した。しかし，有機化することにより，さらに親和性は向上し，大きく層間を拡大することができた。例えば18(OH) 2 –Montの場合，ラクチドとの層間化合物形成により，1.7 nm以上層間が拡大した（表 1）。

次に，種々の有機化クレイ存在下でラクチドの開環重合を行った。重合は，クレイを含まない場合と同様速やかに進行し，収率90％以上でPLAが得られた。得られたPLA中のシリケート層の分散状態をXRDで調べると，層間化合物の段階で最も親和性が高いと考えられた18(OH) 2 –Montの場合，モンモリロナイトのd (001) 面に由来する回折ピークは消え，層間距離は10 nm以上に拡大しているものと判断された。また，透過型電子顕微鏡（TEM）観察で，18(OH) 2 –Montの場合，シリケート層がマトリックスのPLA中にナノメートルオーダーで分散したナノコンポジットが得られたことが確認できた（図 6）。なお，C 12–Montの場合は，ナノコンポジットは得られず，凝集したシリケート層が観察された。18(OH) 2 –Montの場合，ナノコンポジットが得られたのは，ラクチドとの親和性が高いこと，また，重合の開始剤として水酸基が働き，層間での重合が優先的に生じるためと考えている。

4.3.2 分子量低下の抑制

18(OH)2-Montを用いた場合，アンモニウム塩の水酸基が重合の開始種となっている。そのため，クレイの添加量を増加させると，[モノマー]/[開始種]のモル比が下がり，PLAの重合度が低下する。このような分子量低下の問題を回避するために，水酸基含有アンモニウム塩と，オクタデシルトリメチルアンモニウム塩（水酸基がない）の2種類を用いて，クレイの「共」有機化を試みた。作製した有機化クレイを用いて，ラクチドを開環重合すると，水酸基含有アンモニウム塩の比率が低下するに従い，生成PLAの分子量が向上することがわかった。但し，オクタデシルトリメチルアンモニウム塩の比率が増加するに連れ，クレイの分散が低下し，Exfoliation（剥離分散）型からIntercalation（層間挿入）型へ移行することも明らかになった。有機化クレイ中，水酸基含有アンモニウム塩がモル比としておよそ50％を越えると，良好な分散を示すことがXRD，TEMより明らかとなっている。

4.3.3 混練法によるナノコンポジット化の検討

豊田中央研究所が最初に開発したナイロンクレイハイブリッドは，クレイの層間でナイロン6のモノマーを重合するという方法であったが，現在，クレイナノコンポジットの作製は，ポリマーを有機化クレイと溶融混練するいわゆる混練法が主流となっている。混練法であれば，ほとんど分子量を低下させずにPLAクレイナノコンポジットを作製できると考えられる。2軸押出機を用いて，18(OH)2-MontをPLAに溶融混練すると，18(OH)2-Montを用いた重合法に比べやや分散の程度は低下するものの，Exfoliation型に近い複合化が達成されることが明らかとなった。18(OH)2-Montは，モノマーであるラクチドに対してだけでなく，ポリマーに対しても親和性が高く，その結果（重合法，混練法を問わず），Exfoliation型複合体が生成したと考えられる。アンモニウム塩の分子構造としては，ふたつのヒドロキシエチル基だけでなくアルキル

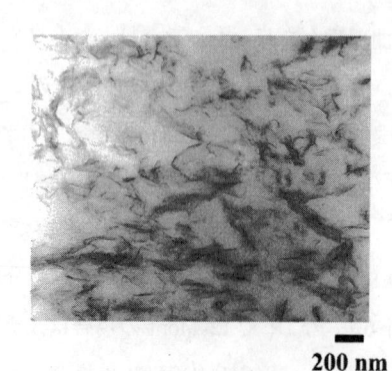

200 nm　　　　　　　　500 nm
18(OH)2-Montの場合　　C12-Montの場合

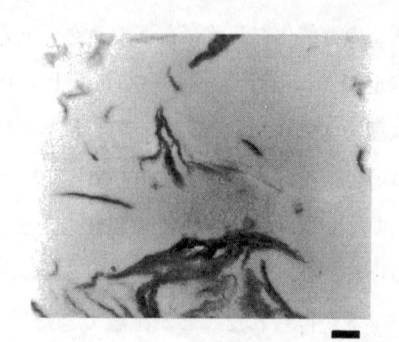

図6　クレイの有機化剤とシリケート層の分散状態
（クレイ2wt%存在下でラクチドを重合）

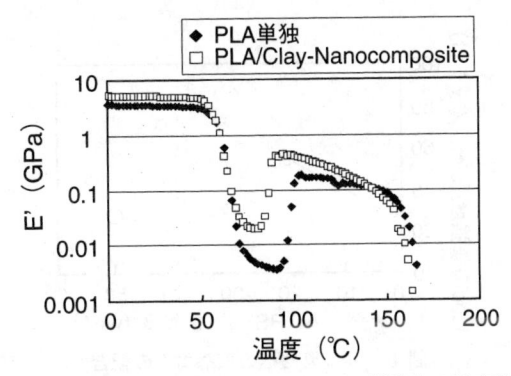

図7　ポリ乳酸クレイナノコンポジットの弾性率の温度依存性

基の鎖長も重要で，炭素数が18から4に減少すると，クレイの分散性が大きく低下することが分かった．

4.3.4 ポリ乳酸クレイナノコンポジット材料の特性

クレイのナノレベルでの分散が，重合法，混練法の双方で達成されたことから，得られたナノコンポジット材料を射出成形（金型温度40℃）し，粘弾性測定を行った（図7）．非晶状態のPLAは，ガラス転移温度の58℃付近で急激に貯蔵弾性率（E'）が低下するが，結晶化の進行と共に再びE'が増加する．18(OH)2-Montを用いて調製したクレイナノコンポジットは，クレイを含まない系に比べ，より低温側でE'が増加しており，クレイによる結晶化速度向上の効果が認められた．更に，クレイと有機系核剤（脂肪族アミド化合物）を併用することで，結晶化速度は一層向上することが分かった．

上記結果を受け，種々の条件（金型温度，冷却時間）で成形を行い，低荷重（0.45 MPa）の熱変形温度（HDT）を評価した．通常PLAは，100～110℃付近で結晶化速度が最大となるが，PLA単独の場合，金型温度100℃で，冷却時間を分単位に設定しても，結晶化が充分進行せず全く成形できない．これに対し，クレイ／有機系核剤を添加した系では，金型100℃，冷却時間120秒の条件で成形でき，HDTは120℃以上に到達した．クレイによる複合化は，高温で弾性率が向上するため，成形時の離型性という点でも優れていることが分かった．

4.4 天然ゴムによる耐衝撃性向上[15]

一般にポリマーの耐衝撃性は，ゴムやエラストマを複合化により改良する．ここではPLAと同じく植物由来という点に拘って，天然ゴム（NR）による耐衝撃性改良について述べる．

天然ゴム（RSS-3：Ribbed Smoked Sheetsの標準品）をPLAに複合化した場合，20 wt%ブレンドしても衝撃強度は2倍程度しか向上せず，さらにブレンド比を50 wt%まで向上させても耐衝撃性は改良できなかった（図8）．RSS-3の代わりにエポキシ変性天然ゴム（ENR 50：二

図8　ポリ乳酸への天然ゴムの配合

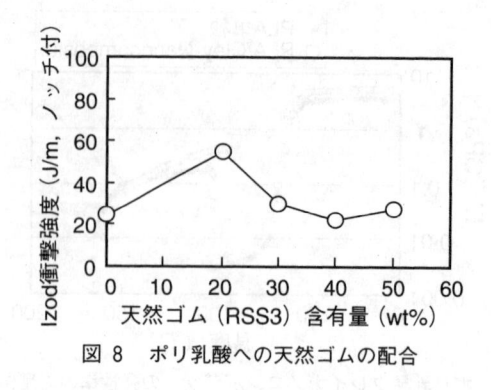

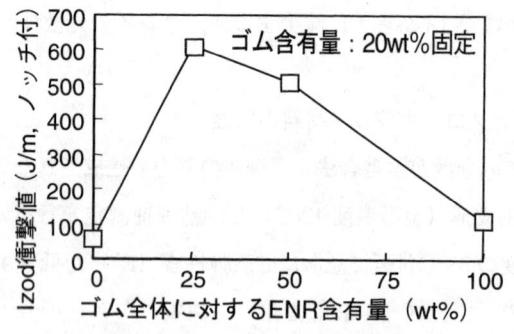

図9　ポリ乳酸への天然ゴム／エポキシ変性天然ゴムの配合

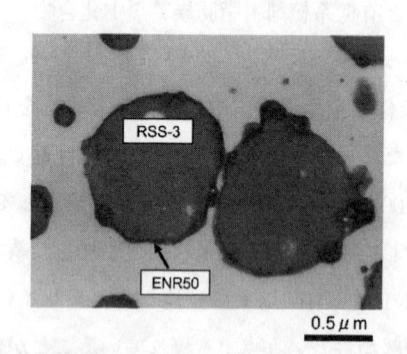

図10　ポリ乳酸／天然ゴム／エポキシ変性天然ゴムの相構造

重結合のエポキシ変性度50％）を用いると衝撃強度は約4倍向上した。ENR 50は，PLAとの混練過程でエポキシ基の一部がPLAと反応し，界面接着性が改善し耐衝撃性が向上したと考えられる。また，ENR 50をRSS-3の相容化材として用いた場合，ENR 50単独の場合よりも，さらに耐衝撃性が改良されることがわかった。特にRSS-3を15 wt％，ENR 50を5 wt％ブレンドした場合には，Izod衝撃値が600 J/mを超えた（図9）。この試料について透過型電子顕微鏡で相構造を観察すると，RSS-3のドメインの周囲にENR 50が存在し，当初期待していたとおり

ENR 50 が相容化材として働いていることがわかった（図 10）。すなわち，RSS-3 の高い衝撃吸収特性を ENR 50 による界面接着性向上によって引き出し得たことが耐衝撃性の大幅な向上に繋がったと推定される。

5 まとめと今後の展望

　最近の原油高を背景に，PLA の使用には追い風が吹いているように思われる。現在使われている，コスト／パフォーマンスに優れる石油由来の自動車用樹脂材料を，植物由来高分子材料に置き換えることは容易でないが，人類の永続的な繁栄に必要な循環型社会実現のためには，避けては通れない技術分野である。トヨタ自動車も循環型社会実現に貢献するために，2003 年にトヨタリサイクルビジョンを策定した。その中で再生可能資源・リサイクル材の活用の項目を設け，2015 年樹脂部品の 20 ％使用技術確立（トヨタ　エコプラスチックとリサイクル材の合計）という目標をかかげている。その実現に向けてさらに技術開発を続けて行きたい。

文　　献

1) 築島幸三郎，グリーンプラジャーナル，**11**，5（2003）
2) マツダのプレスリリース，2006 年 5 月
3) 広島大学，産学連携センター，平成 16 年度年報
4) 本田技研工業のプレスリリース，2006 年 5 月
5) 三菱自動車のプレスリリース，2006 年 2 月
6) Fischer E. W., *et al.*, *Kolloid-Z. u. Z. Polymer*, **251**, 980-990（1973）
7) 岡本浩孝，中野充，大内誠，臼杵有光，影山裕史，高分子学会予稿集，**52**，4206（2003）
8) 大内誠，岡本浩孝，中野充，臼杵有光，影山裕史，高分子学会予稿集，**51**，2295（2002）
9) 中野充，第 33 回中部関係学協会支部連合秋季大会講演予稿集，79（2002）
10) 大内誠，岡本浩孝，中野充，臼杵有光，影山裕史，第 11 回ポリマー材料フォーラム講演要旨集，211（2002）
11) Y. Isobe, T. Ino, Y. Kageyama, M. Nakano, and A. Usuki, SAE 2003 World Congr. Tec., Pap. Ser. 2003-01-1124（2003）
12) 岡本浩孝，大内誠，中野充，臼杵有光，影山裕史，高分子学会予稿集，**52**，4204（2003）
13) H. Okamoto, M. Nakano, M. Ouchi, A. Usuki, Y. Kageyama, Mat. Res. Soc. Symp. Proc., **791**, 399（2004）
14) 総説として例えば，M. Kato, A. Usuki, Chapter 5 "Polymer-Clay Nanocomposites" in T. J. Pinnavaia, G. W. Beal Ed. "Polymer-Clay Nanocomposites". John Wiley & Sons, 2001.
15) 岡本浩孝・中野充・臼杵有光，高分子学会予稿集，**54**，5345（2005）

第2編　高機能化技術

第3編 高機能正支持

第1章 ポリ乳酸 —脂肪族ポリエステルの一次構造と性能・機能の発現—

望月政嗣*

1 はじめに

　近年における地球的規模での温暖化ガスの増加や昨今における原油価格の高騰，さらにはそう遠くない将来における化石資源の枯渇問題は，必然的な流れとして植物などの再生可能資源由来のバイオプラスチックに対する関心を高めている。このような背景下で，ポリ乳酸は従来の石油を原料とするプラスチックや合成繊維に比し，原料の採取から製造に至る工程で使用されるエネルギー（石油換算）使用量や二酸化炭素発生量は最低レベルであり，現在唯一の実用レベルにある環境低負荷の次世代プラスチックとして注目されている。

　本稿では，まず代表的なバイオプラスチック（近い将来，石油系から植物系に転換されるものも含む）であり，かつ生分解性プラスチックでもある4つの代表的なポリマー，すなわちポリ乳酸（PLA）系，ポリヒドロキシブタン酸（PHB）系，ポリコハク酸ブチル（PBS）系並びにでんぷん系（Starch-based）を取り上げ，それらの一次構造と成形加工性や性能・機能の発現の関係を，これまでの検討結果に基づき考察する。次に，ポリ乳酸がなぜ実用性能において優れているかをその化学構造から考察すると共に，最近の高性能化，高機能化の成果を紹介し，汎用ポリマーとしての可能性を論ずる。そして，最後にポリ乳酸の成形加工技術や用途・市場開発の最新動向を，主としてユニチカの"テラマック（TERRAMAC）"を中心に紹介する[1~3]。

2 脂肪族ポリエステルの一次構造と成形加工性

2.1 脂肪族ポリエステルの分類

　脂肪族ポリエステルは結晶性の熱可塑性樹脂であり，そのモノマー構成単位がオキシ酸からなるものと，ジオールとジカルボン酸から構成されるものに大別される。さらに，オキシ酸はカルボキシル基末端に対しどの位置に水酸基が結合しているかにより，α-，β-，…等に分類される。最終的にはエステル結合間に介在するアルキレン炭素の長さ及び側鎖の存在により熱的・機

---

* Masatsugu Mochizuki　ユニチカ㈱　中央研究所　シニアアドバイザー　兼
　　　　　　　　　　　京都工芸繊維大学　バイオベースマテリアル研究センター　特任教授

表1 生分解性プラスチックの成形加工性

・熱可塑系プラスチック成形加工プロセス
：加熱溶融温度から室温までの冷却過程における結晶化又はガラス化による固化

製品	成形方法／時間(sec)	冷却速度(℃/min)	1次加工		2次加工	
			製品形状	延伸	賦形	型内結晶化
繊維，フィルム	押出／0.01〜10	10^4–10^5	原糸，原反	→あり	なし	なし
射出成形品	射出／30〜60	10^3	成形品	なし	なし	（あり）
真空・圧空成形品	型押／10〜20	10^4	原反	→（なし）→	あり→	（あり）

素材	略称	熱的性質			成形加工性
		T_m (℃)	T_c (℃)	T_g (℃)	（製糸性）
Poly -L-lactic acid	PLLA	178	103	57	Good
Poly -β-hydroxybutyrate	PHB	175	60	4	Poor
Poly -ε-caprolactone	PCL	60	22	−60	Fair
Poly butylene succinate	PBS	116	77	−32	Fairly good
Poly ethylene terephtharate	PET	256	170	69	Excellent

械的性質が大きく異なり，ポリエチレン様の柔軟性樹脂からポリエチレンテレフタレート様の硬質樹脂まで，幅広い物性のものが得られる。代表的な4つの脂肪族ポリエステルの融点（T_m），ガラス転移点（T_g）並びに結晶化温度（T_c）を，ポリエチレンテレフタレート（PET）との比較で表1に示す。

2.2 成形加工性

　熱可塑性プラスチックの成形加工プロセスとは，融点（熱軟化流動点）以上に加熱したプラスチックに形状を付与しながら一定時間以内に一定温度以下に冷却・固化させる工程である。この間に許容される成形加工時間は表1に示すように成形法により異なるが，生産性（生産コスト）と密接に関係しているために長時間を要すると生産性に劣り実用的でない。また，冷却・固化後も成形品に粘着感的が残ったり，見かけ上形状は付与されても正規の構造形成が完結せず，成形後も室温環境下で結晶化が進行したり，本来の性能・機能が発現しないケースは好ましくない。

　表1に示すように，結晶性高分子の場合には一般的に融点（T_m）とガラス転移点（T_g）の間に結晶化温度（T_c）が存在するが，成形工程は融点から室温への降温冷却過程であるために，T_cやT_gは高いほど高温度域から結晶化やガラス化が始まり有利である。T_cやT_gが低いと，結晶化速度が余程速くないと，一定の成形時間内に固化・結晶化が終了せず成形不良や未熟な構造形成を

招来する。一般的に，既存の石油系プラスチックに比し脂肪族ポリエステルは T_m，T_c や T_g が低いために成形加工性が不良で，実用化する上での最大の技術的課題である。

　結晶性高分子の結晶化速度は，最終的には高分子鎖セグメントの運動性と2次核形成確率に依存する。前者は主として化学構造としての一次構造により決定されるが，後者の場合には延伸操作や結晶化核剤の有無などの影響を受ける。高分子鎖セグメントの運動性を支配する一次構造はそれぞれのプラスチックに固有のものであるところから，結晶化速度を上げるためには如何に2次核形成確率を高めるかが技術的ポイントとなる。そのためには，ナノレベルでの分子設計や配合設計技術が求められる。

3　脂肪族ポリエステルの成形加工性と性能・機能の発現

　筆者は1980年代後半より今日までの約20年間に渡り，脂肪族ポリエステルを中心とした各種生分解性プラスチックについて，その製品並びに成形加工技術の開発に従事する傍ら，得られた成形品の機械的・熱的性質，生分解挙動（土中，水中，コンポスト中，酵素分解など），一次並びに高次構造と生分解性の関係について，一連の系統的な研究を行ってきた[4]。以下に，代表的な脂肪族ポリエステルを中心に，主にそれらの成形加工性について述べる。

3.1　ポリ乳酸（PLA）系

　ポリ乳酸（polylactic acid, PLA）は α-オキシ酸である乳酸の重縮合体であり，脂肪族ポリエステルの中では比較的高い T_m，T_c や T_g を有するために，最も成形加工性に優れる（表1）。特にフィルムや繊維の場合には，溶融押出後に延伸操作を行うことにより高分子鎖の配向結晶化が起こり，機械的強度やタフネス，耐熱性の向上を図ることができる。

　しかし，PLAはエステル結合間に1個のメチン炭素を有するのみで，比較的高い T_g からも想定されるように高分子鎖セグメント運動性に乏しく，また結晶化に際してヘリックスを形成するために，射出成形のように延伸操作を伴わない通常の成形工程では結晶化速度が遅いために結晶化が進まず，得られる成形品の耐熱性は低い。たとえば，これまで通常の低温（室温）金型を用いた射出成形においては，得られるPLA成形品の耐熱性は60℃未満に過ぎず，PBSよりも劣っていた。通常，結晶性高分子の耐熱性は T_g と T_m の間に位置するのが通例であるが，PLA成形品の耐熱性が60℃未満と T_g 近傍に存在したのは，とりもなおさず成形工程で結晶化していないことを意味する。なお，ここで言う耐熱性とはISO-75に準拠した低荷重（0.45 MPa）下での荷重たわみ温度（DTUL）を指す。

　従って，このような背景下でPLAに何らかの結晶化への2次核形成を促進するようなナノレ

ベルでの分子設計・配合設計技術が求められていたが，筆者らはポリマー系ナノコンポジットの技術をベースに，通常の PLA の約 100 倍の結晶化速度を有する PLA 樹脂組成物を開発することにより，射出成形と成形用シート（ソリッド並びに発泡）のサーモフォーミングの両分野でブレークスルーを果たした[5]。すなわち，それぞれ通常の成形時間内（射出成形：1 分前後，サーモフォーミング：20 秒前後）に結晶化させることにより，射出成形の分野では 120 ℃以上の耐熱性を，サーモフォーミングの分野では熱湯注入や電子レンジ再加熱（120 ℃前後）を可能にする高耐熱性成形品の開発に成功した[5, 6]。これら技術の詳細については後述する。

上記技術は特に透明性を要求されない多くの用途分野に有効であるが，今後の課題として透明性を維持しながら既存プラスチック（OPS）並みに耐熱性を高める技術開発が求められる。

3.2　ポリ-β-ヒドロキシブタン酸（PHB）系

ポリヒドロキシブタン酸（poly-β-hydroxybutyrate，PHB）系は通常微生物の菌体内に産生・蓄積される β-オキシ酸の重縮合体である。α-オキシ酸の重縮合体である PLA と比較した場合，エステル結合間に易運動性のメチレン炭素がさらに 1 個追加されるだけで T_m はほとんど変わらないにもかかわらず，T_c や T_g が 40～50 ℃低下する。その結果として，溶融状態から降温冷却の成形工程で結晶化が始まる温度 T_c（60 ℃）が低くなり（60 ℃に降下して初めて結晶化が始まる），成形時間内で本来の構造形成（結晶化）が完結しない。また，T_g（4 ℃）が室温以下であるために室温下ではゴム状態であり，成形後も室温下でじわじわと結晶化がすすみ，最悪の場合には成形品の収縮に伴うトラブル（フィルムや繊維の原糸・原反ロールの巻き締まり，成形品に亀裂）を生ずる。

1925 年に仏のパスツール研の M. Lemoigne により発見され，生分解性プラスチックの中で最も研究開発の歴史が古く，今日でもアカデミアの世界では最も研究の盛んな PHB 系が，未だに実用化の日の目を見ないのはなぜだろうか？筆者らは 1990 年代初頭に，当時の ICI 社と数年にわたり PHB 並びに PHBV（"Biopol"）の繊維化などの成形加工性に関し，あらゆる観点から共同研究（結晶化核剤の添加を含む）を行った。しかし，上述の通り成形加工性は極めて悪く，筆者はその原因は一次構造そのものにあると結論づけている。"Biopol" 事業は，その後 ICI 社から分社化された Zeneca 社に引き継がれたが，結局撤退した。その後，米国の Monsanto 社に売却されたが，同社も数年後に撤退した。PHB 系は高コスト問題（生産コスト，定常生産性，ポリマー精製コスト）から未だにポリマーが商業生産に至らないことの他に，一定の生産性コストを満足する実用レベルでの成形加工性にメスを入れる必要があるように思われる。

PHB は微生物によって菌体内に産生・蓄積される天然のバイオポリエステルであるが，その一次構造は元々生命の誕生と進化の過程でエネルギー貯蔵物質として機能すべく誕生したもので

あり，構造材料として設計されたものではない。PHB は細胞内ではリン脂質やたんぱく質によって覆われたアモルファス状で存在し，細胞内から抽出・精製されて初めて結晶性を持つようになることが知られている。このことは，そもそも PHB を構造材料として利用しようとする人間の試み自体に無理があることを示唆しているように思われる。

3.3 ポリコハク酸ブチル (PBS) 系

これまでポリコハク酸ブチル (polybutylene succinate, PBS) は石油系原料から化学合成されているが，原料モノマーの一つであるコハク酸が醗酵法により生産される計画が進行中である。近い将来，原料の少なくとも半分が植物由来成分から成るプラスチックとして再デビューを果たすことになる。将来的には，もう一つのモノマー成分である 1,4-ブタンジオールもバイオベース化されるであろうことが予想される。

PBS の構成モノマーの一つである 1,4-ブタンジオールは 4 個のメチレン鎖を有し分子鎖セグメント運動性に優れるため，PLA や PHB に比し T_m (110℃) や T_g (-32℃) はかなり低いものの，T_c (77℃) が比較的高く，結晶化速度が早いために成形加工性は比較的良好である。ただし，それ故に透明なフィルムやシートが得られにくいことや，一次構造から想定される通り物性がポリエチレンライクであるために，繊維化した場合にマルチフィラメントには腰がなく，スフの場合には捲縮保持力が弱くいずれも実用に耐えない。従って，実用的には比較的太いモノフィラメントやレジ袋，ごみ袋，農業用マルチなどのフィルム，シート成形品等が主用途となろう。また，硬質樹脂である PLA の柔軟化剤として補完的な役割を果たすことが期待される。

3.4 デンプン (Starch-based) 系

デンプンはアミロースやアミロペクチンから構成される可食性の安価な多糖類である。しかしながら，基本的には非熱可塑性かつ非晶性であるために，成形加工性や機械的強度，耐水性に劣り構造材料としては適さない。通常は，他の熱可塑性プラスチックや可塑剤を相当量（半分程度）混合して用いられる。従って，繊維化などの高度な成形加工性は望むべくもなく，得られる成形品も優れた機械的特性は期待できず，また耐水性や防カビ性に劣り，ねずみ食害性（ねずみやゴキブリが食べる）などの問題がある。従って，既存の石油系汎用プラスチックと比較しても品質・性能面でかなりの開きがあり，用途展開はごみ袋，農業用マルチ，緩衝材などの限られたものとなろう。

なお，デンプンの構成基本単位であるピラノース環に位置する 3 つの OH 基を，種々の有機酸で適宜エステル化などの化学修飾を施して上記問題点の改良を目指す試みがある。しかし，デンプンの基本骨格をベースとする以上，改良は限られたものであり，おのずと限界があることが予

想される。

4 ポリ乳酸の高性能化と高機能化

4.1 高耐熱性ポリ乳酸の開発

　ポリスチレン（PS）のような非晶性高分子の耐熱性は基本的に T_g により決定されるが，ポリプロピレン（PP）のような結晶性高分子の耐熱性は結晶化による向上が期待され，一般的に T_g と T_m の間に存在する。ところで，PLA は結晶性高分子であるにもかかわらず，延伸操作を伴う繊維やフィルム以外の成形品の耐熱性は T_g 近傍の 58℃ に過ぎず，これまで PS や PP よりも耐熱性に劣るとみなされてきた。すなわち，同じ結晶性高分子である PP よりも高い T_g とほぼ同等の T_m を有するにも関わらず，その成形品の耐熱性は PP よりも著しく劣るものであった。

　その原因は，PLA は結晶性高分子でありながら実際の成形工程ではほとんど結晶化していない，すなわち PLA の耐熱性不足はその極めて遅い結晶化速度に起因すると推定される。一般的に高分子の結晶化速度は，高分子鎖セグメント運動性と 2 次核形成確率に依存するが，PLA はエステル結合間に 1 個のメチン炭素を有するのみでヘリックス構造を形成し，同じポリエステルのポリブチレンテレフタレート（PBT）はもちろんのことポリエチレンテレフタレート（PET）と比較しても分子鎖運動性に乏しい。したがって，繊維やフィルムのように延伸操作に伴う高分子鎖の配向結晶化による 2 次核形成が期待される場合を除き，単なる押出しや射出成形，サーモフォーミング工程では，ほとんど結晶化は期待できない。

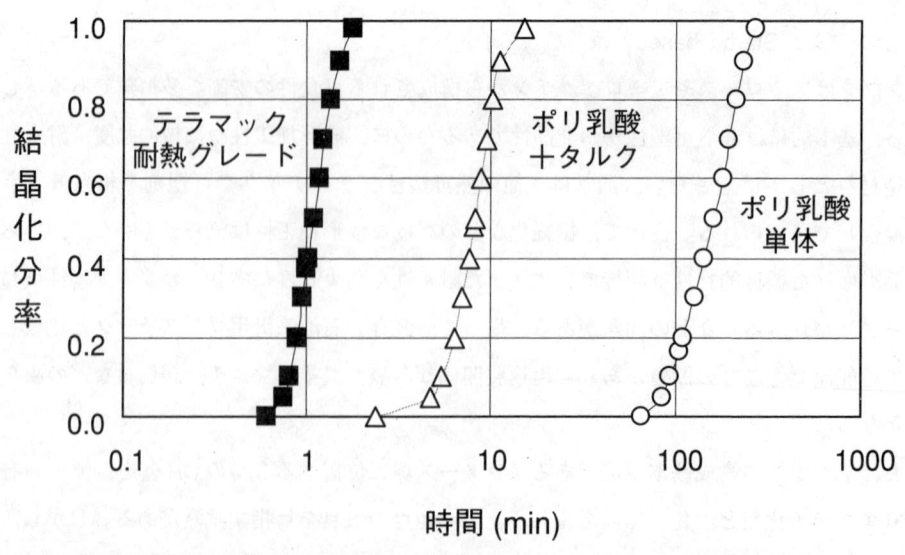

図1　各種ポリ乳酸の等温結晶化曲線（DSC：200℃→130℃；－500℃／min.）

第1章 ポリ乳酸 ―脂肪族ポリエステルの一次構造と性能・機能の発現―

表2　結晶性高分子の結晶化速度制御因子

構造因子	成形条件	核剤
・分子対称性 ・分子鎖柔軟性 ・分子量 ・分岐構造	・冷却速度 ・延伸操作	・種類 ・添加量 ・粒径

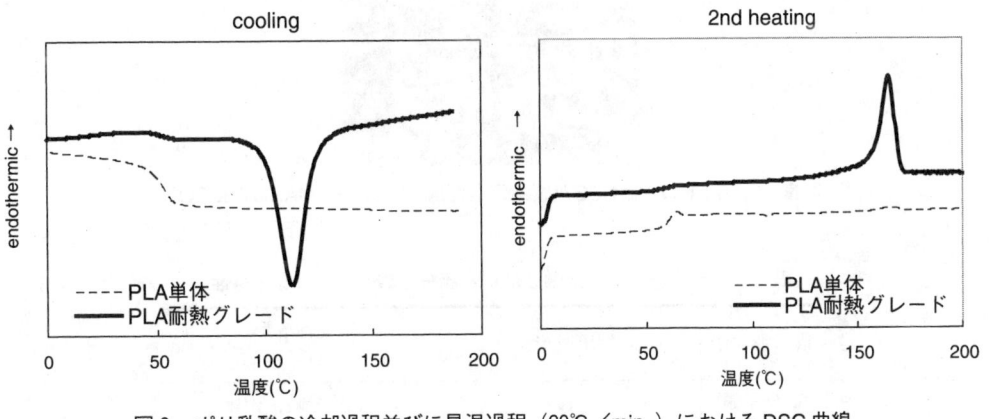

図2　ポリ乳酸の冷却過程並びに昇温過程（20℃／min.）におけるDSC曲線

　図1にDSC法による各種PLAの等温結晶化挙動を示す通り，通常のPLAニートレジンの結晶化速度はきわめて遅く，結晶化を始めるまでに約100分間の誘導期間を必要とする。これに結晶核剤としてタルクを加えると約10倍結晶化速度が速くなり約10分で結晶化を始めるが，これでも射出成形やサーモフォーミング工程での成形加工時間（10秒～1分）に比べると遅く実用的でない。

　結晶性高分子の結晶化速度制御因子を表2に示すが，筆者らは独自のナノレベルでの高分子配合設計と結晶化制御技術により，PLA／タルク系のさらに10倍結晶化速度を速めることに成功し，約1分程度で結晶化するPLA組成物（"テラマック"耐熱グレード）を開発した[5]。すなわち，結晶化速度を通常のPLAよりも2桁（約100倍）高めたところにある。これらの技術的ブレークスルーは，成形工程でPLAに1次，2次核形成を促すようなナノレベルでの分子設計／配合設計技術によるところが大きい。

　実際の成形加工工程に準じた降温結晶化挙動と再加熱による結晶融解挙動を，通常のPLAニートレジンとの比較で図2に示すが，通常のPLAニートレジンでは全く結晶化が認められないのに対し，"テラマック"耐熱グレードは110℃近傍に明瞭な発熱ピーク（結晶化ピーク）が認められ，再加熱過程では170℃近傍に結晶融解ピークが観察される。これら技術を，実際の射出成形に応用した場合に得られる耐熱性能について，以下に述べる。

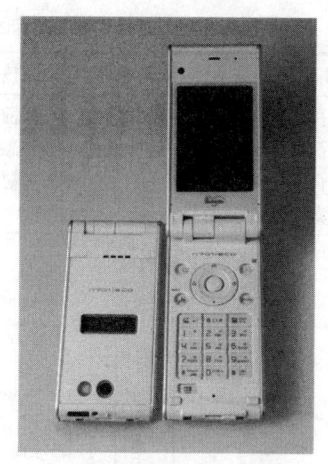

写真1　NTTドコモとNECが製品化した携帯電話（FOMA-N701iECO）

表3　プラスチックの溶融成形法と高分子鎖，レオロジー特性

成形法	押出成形法	発泡成形 ブロー成形
高分子鎖 分子量分布	直鎖 狭い	長鎖分岐，架橋 広い
流動状態 歪硬化性	1軸伸張流動 なし	2軸伸張流動 あり

　射出成形では溶融した樹脂を金型内に注入して冷却・固化させるだけで延伸操作を伴わないために，最も結晶化しにくい系であるが，射出成形工程で金型をPLAの結晶化温度（110℃）近傍に加熱することにより，ほぼ通常の成形時間内で耐熱性の著しい向上（120℃）を実現することに成功した。本成形品の熱的・機械的性能は，現在の生分解性プラスチックの中では最高レベルであることはもちろんのこと，現在汎用プラスチックとして大量に用いられているPS，PPやポリアクリロニトリル・ブタジエン・スチレン（ABS）共重合体のそれらと同等以上である。

　今後は，これまでの生活雑貨用途はもとより，電子・OA機器筐体や自動車内装材をはじめとする工業用構造材料としての市場展開が期待される。代表例として，最近，世界で初めてNECとNTTドコモにより共同開発され正式発売になった携帯電話（FOMA-N701iECO）筐体への応用例[3,7]を写真1に示す。本製品は約90％の極めて高い植物度を維持しながら，PLAの課題であった耐熱性，耐久性，耐衝撃性を克服したものであり，現行素材であるPC／ABSアロイ対比で約50％の極めて高い二酸化炭素低減効果が見込まれる。

第1章 ポリ乳酸 —脂肪族ポリエステルの一次構造と性能・機能の発現—

表4 押出発泡用ポリ乳酸樹脂のメルトインデックスと溶融張力

樹脂銘柄	MI (190℃ × 2.16 kg) (g/10 min)	溶融張力 (190℃) (mN)
テラマック HV-6250 H	2.0	580
テラマック HV-6200	1.2	460
ニート PLA	8.0	10

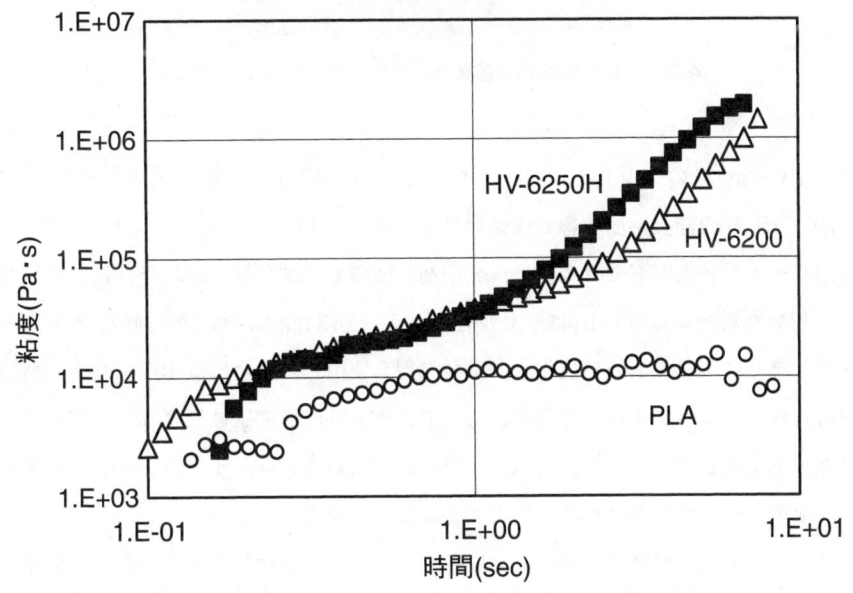

図3 押出発泡用ポリ乳酸樹脂の伸張粘度曲線（190℃，歪速度：0.5sec^{-1}）

4.2 押出発泡用ポリ乳酸の開発

　PLA の発泡成形工程において求められるレオロジー特性は，表3に示すように繊維の溶融紡糸に代表されるような1軸伸張流動とは異なり，2軸伸張流動が基本となる。従って，多数の微細なセル径からなる高発泡体を得るためには，PLA の溶融張力を高めると同時に溶融粘度の歪硬化性を発現させるナノレベルでの分子設計並びに配合設計技術が必須となる。また同時に，既存の石油系発泡成形品を代替し実用に供するためには，得られる発泡成形体の耐熱性は既存の石油系発泡成形品と同等レベル以上になければならない。

　PLA は加熱溶融時の粘度は低く，たとえばガス発泡をさせても気泡成長時に泡が壊れてしまい（破泡するために），高倍率の発泡体が得られ難い。そこで，先に開発した耐熱性付与技術に加え，ナノレベルでの分子設計・化学修飾技術をベースに特殊な溶融混練技術を駆使して，PLA に溶融張力を持たせ，伸張粘度に歪硬化性を発現させることにより，高倍率の押出発泡シート用樹脂を開発することに成功した[6]。表4に，通常の PLA ニートレジンと高耐熱性押出発泡用樹脂

バイオベースマテリアルの新展開

写真2 耐熱性簡易食器具（発泡タイプ）（シーピー化成）

HV-6200 と HV-6250 H のメルトインデックス（MI）と溶融張力の比較を示す。また，図3に HV-6200 と HV-6250 H の伸張粘度曲線と歪硬化性を，通常の PLA ニートレジンとの比較で示す[8]。

押出発泡シートの発泡倍率やセル径は，発泡剤の種類や設備仕様，製造条件により異なるが，炭酸ガスを用いた場合には 5〜10 倍，セル径が 0.1〜0.3 mm の外観が良好な発泡シートが得られ，ブタンまたはペンタン等の炭化水素系発泡剤を使用した場合には 10〜50 倍の高倍率発泡シートが得られる。このようにして得られた発泡シートは成形加工性に優れ，サーモフォーミング法（真空・圧空成形法）により食品皿，弁当容器，簡易食器具，インスタントラーメン容器，カップ，コンテナその他様々な形状に加工することが出来る。

これらは，一旦平坦な押出発泡シートを作製後，シートを予熱して所望の形状に型押し成形することにより製造するが，その際の成形金型温度を PLA の結晶化温度の 100〜120℃，プレス時間を 4〜20 秒間に設定することにより，家庭用品品質表示法で定められた 120℃以上の優れた耐熱性を発現することを確認している。これらは，現行石油系素材であるポリスチレンペーパー（PSP）はもとよりポリプロピレンフィラー（PPF）と同等以上の耐熱性を有し，熱湯注入や電子レンジでの再加熱に耐える。但し，実際に食品を盛り付ける場合には，その食品の温度や重さにより変形を起こすこともありうるので，製品設計の最適化と共に使用方法・対象の見極めが必要である。このようにして得られた高耐熱性発泡食品トレーを写真2に示す。

5 ポリ乳酸の汎用プラスチックとしての可能性

5.1 プラスチックの理想像──環境負荷低減の視点から

生分解性プラスチック（とりわけバイオベース）はプラスチック廃棄物問題の有力な解決策として，この 20 年来国内外の多くの研究者により様々な素材が提案，開発されてきた。地球上の全ての生命体が合成する有機化合物が基本的に生分解性を有し，自然界が有する真のリサイクル

システム（ごみ処理システム）としての物質循環（炭素循環）にリンクしていることからして，この視点は基本的に正しいと思われる。

しかしながら一方で，生分解性を極めて漠然と観念的に捉えることしかできず，例えば土中などの自然環境中での分解速度は速いほど好ましいと勘違いする人々が，未だに多く存在していることも事実である。例えば，PLAの自然環境中（例えば，土中）での分解速度が遅いことに不満を抱く人々がかなり存在する。しかしながら，PLAの土中など微生物存在下での穏やかな分解速度（形状崩壊速度：3〜5年）は，実は製品としての一定の製品寿命と奉仕期間を保障するものであり，むしろ望ましい特性なのである。生分解性プラスチックと言えども，既存の石油系プラスチックの長所である丈夫で長持ちする特性は失ってはならない。

プラスチック廃棄物問題を解決する上で最も重要なことは，リサイクルではなく，できるだけ長く使いごみの発生を抑えること，つまり発生源抑制（Source Reduction）である。たとえば，自然環境中で使用されている農林・園芸・土木資材の多くは，少なくとも数年の使用耐久性が求められている[9]中で，土や微生物と接触して数ヶ月で崩壊（生分解）するようなものは，①経費増大，②資源浪費，③ごみの拡大再生産，④廃棄物処理費用の増大，等々から，到底消費者に受け入れられるものではない。

しからば，家電・OA機器や携帯電子機器，自動車内装材などの5〜10年の長期使用耐久性（製品寿命）が求められる耐久消費材分野に，PLAなどの生分解性プラスチックは適用可能なのであろうか？もちろん，これら用途分野の多くにおいては生分解性という機能は直接的に求められることは少ないが，この一見相容れないと思われる生分解性と耐久性の両立は，はたして可能なのであろうか？筆者の見るところ，それは唯一ポリ乳酸において可能であり，それはその化学構造に由来する。

5.2　ポリ乳酸の生分解機構——生分解性と耐久性に関する考察

PLAは天然有機化合物である乳酸を構成モノマー単位とする合成高分子化合物である。ここで，人が人為的に化学合成した合成高分子化合物であること，言い換えると自然界にはない化学構造を有していることが決定的に重要である。それ故に，自然界には高分子量のPLAを直接分解する微生物や酵素系は極めて少なく，このことが土中などの自然界での穏やかな分解速度を保障している。特に，多くの微生物が保有するリパーゼは基質特異性が広いために多くの合成高分子化合物としての脂肪族ポリエステル（PBS，PCLほか）を分解するが，PLAはポリ－α－オキシ酸であるためにほとんどのリパーゼによって分解されないことが特徴的である。また，微生物ポリエステルを分解する酵素によっても分解されない。

生分解性プラスチックの分解機構は，大きく2つに分類できることはすでに提言した（表

表5 生分解性プラスチックの分解機構の分類と特徴―初期～中期過程―

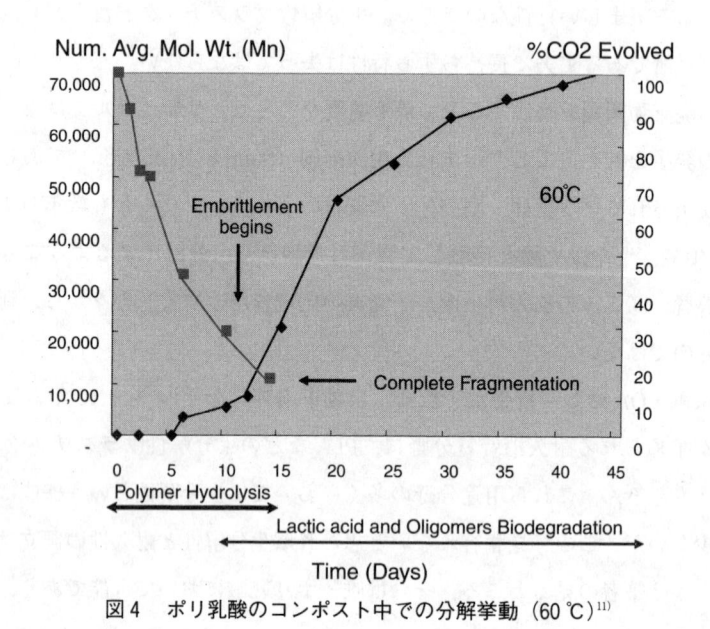

	酵素分解型	非酵素分解型
素材	PHB, PCL, PBS	PLA
表面形状	凹凸	平滑
重量減少	あり	なし
分子量低下	なし	あり
分解サイト	表面	表面～内部
分解様式	表面分解 (surface erosion)	塊状分解 (bulk degradation)

図4 ポリ乳酸のコンポスト中での分解挙動（60 ℃）[11]

5)[10]。一つはPHB，PBS，PCLに代表される酵素分解タイプであり，自然界に広く存在する微生物が生成する分解酵素により分解が進行する。もう一つは高分子量PLAに代表される非酵素分解タイプであり，温度や湿度，pHなどによる初期の化学的（非酵素的）な加水分解反応が律速となり，ある程度分解が進行し微生物が資化・代謝しうる水溶性オリゴマー，モノマーレベルになると生物分解が進行する。一般的に，生分解性プラスチックはこれら2つの分解機構が厳密には平行して進行するが，生分解性という機能を発揮する上でどちらが支配的であるかを考えると，上記の通り明確に2つに大別される。表5に示す通り，これら両タイプの分解挙動（初期から中期）に関係する指標，パラメータは対照的である。

PLAの分解機構は他の生分解性プラスチックとは異なり，2段階／2様式の分解機構により進行する（図4[11]，表6)[10,12]。まず，律速段階である初期の加水分解は高温（＞60 ℃），高湿（＞80 %），アルカリ性（＞8）などの環境因子によりはじまり，数平均分子量が10000程度まで分

第1章 ポリ乳酸 ―脂肪族ポリエステルの一次構造と性能・機能の発現―

表6 ポリ乳酸の生分解機構（2段階，2様式）

ステージ	分子量	分子量低下速度	重量減少	分解様式	分解機構
第1段階	高	遅い（律速）	なし	非酵素的加水分解	バルク
↓		臨界分子量（Mn：1万－2万）	開始		
↓					
第2段階	低	速い	あり	生物分解	バルク＆表面侵食

解が進むと微生物分解により加速され，最終的に完全分解に至る[11]。従って，PLAは高温，高湿という条件下に一定期間さらされ加水分解されない限り通常のプラスチックと同様に安定であるが，醗酵熱が60℃以上に達するコンポスト中では高温，高湿，さらにはアルカリ性の初期加水分解条件が満たされ，同時に後期の生物分解を担う多数の微生物が存在するため，他の生分解性プラスチックよりも速やかに（5±3日）形状崩壊を起こし分解・消滅する。

すなわち，PLAは製品としての使用期間，製品寿命はできるだけ長く維持しながら，一方で製品としての役割を果たした後はできるだけ速やかに廃棄・再資源化処理したいという，一見相反する要求特性を満足する潜在的機能を，その化学構造そのものの中に内蔵している。これは，まさにPLAが合成高分子化合物であり，2段階／2様式の分解機構を有していることに起因するものである。生分解性プラスチックの理想像として，「保存・使用期間中は通常のプラスチックと同じように安心して取り扱うことができ，一旦いらなくなると速やかに分解消滅してほしい」という人間の身勝手な欲望がこれまで語られてきた。しかしながら，これは実現したためしがない中で，実はPLAの単純な化学構造の中に高度な分解速度の制御機構が仕組まれているのである。それは最初から意図されたものでないがゆえに，そのことを認識している人は未だ少ない。

PLAが完全生分解性であることは，すでにJIS K 6953（ISO 14855）「制御されたコンポスト条件の好気的かつ究極的な生分解度及び崩壊度試験」において確認されている。従って，PLAは食品残さと共にコンポスト化が可能な食品容器・包装材，食品フィルター，水切りネット，生ゴミ袋として極めて好都合な素材である。さらに，まもなくISO（JIS）化されるであろうFDIS 15985「高固形分濃度の嫌気的消化条件の嫌気的かつ究極的な生分解度及び崩壊度試験」に代表される嫌気的消化条件下でも分解されることは，そこで生ずるバイオガス（メタンガス）を燃料，エネルギー源として有効利用しようとする将来技術動向ともリンクするものとして，大変興味深い。

これに対し，PBSやPCLは合成高分子化合物であるにもかかわらず，自然界に広く存在する微生物（糸状菌ほか）が分泌する酵素リパーゼにより容易に分解される。また，PHBは天然高

分子であることから，自然界には PHB を分解する微生物，酵素は広く存在する．従って，これら化合物は基本的に長期安定性に劣り，自然界や通常の環境下で長い製品寿命や奉仕期間を期待することは基本的に困難であろう．

5.3 ポリ乳酸の汎用プラスチックへの道——耐久性向上の歴史

PLA 固有の特性として，高温，高湿という条件下に一定期間さらされ加水分解されない限り，通常のプラスチックと同様に安定であることを述べた．しかし厳密に言うと，通常の室温環境下でもその速度は極めて穏やかであるものの，少しずつ加水分解が進行している．現在市場に出ている PLA も，通常の環境下であれば製品寿命は 3 〜 5 年に限定されると考えるべきであろう．従って，通常の PLA では家電・OA 機器や携帯電子機器，自動車内装材など 5 〜 10 年の使用耐久性（製品寿命）が求められる耐久消費材分野に適用できない．

PLA の汎用プラスチック化の歴史は，耐久性向上の歴史と言い換えることが出来る．1995 年以前の PLA は通常の室温環境下でも加水分解が進行し，わずか数ヶ月の製品寿命しか有しておらず，特殊なメディカル用途を除き，汎用プラスチックとしての基本的な要件は備えていなかった（第ゼロ世代）．その原因は，ポリマー中に残留するラクチド量が数％と多いことに起因する．その結果，乳酸の環状ダイマーであるラクチドは室温環境下でも容易に加水分解を起こしカルボキシル末端基を生成するために，PLA の加水分解反応の触媒作用としての働きをする．

そこで，PLA に長期耐久性を付与するために耐加水分解性（耐湿熱性）を向上させる技術開発が求められ，1995 年以降に残留ラクチド量を 0.2％ 以下に低減させた高純度 PLA を製造するための技術開発が進展し，今日の 3 〜 5 年の製品寿命を有する第一世代 PLA が開発され，汎用プラスチックとしての潜在的可能性が見えてきた．筆者らは，2002 年以降に上記第一世代 PLA をベースに，さらに加水分解速度制御因子（表 7）を総合的にコントロールする加水分解抑制処方を開発することにより，5 〜 10 年の製品寿命を有する第二世代 PLA の開発に成功し，汎用プラスチックとしての可能性が見出された．図 5 に示すように，高温，高湿（温度：50 〜 60 ℃，相対湿度：95 ％）下での加水分解促進試験において，第一世代 PLA が約 100 時間で曲げ強度を失うのに対し，"テラマック" 耐熱・耐久グレード（TE-8210）は 1000 時間経過後においてもほとんど強度を失わない[5]．

表 7　ポリ乳酸の加水分解速度制御因子

構造因子	添加剤等	成形加工条件	保存・使用条件
・末端基濃度 ・結晶化度	・残留モノマー量 ・残存触媒量 ・アルカリ化合物	・水分率 ・加熱溶融温度 ・加熱時間	・温度 ・湿度 ・pH

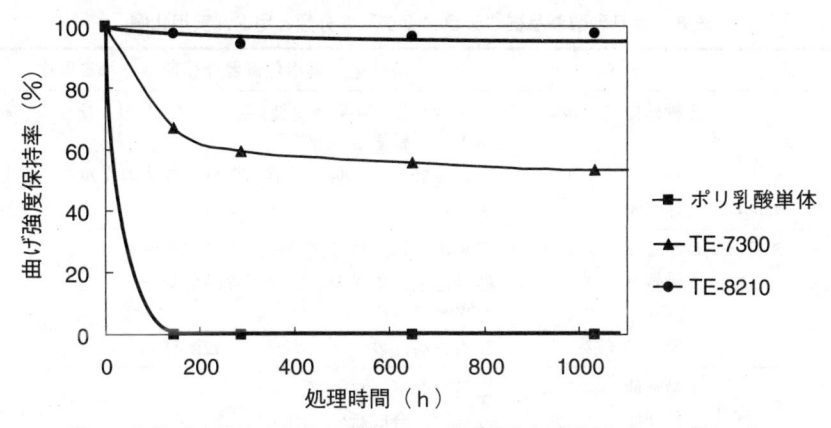

第1章 ポリ乳酸 ―脂肪族ポリエステルの一次構造と性能・機能の発現―

図5 各種ポリ乳酸の高温・高湿下での曲げ強度保持率（50℃ X 95% RH）

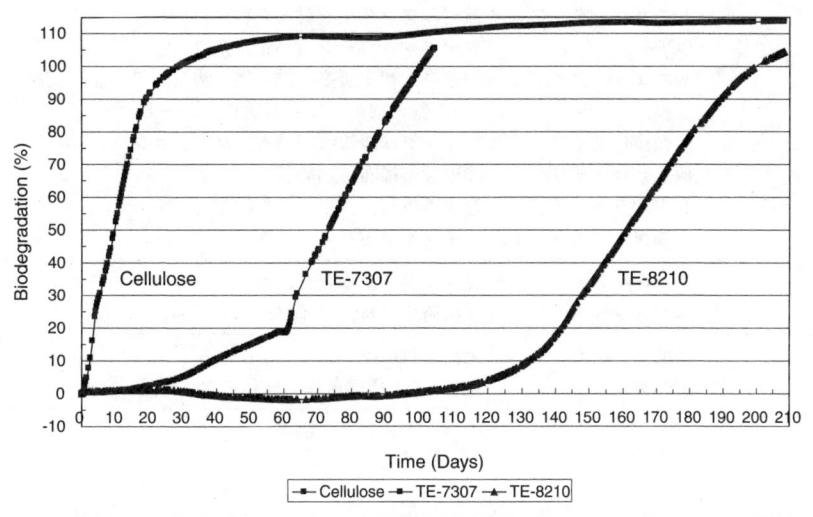

図6 耐久性ポリ乳酸（TE-8210）の本質生分解性試験（ISO 14855/JIS K 6953準拠）

ここで興味深いのは，図6に示すように上記耐熱・耐久性PLA（TE-8210）が生分解速度は遅くなるものの，生分解性という本質的な機能を失っていないことが確認されたことである[5]。これは，耐久性と生分解性という一見相容れない特性を両立することが可能であることを初めて示唆したものとして興味深い。

6 ポリ乳酸の最新成形加工技術と応用

PLAは融点（T_m）が約170℃，ガラス転移温度（T_g）が約60℃の熱可塑性の脂肪族ポリエステル樹脂であるところから，溶融押出し法によりフィルム，シート，ファイバー，スパンボンド，射出成形やブロー成形により各種成形品の製造が可能である。表8に主な製品（一次加工製品又

表8 ポリ乳酸製品群"テラマック"の分類と用途，実用化例

分類	タイプ	用途（実用化例と今後期待される用途）
硬質フィルム	2軸延伸フィルム	窓付き封筒，青果物包装，製品包装，プリントラミ，紙ラミ，パウチ，粘着テープ
軟質フィルム	ブローンフィルム	生ゴミ袋，レジ袋，重袋，衛材，農業用マルチ
シュリンクフィルム	延伸フィルム	製品オーバーラッピング，ラベル
サーモフォーミング成形用シート	レギュラータイプ	青果物容器，ブリスター，クリアケース
	高耐熱タイプ	熱湯注入，電子レンジ対応食品トレー
	ソリッドタイプ	弁当容器，カップ
	発泡タイプ	弁当容器，カップ，ボード，緩衝材
延伸成形品	1軸延伸	梱包バンド，ロープ，紐
	2軸延伸	カード，合成紙
モノフィラメント		ティバッグ，ネット，フィルター
長繊維	レギュラータイプ	織編み物（産業資材・衣料），ロープ，紐
	BCF	カーペットヤーン（パイル糸）
短繊維	レギュラータイプ	紡績糸，複重層糸，織り編み物（衣料，産業資材，インテリア），詰め綿，短繊維不織布，ボード
	芯鞘複合タイプ	バインダー繊維（不織布，クッション）
	偏芯複合タイプ	伸縮性不織布，詰め綿
ショートカット	レギュラータイプ	湿式不織布，エアレイ不織布
	芯鞘複合タイプ	バインダー繊維
不織布	スパンボンド	農・園芸・土木資材，カーペット基布，フィルター
	スパンレース	生活衛生資材，ワイパー
射出成形	標準グレード	生活雑貨用品
	耐熱グレード	電子・OA機器筐体，自動車内装部品
水性エマルジョン		紙コーティング，繊維バインダー

写真3 窓付き封筒（NTTドコモ）

写真4 青果物包装（大洋興業）

第1章 ポリ乳酸 —脂肪族ポリエステルの一次構造と性能・機能の発現—

は最終製品）群と期待される用途分野を示す。

6.1 押出成形

① フィルム

　PLAフィルムは硬質タイプとしての2軸延伸フィルムの他に，軟質タイプのブローン（インフレーション）フィルムが開発されている[3]。PLA硬質フィルムは光沢と透明性に優れた腰の強いフィルムであり，見かけ上は延伸ポリエチレンテレフタレート（OPET）や延伸ポリスチレン（OPS），セロファンに良く似ている。具体的な用途例として，封筒の窓張り（写真3），製品のオーバーラッピング（シュリンク包装を含む），青果物包装（写真4，5），弁当容器の内張り，紙ラミなどが挙げられる。

　軟質フィルムは，本来硬質樹脂である PLA に生分解性の高分子／低分子可塑剤を配合することにより柔軟化し，ポリエチレンと同等の柔軟性とヒートシール強度を付与したものである。主な用途は生ゴミ袋（コンポストバッグ）や農業用マルチフィルム，肥料袋などである。

② 成形用シート（→サーモフォーミング）

　サーモフォーミング成形用シート（通常は未延伸）として，透明性を有するレギュラータイプと不透明の耐熱タイプがある。前者の耐熱性は 60℃以下であるが，透明性を生かした用途として野菜や果物などの青果物容器（写真5）や各種製品のブリスターパッケージが挙げられる。後者の耐熱タイプの成形用シートにはソリッド（solid）タイプの他に発泡（foamed）タイプがあり，これらは熱湯注入や電子レンジ再加熱が可能なカップ，弁当容器（写真6），簡易食器具を

写真5　青果物容器・包装（カゴメ）

写真6　耐熱性簡易食器具（ソリッドタイプ）
　　　（中央化学）

製造することが可能である[5,6]。

③ 繊維・不織布

　PLA は各種生分解性プラスチックの中でも最も製糸性に優れ，モノフィラメント，マルチフィラメント，BCF，スフ，チョップド・ファイバーからスパンボンド（長繊維不織布）まで溶融紡糸法で製造することができる[13]。PLA 繊維は他の結晶性高分子と同様に延伸操作に伴う配向結晶化により，スパンボンドは高速紡糸技術の適応により，機械的・熱的性質の向上を図ることができる。また，いわゆるスピンドロー法や，高速紡糸による部分配向糸（POY）から延伸糸（FDY）や仮撚り加工糸（DTY）を製造することも可能である。

　繊維・不織布の用途は，農林・園芸・土木・建設資材用途[9]（植樹ポット，防草シート，土嚢，植栽保護材，長芋ネット，フィルター）や食品・衛生・医療用途[14]（ティバッグ，ワイパー，水切りネット），インテリア・寝具・生活雑貨・衣料用途（寝具類詰綿，カーペット，タオル，かばん，ポロシャツ，列車ヘッドレストカバー）など多岐に渡る。ここでは代表的な実用化例として，モノフィラメント織物からなる緑茶のティバッグ（写真7），スパンボンド不織布から構成

写真7　ティバッグ（山中産業）

写真8　ヘッドレストカバー（JR）

写真9　サイン基布（GK 設計）

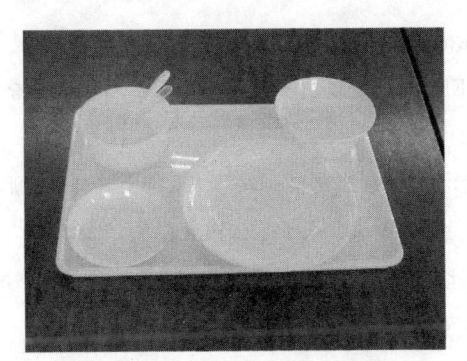

第1章 ポリ乳酸 ―脂肪族ポリエステルの一次構造と性能・機能の発現―

写真10 リターナブル食器・配膳トレー
（クニムネ，北村化学産業，レーム化学）

される列車ヘッドレストカバー（写真8），マルチフィラメント織物として昨年の「愛・地球博」会場案内のサイン（道標）基布（写真9）[15]として採用された例を示す。

6.2 射出成形

PLAを室温近傍の低温金型で射出成形すると，T_gが室温より高いことから比較的容易に透明成形品を得ることができる。しかし，PLAは結晶化速度が遅いために，延伸操作を伴わない成形加工プロセスでは通常の成形時間（通常30～60秒）内に結晶化することができず，得られる成形品は非晶性で耐熱性に乏しい。

耐熱性を有する射出成形品を得るためには，PLAの結晶化温度域（110℃）に維持した高温金型を用いて成形時間内（通常は1分以内）で結晶化させる必要があり，そのためには結晶化速度の著しい向上が求められていた。筆者らはナノコンポジットに代表されるナノレベルでの分子・配合設計技術を駆使することにより，ポリ乳酸の結晶化速度を約100倍速めることにより，世界で初めて120℃前後の高耐熱性射出成形品を得ることに成功したことはすでに4.1で述べた。ここでは昨年の「愛・地球博」会場でも大量に用いられたと同種のリターナブル食器や配膳トレー（写真10）を示す。

6.3 発泡成形とブロー成形

PLAの発泡成形やブロー成形工程において求められるレオロジー特性は，繊維の溶融紡糸に代表される1軸伸張流動とは異なり，2軸伸張流動が基本となることはすでに4.2で述べた。また，筆者らは世界で初めて高耐熱性押出発泡用樹脂を開発することに成功し，本樹脂から押出発泡成形されたシートは，引き続き110℃前後の金型内でサーモフォーミング成形（10～20秒間）されることにより，熱湯注入や電子レンジ再加熱が可能な食品容器や簡易食器具が生産され

ることも述べた。なお，発泡成形のもう一つの分野であるビーズ発泡についても技術開発が進行中であるが，現行素材の EPS 対比では耐熱性に劣るなどの基本的な技術的課題が未解決である。

ボトルなどのブロー成形法には射出ブロー成形法と押出ブロー成形法があり，PLA 製ボトルはすでに試作（一部市販）されている。しかし，PLA 単独ではガスバリア性や耐熱性に乏しく，内容物が水分の場合には長期保存で水分が減少する，あるいは油分の場合には酸化される恐れなどの技術的課題が未だ存在する。

7　おわりに

植物系プラスチックの中で，既存の石油系プラスチックと品質，性能，機能面でほぼ対抗し得るのは，現在のところ PLA が唯一である。PLA の成形加工性や性能・機能の向上は実用化レベルに達しつつあるが，透明性を維持しながらの耐熱性の向上やガスバリア性の付与など，今後更なる技術的改良が求められる。

文　　献

1) 望月政嗣，グリーンプラスチック最新技術，井上義夫監修，シーエムシー，p.121（2002）
2) 望月政嗣，グリーンプラスチック材料技術と動向，大島一史監修，シーエムシー出版，p.149（2005）
3) 望月政嗣，上田一恵，天然素材プラスチック，木村良晴他著，高分子学会編集，共立出版（2006）p.119
4) M. Mochizuki, in *Biopolymers, Vol.4 Polyesters III*, A. Steinbuchel and Y. Doi, eds., WILEY-VCH Verlag GmbH, Germany, p.1（2002）
5) 上田一恵，府川徳男，西村　弘，望月政嗣，プラスチックス，**55**（11），66（2003）
6) 上田一恵，坂井満喜子，村瀬繁満，望月政嗣，プラスチックス，**56**（11），67,（2005）
7) S. Serizawa, K. Inoue, M. Iji, *J. Appl. Polym. Sci.*, **100**(1), 618（2006）
8) 上田一恵，マテリアルステージ，**6**(8), 1（2006）
9) 望月政嗣，WEB Journal, **43**, 16（2001）
10) M. Mochizuki and M. Hirami, *Polymers for Advanced Technologies*, **8**, 203（1997）
11) J. Lunt, *Polymer Degradation and Stability*, **59**, 145（1998）
12) 望月政嗣，生分解性高分子，筏　義人編，アイピーシー，p.292（1999）
13) 望月政嗣，消費科学，**47**(3), 18（2006）

14) 望月政嗣, *PACKPIA*, **11**, 36 (2005)
15) 望月政嗣, 産業と環境, **34**(11), 25 (2005)

第2章 機能性エコマテリアルとしての多糖類のモダン活用

西尾嘉之*

1 はじめに

材料ならびにその製造・使用プロセスのグリーン化がさけばれる昨今，再生可能な生物資源から導かれるバイオベースポリマーの応用展開に一層の期待が寄せられている。該資源の代表として繊維質セルロースに限っても，年間新たに自然発生する量は2000億トンにも達し[1]，この量は世界の年間繊維需要量6900万トン[2]と比べて約3000倍に，主要合成ポリマーの生産量1.7億トン/年に対して約1200倍にもなる。生態循環と環境保全に配慮して高々数%/年が許容採取としても，余りある発生量である。有限化石資源の漸減そして枯渇を意識する場合，特にセルロースおよび関連多糖類の広範利用とそれらを由来とする新たな材料の開発が，今後ますます重要になっていくと思われる[3]。

バイオマス系の多糖類は，量的に豊富でリニューアブルなエコ素材であるという生来の利点に加えて，側鎖反応性（被修飾能），水素結合能，キラリティー，半剛直性などの分子特性と，ゲル・錯形成，ミクロフィブリル（ナノクリスタル）形成，液晶形成などの分子集合体特性を有しており，機能化用の分子素材としても魅力に富む[4]。ただし，これらをベースとした新規高機能材料を創製するためには，石油系合成ポリマーに比較して構造設計上の任意性・多様性が概して乏しい点や溶解性・成形加工性にも劣るというハンデを克服していく必要があろう。本稿では，セルロース系多糖類（ポリグルカン）を主対象として，環境・生体適合性の高い異種素材との微視的な複合化手法を適宜利用しつつ，モダンな制御分解型材料，高選択物質分離材料，液晶光学材料，磁性材料などへの高機能化をはかった最近の進展研究について概説する。

2 環境・生体適合型機能材料

2.1 生分解性グラフト共重合体

生分解性の脂肪族ポリエステルを多糖の枝鎖として導入するグラフト共重合は，多糖鎖の熱物

---

* Yoshiyuki Nishio　京都大学　大学院農学研究科　森林科学専攻　教授

第2章 機能性エコマテリアルとしての多糖類のモダン活用

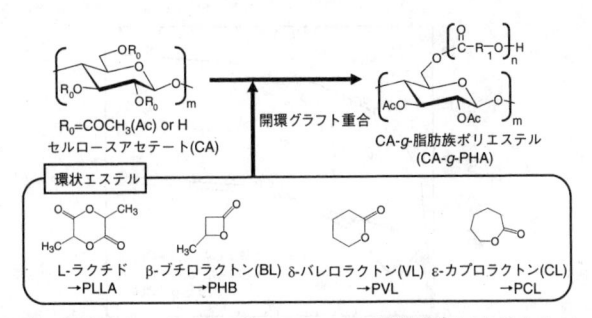

図1 残存水酸基を開始点としたエステルモノマーの開環重合によるセルロースアセテート（CA）-*graft*-脂肪族ポリエステル（ポリヒドロキシアルカノエート，PHA）の合成

性を改善するための内部可塑化法であるばかりでなく，単独ポリマーでは達成しがたい生分解速度や分解領域の制御が可能な，新しい環境適合型材料の設計手法の1つである[3~6]。例えば，セルロースアセテート（CA）の残存水酸基を開始点とした環状エステルの開環重合またはヒドロキシ酸の重縮合によって，幹/枝重量比を網羅した幅広い組成に渡ってCA-*graft*-脂肪族ポリエステル（ポリヒドロキシアルカノエート，PHA）（CA-*g*-PHA）を合成できる（図1参照）[7,8]。グラフト体の枝密度は出発CAのアセチル置換度（DS）を変化させることによって制御できる。ここでDSは，もとのセルロースのグルコピラノース1残基あたりの水酸基の置換数として定義され，上限は3である。また，ピラノース環1個あたりに導入されたオキシアルカノイル基（枝鎖モノマーユニット）の平均個数はモル置換度MSと定義され，枝鎖エステルの含有率を表す指標となる。なお，CAは本質的に生分解性を有するセルロース有機酸エステル（CE）[9,10]の中で最も汎用度の高いものであるが，単独では熱加工性に難があり，現状では，環境に好ましくない低分子可塑剤の多量配合を伴って樹脂としての溶融成形がなされている場合が多い。

　導入枝鎖の異なる各種CA-*g*-PHAについて，熱転移挙動と分子構造パラメーターとの相関がすでに整理体系化されている[8]。寺本らは，特にCA-*g*-ポリL-乳酸（PLLA）を例として，等温下における非晶構造緩和ならびに結晶化の速度論的解析を行い，エンタルピー緩和や多重環型球晶形成などの分子凝集構造の発達に及ぼすグラフト鎖のanchoring効果と幹鎖の半剛直性連結担体としての効果を明確にした[11]。それらの知見をもとに，異なる条件で熱処理を施したCA-*g*-PLLAフィルムについて酵素（Proteinase K）を用いた加水分解試験を行い，共重合組成と高次構造の変化による分解速度の制御，および枝成分選択分解による試料表面の微細切削（大表面積化）と構造色発現（呈色化）を達成し，"時空間制御分解"が可能な高機能材料としての有用性を例証している。

　現在筆者らは，他のCE-*g*-PHAシリーズに対する比較検討を含め，セルロースエステルグラフト系全般について詳細な分子・材料特性の解析を進めている。一例として図2には，ポリ（ε-

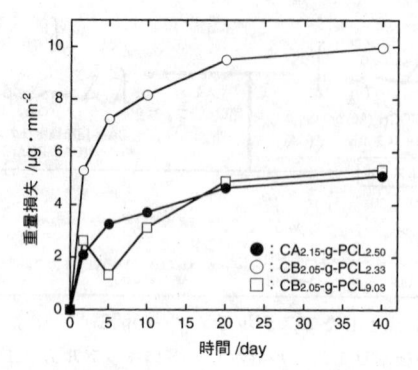

図2 CA-g-PCL および CB-g-PCL フィルムの Lipase／リン酸緩衝液中における重量損失の経時変化

カプロラクトン）(PCL) を枝鎖とした CA-g-PCL とセルロースブチレート (CB)-g-PCL の各熱圧フィルムに対して行った酵素加水分解実験の結果を示す。用いた酵素は Lipase であり，0.1 M リン酸緩衝液中，37 ℃，pH 7.0 でのデータである。試料コード CE_x-g-PCL_y は，CE のアシル DS 値が x，オキシカプロイル MS 値が y であることを表す。x と y のそれぞれが近接し合った $CA_{2.15}$-g-$PCL_{2.50}$（試料1；W_{PCL}=52.9 %）と $CB_{2.05}$-g-$PCL_{2.33}$（試料2；W_{PCL}=46.5 %）のデータ比較から，CB 系グラフトの方が分解がより進みやすいことがわかる。MS 値の高い $CB_{2.05}$-g-$PCL_{9.03}$（試料3；W_{PCL}=77.1 %）では，PCL 含有率 W_{PCL} の上昇にもかかわらず，試料2よりも分解の程度は低下している。これは，枝鎖 PCL の結晶化が顕著となり，酵素の攻撃を阻害するためである。なお，試験に供したフィルムの化学組成変化の追跡から，CB 系グラフトでは共重合組成に関わらず PCL 鎖が優先的に分解するのに対して，低 MS の CA 系グラフトではむしろアセチル基の脱離が優位であることが示唆されている。これらの系については，結晶化性癖と分解挙動に及ぼす幹／枝鎖間の相溶性の効果，試料表面のモルホロジーなどについてさらに有用な知見が得られつつある[12]。

2.2 相溶ブレンドによる物性改変

グラフト系と並行して，汎用のセルロースアルキルエステルや将来的に有望なキチン誘導体を対象に，成形加工性の改善（低分子可塑剤のブリードアウト回避等）を含めた諸物性の改変を目的として，可撓性ポリマーとの相溶化に関する一連の研究が進展している[3,13]。例えば宮下・大野らは，セルロースアセテート (CA)・ブチレート (CB) と相溶しうるビニルポリマーとしてポリビニルピロリドン (PVP) および VP-ビニルアセテート (VAc) 共重合体（図3）を見出し，それらのブレンド系についてアシル置換度と共重合体組成を関数とした相溶マップを完成させている。

第2章　機能性エコマテリアルとしての多糖類のモダン活用

図3　(a)セルロースアルキルエステル誘導体，および(b)ブレンド対成
　　　分として用いたビニルピロリドン（VP）含有ポリマーの構造式

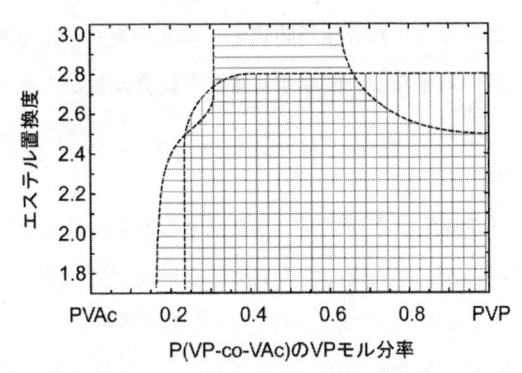

図4　CA/P(VP-co-VAc) および CB/P(VP-co-VAc) ブレンド系に対する相溶マップ
アセチルまたはブチリル置換度とビニルポリマー中のVPモル分率の関数として表示した。縦網領域ではCA／P(VP-co-VAc) ペアが相溶，横網領域ではCB／P(VP-co-VAc) ペアが相溶，重複網目領域では両系のペアとも相溶，そして白地領域では両系のペアとも非相溶である。

　図4に示したように，CA/P(VP-co-VAc) 系では，アセチル DS＜2.8のCAとVP＞25 mol%のビニルポリマーから成るブレンドは相溶し[14]，その駆動力がCAの残存水酸基とVPユニット中のカルボニル基との間の水素結合であること，さらにこれらの相溶ブレンド体は約3 nm以下のレベルで均一性が保証されることが明らかとなっている[15]。本系については，"高分子による"CAの可塑化効果の付与に加え，VP/VAc 組成の変化によって親/疎水性の調節が可能であり，分離膜等への応用展開も期待できる。一方 CB/P（VP-co-VAc）系の相溶性は，(1) CBの残存水酸基とVPのカルボニル基との間に形成される水素結合，(2) CBの側鎖ブチリル基による水素結合阻害効果，および(3)共重合体構成モノマー間の斥力相互作用に由来する他成分との間接的引力効果の3つの効果のバランスによって決定される[16]。図4のマップには，ブチリル DS＞2.5の

領域で，(3)の効果に基づき"Miscibility Window"が顕在化している。すなわち，該当の高置換度CBは，PVP，PVAc両ホモポリマーとは非相溶であるが，VP／VAc＝30／70-60／40の共重合体とは相溶と判定されている。別途，CB（DS＝2.7）／PVP，CB（DS＝2.7）／PVAc，PVP／PVAcの各ペアについて成分間の相互作用パラメーターが比較評価され，VP–VAc間で最も斥力の大きい(3)の効果を支持するデータが得られている[17]。

ビニル共重合体の構成ユニットをVAcからメタクリル酸メチル（MMA）に変えたP(VP–co–MMA)を対成分ポリマーとしたブレンド系についても同様のマップが作成されている[17]。CA/P(VP–co–MMA)系のマップは，CA/P(VP–co–VAc)系のそれと比べて相溶領域が若干狭まる。前者の系については，PMMAとCAが共に光学機器用部材としての適合物性を有していることを考慮し，相溶ブレンドフィルムの延伸に伴う分子配向挙動と複屈折が評価検討されている[18]。

上記のほかに，未修飾セルロースならびにキチンのブレンドや相互浸入ネットワーク（IPN）の調製と特性解析，微生物産を含めた各種脂肪族ポリエステルとの相溶性に及ぼす多糖アルキルエステルの側鎖長と置換度の効果など，関連する重要な研究成果がある[4,13]。

2.3 実際的な成型品への応用

セルロース系多糖類のグラフトおよびブレンドに関する基礎的知見の集積に伴い，繊維やフィルム分野への新規応用に向けた産学連携による実際的な研究開発も進んでいる。先述した脂肪族ポリエステルを枝鎖とするCAのグラフト体は，透明な熱圧成形シートに加工でき，枝鎖中のオキシアルカノイル構成種と導入割合を変化させることによって，弾性率や引張強度などの機械的性質を幅広く調節できる[19]。また，溶融紡糸によって繊維化することも可能であり，時限分解型の生分解繊維として，あるいは酵素処理による表面ナノ加工が可能な機能繊維としての応用が考えられる。

グラフトとは別に，適当な置換度で嵩高い側鎖を有するセルロースエステルは，環境負荷の小さい外部可塑剤（相溶対成分）を少量併用することによって，熱流動性を格段に高めた組成物とすることができる。特に好適な"伸張流動性"が付与された熱可塑性セルロース組成物であれば，ナイロンやポリエステルの溶融紡糸と同様のプロセスによってフィラメントとすることができる[3,20]。相応量の官能基（水酸基・カルボニル基）を保有した該セルロース系繊維を用いて得られる染色テキスタイルは，鮮明で深みのある発色性とソフトな風合いを呈し，吸放湿性と制電性にも優れる。さらに特筆すべきは，溶融紡糸ならではの特長として"繊維の異形断面の設計"が容易なことである[21]。紡糸工程の高速化が可能であり，有害な溶媒が揮発したり環境中へ流出してしまうリスクが存在しないなど，製造上のグリーン化の観点からも本法の意義は大きい。

3 先進的高機能材料

3.1 液晶光学材料

セルロース・キチン誘導体の中には,分子鎖の半剛直性とキラリティーに由来して,濃厚系でコレステリックタイプの液晶相を形成するものがある(図5に例示)。このコレステリック相は配向分子層(ネマチック薄層)の主軸が連続的に回転したラセン積層構造から成り,そのラセン周期が可視光の波長レベルにあると液晶試料は肉眼下で特有の呈色現象を示す(選択光反射)。特にセルロース系の液晶では,分子ならびに超分子の構造特性に関する知見が集積されるに伴い,種々の光学材料(波長・偏光選択フィルター,反射プレートなど)への応用展開に向けた機能化研究が活発化している[4,22]。

筆者らは,糖鎖と相互作用するイオン性粒子を共存させたセルロース誘導体の濃厚溶液を対象に,外部から弱電場刺激を与えてイオンの分布変動とそれによる糖鎖構造の変化を誘起し,コレステリック液晶の呈色状態や溶液の透明度を定温下で動的制御する新機構を提案した[23]。すでに,低温溶解型ヒドロキシプロピルセルロース(HPC,図5a)の濃厚水溶液を試料として,ニュータイプの調光・遮光機能デバイスの構築例を示している[24]。図6には,さらに系を溶液からゲルへと拡張し,HPC/ポリジエチレングリコールモノメチルエーテルメタクリレート

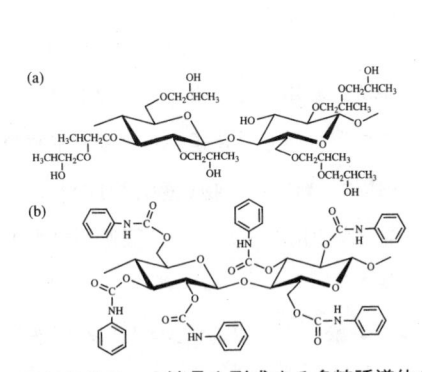

図5 コレステリック液晶を形成する多糖誘導体の例:
(a) ヒドロキシプロピルセルロース(HPC);
(b) セルローストリフェニルカルバメート
もとのピラノース骨格における第2炭素の水酸基がアセチルアミノ基またはアミノ基であるキチン・キトサンを出発として得られるヒドロキシプロピル誘導体およびフェニルカルバメート誘導体も液晶性を示す。

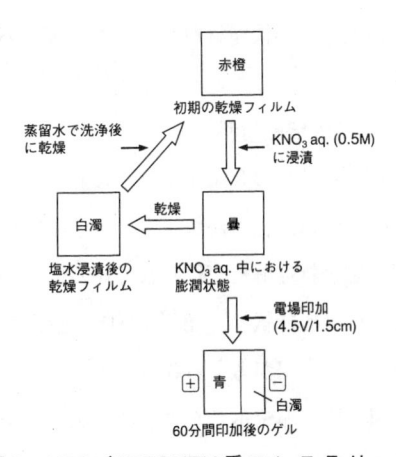

図6 HPC/PDEGMEM系コレステリックネットワークの塩水浸漬効果と電場による光学機能制御

(PDEGMEM) から成るネットワークに対して光学機能の動的制御を試みた実験例を示す[25]。本試料は，HPC の側鎖水酸基を介した分子間架橋とリオトロピック液晶溶媒としてのメタクリレートモノマーの重合・架橋反応を併用してコレステリック構造を非流動化し，彩色フィルムとしたものである。初期に赤橙色を呈するフィルムを KNO_3 水溶液（0.5 M）中に浸漬すると膨潤し，赤みが失せてやや青白く曇る。この例では，系中に拡散する NO_3^- は HPC／水系液晶のコレステリック周期（P）および LCST 型相分離点（曇点 T_c）を上昇させるカオトピックアニオンであり，逆に K^+ は P と T_c を降下させる強い depressor であるが[26]，後者の効果の方が断然大きい。この塩水膨潤体を液中から取り出して風乾すると白濁固体フィルムとなり，さらに蒸留水中で洗浄脱塩して乾燥すると元の呈色（赤橙色）を放つフィルムへと回復する。また，塩水膨潤した試料（1.5 cm 四方）を取り出して，その両端をクリップ型電極で固定し電場（$E=4.5\text{V}/1.5\text{cm}$）を印加すると，ゲルマトリックス全体の色彩・透明度が経時変化し，陰極側で強い白濁化が，陽極側で鮮明な青色の選択反射がそれぞれ観測される。このように，液晶相が固定化されたネットワーク系についても，塩イオンの介在を外部操作することによって巨視的性質をダイナミックに制御しうることが示された。

上記の高機能化路線の発展として，セルロース・キチン系ポリグルカンとイミダゾリウム塩をはじめとするイオン液体とのタイアップ法（直接溶媒，溶液共存，側鎖導入）について調査検討がなされている[27]。グリーン溶剤ともいわれるイオン液体をメディエーターとした多糖誘導体液晶の電気光学機能材料やイオン伝導する電気化学的機能材料への展開が期待される。

3.2 磁性機能材料

電解質多糖の金属イオンとの相互作用能およびゲル形成を利用して，ポリマーマトリックス中に磁性金属酸化物が数十ナノメートル径以下のスケールで微分散した新規ハイブリッド材料の作製と磁化特性解析が行われている[4]。これらの磁性複合体は，新しい薬物運搬体（DDS），情報記録媒体（機能紙等），配向繊維，電磁波シールド材，環境浄化用フィルター，軽薄型の電子材料などへの応用が考えられる。

図7に手順を示したように，例えば藻類由来のアルギン酸ナトリウム（AlgNa）水溶液を出発に，(1)鉄塩溶液への浸漬によるゲル化と鉄イオンのインターカレーション，(2)アルカリ処理による部分的イオン交換と水酸化鉄生成，(3)過酸化水素処理による酸化鉄の in situ 合成を基本プロセスとして[28]，磁性微粒子が化学充填された Alg のゲルおよびフィルムが得られる[29]。多糖ゲルの脆さを解消すべくホウ酸塩を併用することによって，粘弾性可変のアルギン酸／ポリビニルアルコール（Alg／PVA）相互侵入ネットワークをマトリックスとした磁性体も作製できる。ポリマー組成，アルカリ処理方法，および環境温度に依存して，常磁性，超常磁性，強磁性を発

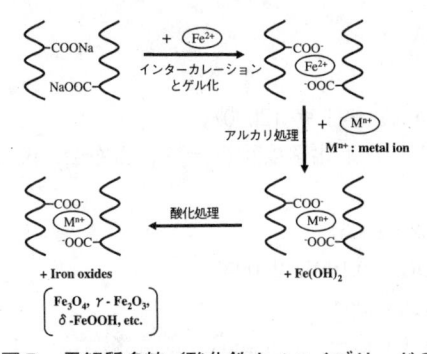

図7　電解質多糖／酸化鉄ナノハイブリッドの調製ルートの例（ゲルマトリックス中でのin situ 合成法）

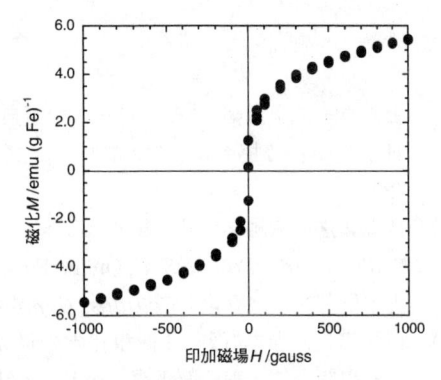

図8　アルギン酸をベースとした磁性複合体の磁化特性解析の一例
外部磁場 H に対する応答磁化 M の曲線は超常磁性の挙動を示している。

現する。特に，磁場(H)－磁化(M)曲線においてヒステリシスループを示さない超常磁性体（図8の例参照）は，それ自身は永久磁石とならないが，外部から磁場刺激があったときのみ応答するインテリジェント材料として機能しうる。多糖マトリックスとして硫酸基を有するカラギーナンを用いた系では，常温下でさらに大きな飽和磁化を与える超常磁性が観測されている[30]。

3.3　分離機能材料

多糖類のキラリティーの応用という観点からは，前々項で述べたコレステリック液晶相と光波の相互作用の研究とは別に，糖鎖-物質間の不斉相互作用を利用した光学異性体の識別分離（光学分割またはキラル分割）に関する研究がある[31]。医薬・農薬などの生理活性物質の多くはD体・L体（あるいはR体・S体）の光学異性体が存在し，生体に対して異なった生理活性を示すため，両異性体を分離分析する実用的な光学分割手法が必要となる。セルロースの各種置換トリフェニルカルバメート誘導体（図5b参照）は高い光学分割能を有し，高速液体クロマトグラフィー用のキラル固定相としてすでに実用化されている[10,31]。現在，多糖誘導体の不斉識別機構の解明とともに，さらに高性能なキラル分離材料の開発が進められている[32]。

元来セルロースならびに類縁多糖類は，膜状材料にすると物質を篩にかけて分離する能力に長けており，血液透析膜，浸透気化膜，気体分離膜などの用途において重要である。今後は，単純篩型の高性能化はもとより，高機能団担持型の膜材料開発が進展するであろう。多糖類と他の有機素材あるいは無機素材とのハイブリッド化を利用して，高い選択吸着能・イオン交換能・触媒能などが付与された，新規の物質分離材料の登場が期待される。

文　　献

1) セルロース学会編，「セルロースの事典」，朝倉書店，第1章 (2000)
2) 日本化学繊維協会編，"繊維ハンドブック 2006"，日本化学繊維協会資料頒布会，p.179 (2005)
3) 西尾嘉之，繊維学会誌（繊維と工業），62, P-232 (2006)
4) Y. Nishio, *Adv. Polym. Sci*., Online First (2006), DOI: 10.1007/12_095
5) 寺本好邦，西尾嘉之, *Cellulose Commun*., 11, 115 (2004)
6) 西尾嘉之，寺本好邦，「糖鎖化学の最先端技術」（小林一清・正田晋一郎監修），シーエムシー出版，第2編，第1章，p.133 (2005)
7) Y. Teramoto, Y. Nishio, *Polymer*, 44, 2701 (2003)
8) Y. Teramoto, S. Ama, T. Higeshiro, Y. Nishio, *Macromol. Chem. Phys*., 205, 1904 (2004)
9) K. J. Edgar, C. M. Buchanan, J. S. Debenham *et al.*, *Prog. Polym. Sci*., 26, 1605 (2001)
10) 柴田　徹，「糖鎖化学の最先端技術」（小林一清・正田晋一郎監修），シーエムシー出版，第2編，第1章，p.121 (2005)
11) Y. Teramoto, Y. Nishio, *Biomacromolecules*, 5, 397 (2004); *ibid.*, 5, 407 (2004)
12) 久住亮介，西尾嘉之，セルロース学会第12回年次大会要旨集，12, 81 (2005); *Polym. Preprints, Jpn.*, 55, 2218 (2006)
13) 大野貴広，宮下美晴，西尾嘉之，高分子加工，54, 243 (2005)
14) Y. Miyashita, T. Suzuki, Y. Nishio, *Cellulose*, 9, 215 (2002)
15) T. Ohno, S. Yoshizawa, Y. Miyashita, Y. Nishio, *Cellulose*, 12, 281 (2005)
16) T. Ohno, Y. Nishio, *Cellulose*, 13, 245 (2006)
17) T. Ohno, Y. Nishio, *Polym. Preprints, Jpn.*, 54, 2024 (2005); *Macromol. Chem Phys*., to appear
18) T. Ohno, Y. Nishio, *Polym. Preprints, Jpn.*, 55, 2219 (2006); to be submitted for publication
19) Y. Teramoto, M. Yoshioka, N. Shiraishi, Y. Nishio, *J. Appl. Polym. Sci*., 84, 2621 (2002)
20) 西尾嘉之，荒西義高，"熱可塑性セルロース繊維" in「"ファイバー"スーパーバイオミメティックス～近未来創造の新技術創成～」（本宮達也監修），エヌティーエス，第2編　1章 (2006)
21) 荒西義高，WEB Journal, 第11巻，第6号, p.30 (2005)
22) 西尾嘉之，千葉竜太郎，液晶，7, 218 (2003)
23) Y. Nishio, T. Kai *et al.*, *Macromolecules*, 31, 2384 (1998)
24) R. Chiba, Y. Nishio, Y. Miyashita, *Macromolecules*, 36, 1706 (2003)
25) R. Chiba, Y. Nishio *et al.*, *Biomacromolecules*, in press
26) Y. Nishio, R. Chiba, Y. Miyashita *et al.*, *Polym. J.*, 34, 149 (2002)
27) R. Chiba, T. Kasai, Y. Nishio, *Polym. Preprints, Jpn.*, 54, 838 (2005); *Fiber Preprints, Jpn.*, 61 (1), 224 (2006)
28) R. H. Marchessault *et al.*, *Polymer*, 33, 4024 (1992); R. F. Ziolo *et al.*, *Science*, 257, 219 (1992)
29) Y. Nishio, A. Yamada, K. Ezaki *et al.*, *Polymer*, 45, 7129 (2004)

30) K. Oya, R. Chiba, Y. Nishio, *Polym. Preprints, Jpn.*, **53**, 1789 (2004); to be submitted for publication
31) Y. Okamoto, E. Yashima, *Angew. Chem. Int. Ed.*, **37**, 1020 (1998)
32) 山本智代,「糖鎖化学の最先端技術」(小林一清・正田晋一郎監修), シーエムシー出版, 第2編, 第1章, p.154 (2005)

第3章　環境低負荷型触媒による合成とリサイクル技術

松村秀一*

1　はじめに

　1980年代プラスチック散乱ゴミ問題から始まった生分解性プラスチックの開発研究は90年代後半から地球温暖化ガス削減問題，さらにはプラスチックの主要原料である石油資源の枯渇が現実的な問題となるに至り，これらの問題を統合したグリーンケミストリーの創成が地球規模で追求されるようになった。これにより，持続可能な地球環境と人間社会に変えてゆこうとするものである。グリーンプラスチックの具備すべき要素を図1に示す。グリーンプラスチックでは，原料をこれまでの石油など化石資源から再生可能資源に変換すると共に，環境低負荷型製造プロセスとリサイクル技術の開発，さらには環境への負荷をできるだけ低減する生分解性プラスチックの開発が求められている。特に近年の石油製品の価格上昇から，プラスチック原料にも再生可能原料であるバイオマス，特に植物バイオマスを用いてゆこうとする機運が見られる。新しいバイオマス原料に対応できるプラスチックの生産においても環境低負荷型合成法の開発が重要な柱になりつつある。「バイオマスにはバイオプロセスで」の考え方もあり得る。プラスチック製造プロセスでは，環境低負荷な触媒プロセスが求められ，脱ハロゲンや脱縮合プロセスの開発が望まれる。発酵法及び酵素触媒重合法などバイオプロセスは将来一つの柱をなすようになるものと思われる。さらに，環境低負荷な製造プロセスとして，無溶媒，超臨界二酸化炭素，イオン性液体の利用などといった脱有機溶媒プロセスの開発も進められている。

　リサイクルはグリーンポリマーケミストリーの機軸となるものであり，高機能・高性能化と並んで，省エネルギーによる循環型リサイクルが確立できれば，その効果は非常に大きいと考えら

図1　グリーンプラスチックの具備すべき要素

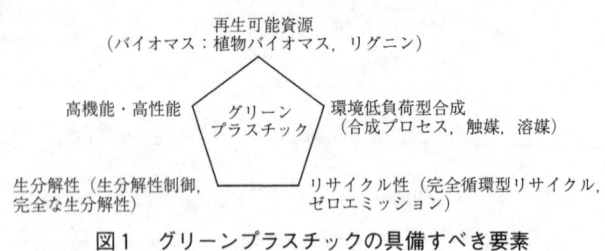

＊　Shuichi Matsumura　慶應義塾大学　理工学部　応用化学科　教授

れる[1~4]。特にバイオマス由来のプラスチックでは，循環型リサイクルにより新規に製造された分がプラスチック資源としてわれわれの手中に蓄積される利点がある。中でも，循環型社会に対応した技術として効率的なケミカルリサイクル技術に対する期待は大きい。ケミカルリサイクルは化学反応によりプラスチックを有用な低分子成分に変換して利用する方法であり，通常プラスチック原料としてのモノマー・オリゴマーへの変換を意味する。また，ケミカルリサイクルは生分解性プラスチックやバイオベースプラスチックなどグリーンプラスチックの処理方法としても有効である。これは，グリーンプラスチックの多くが加水分解を受けやすいエステル結合やアミド結合でつながっているため，解重合が容易であり，それゆえに原料化リサイクルが容易であることによる。重要なことは，人間の活動圏で発生させたものは，その中で処理すべきであり，地球環境にはなるべく影響を与えない様にすることである。さらに，回収・リサイクルが困難な使用形態では，廃プラスチックによる環境への影響を最小とするために，自然環境中で優れた生分解性を有することも重要な要素である。

本稿では環境低負荷型触媒による合成とリサイクル技術について，ポリエステル型グリーンプラスチックの創製を重点に紹介する。なお，環境低負荷型触媒として，リパーゼおよびリパーゼに類似の挙動を示すモンモリロナイトによるポリマーの合成とケミカルリサイクル，さらに酵素を用いる超臨界二酸化炭素中の分解反応も本稿で扱う。

2 酵素触媒重合とケミカルリサイクル

酵素触媒重合法は，酵素を通常の化学触媒の様に使用して重合を行うものである。表1にはポリマー合成に適用可能な代表的酵素を，また図2に代表的な反応例を示した[5]。ペルオキシダーゼやラッカーゼはフェノール環の重合やビニル基の重合に関与しており，また図2の(2a)と(2b)に示すように，フェノール環とベンゼン環では反応の選択性が現れる。表1に示した酵素の中で，リパーゼは補酵素など特別な補基質を必要としないことから，重合触媒として有用である。これまでにリパーゼなど加水分解酵素による可逆反応系を利用する重合法が検討されており，多くの例が報告されている[10~13]。代表的なものに，リパーゼを利用するポリエステル，ポリカーボネートやポリチオエステルの合成がある。酵素触媒重合は一般に40～100℃程度と，常温より少し高い温度で行え，化学法と比べ省エネルギータイプと言える。酵素触媒重合法はあらかじめ用意された低分子（モノマー）または中分子（オリゴマー）をつなぎ合わせるもので，ポリマーのある程度の自由な分子設計が可能である。

一方，この可逆反応系を利用することで，ケミカルリサイクル系の構築が可能となる。つまり，ポリエステル，ポリチオエステルやポリカーボネートはリパーゼの作用を受け，再重合可能

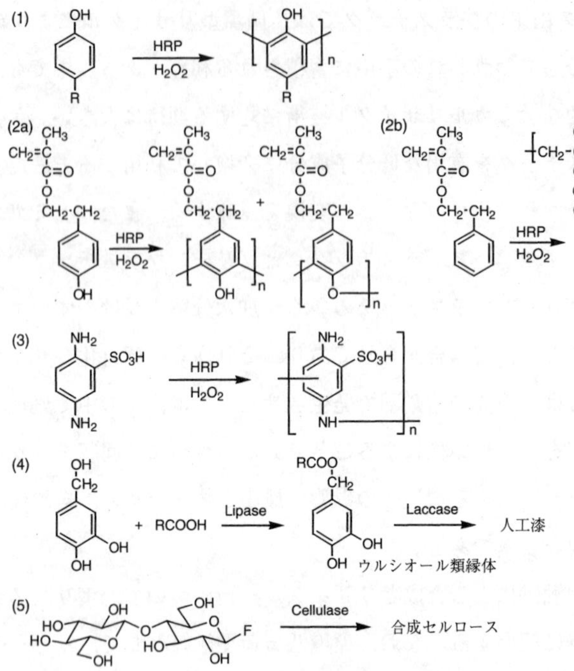

図2 代表的な酵素触媒重合例

表1 代表的な酵素と重合のタイプ（式番号は図2に対応）

酵素分類	酵素例	ポリマー	式番号	文献
酸化還元酵素	ペルオキシダーゼ	フェノール系ポリマー	（1）	
			（2）	6）
		ポリアニリン	（3）	7）
	ラッカーゼ	ビニル系ポリマー	（4）	8）
加水分解酵素	リパーゼ・エステラーゼ	ポリエステル		
		ポリカーボネート		
		ポリチオエステル		
	プロテアーゼ	ポリアミノ酸		
	グリコシダーゼ	多糖類		
	セルラーゼ		（5）	9）
	キシラナーゼ			
	キチナーゼ			
転移酵素	グリコシルトランスフェラーゼ	多糖類		

なオリゴマーやモノマーに分解（解重合）される。このように，酵素を介した低分子⇄高分子間の可逆反応を組み合わせることで，低分子→高分子→低分子へと循環型高分子ケミカルリサイクルシステムが構築される。リパーゼを用いるポリエステルのオリゴマー化分解においては，反応系の濃度を希釈し分子内解重合させることで，生成するオリゴマーを再重合に適する環状オリゴマーとすることができる。環状オリゴマー化はポリブチレンサクシネート（PBS）の様なジオー

第3章 環境低負荷型触媒による合成とリサイクル技術

ル・ジカルボン酸型重縮合系ポリマーでは両モノマー成分が正確に当量関係を保て，しかも再重合では縮合物の生成がない開環重合機構となるので，特に有効である[14]。さらに，リパーゼによるケミカルリサイクルは，比較的低温で反応が完結し，中和の操作もいらず，選択的に再重合性に優れる環状オリゴマーを得ることができるため，原子効率の点でも有利である。重合とケミカルリサイクルに酵素を触媒として使用する利点として，金属系触媒に比べて生体由来ゆえに環境低負荷型であり，また唯一の再生可能触媒である。

このようなことから，酵素をポリマーの合成とリサイクル用触媒に用いる試みは石油化学由来のポリマーについても数多く行われている。たとえば，酵素触媒を用いる循環型ケミカルリサイクルとして，代表的石油化学系生分解性プラスチックの一つであるポリカプロラクトン（PCL）のリパーゼによる環状ダイマー・オリゴマーへの閉環解重合（分解）と，環状オリゴマーの開環重合によるPCLの再生が報告されている（図3）[15, 16]。

3 リパーゼを用いるバイオベースプラスチックの合成とケミカルリサイクル

3.1 ポリ（アルキレンアルカノエート）

アルカンジオールとジカルボン酸の重縮合により得られるポリ（アルキレンアルカノエート）は従来のポリエステル合成法に準じて行え，しかもジオールとジカルボン酸の組合せにより多様な物性を有するものが得られる。さらにこれらモノマーは近い将来発酵法や微生物変換法などバイオプロセスによる生産も期待できることから，今後一層の発展が期待できる。これまでに，PBSやポリ（ブチレンアジペート）（PBA）さらにはそれらの共重合体が生分解性プラスチックとして実用化されている。これらのポリエステルは原料であるコハク酸やアジピン酸の発酵生産法が確立されており，また前者の還元によりブタン-1,4-ジオールが得られていることから，潜在的バイオベースプラスチックとも言える。図4にはコハク酸とブタン-1,4-ジオールの重縮合によるPBSの合成とケミカルリサイクルを示す。図4より，コハク酸とブタン-1,4-ジオールに

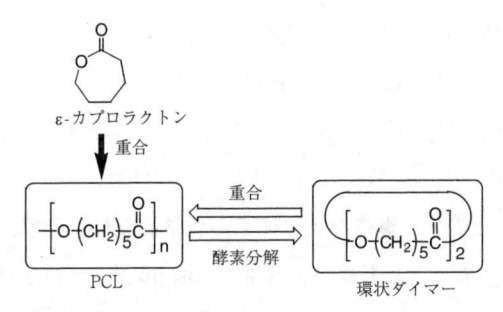

図3　PCLの合成とケミカルリサイクル

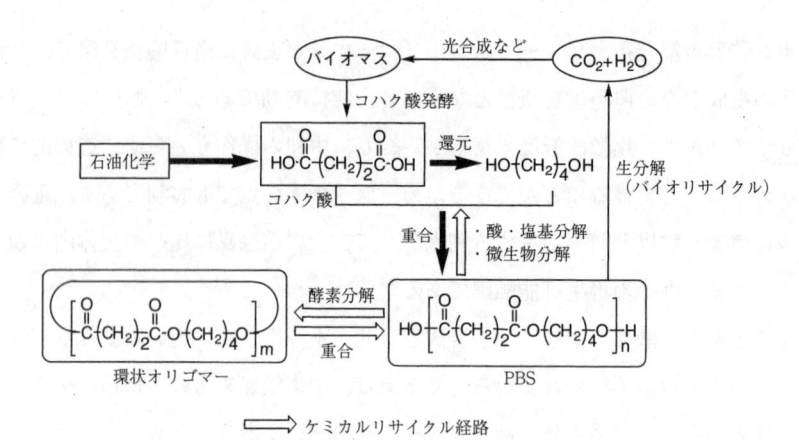

図4 PBSの合成，ケミカル及びバイオリサイクル

より環状オリゴマーを形成させたのち，これを開環重合による方法がある。酵素触媒重合により分子量の高いポリエステルを得るためには，環状オリゴマーの開環重合を経由することが有効である。このことは通常のオキシエステルはもとより，チオエステルやカーボネートエステルにも当てはまる。つまり，モノマーを希薄条件下，酵素を作用させることで環状オリゴマーを得，ついで高濃度またはバルク条件下で開環重合を行うことで高分子量ポリエステルが得られる。PBSでは，コハク酸ジメチルとブタン-1,4-ジオールを低濃度トルエン溶液中リパーゼを作用させることで環状オリゴマーを形成させ，ついで高濃度で開環重合を行うことで，分子量10万程度のPBSが得られる。一方，PBSのケミカルリサイクルは適当な溶剤に溶解し，これにリパーゼを作用させることで再重合性を有する2～3量体の環状オリゴマーが生成する。この環状オリゴマーは高濃度またはバルク条件下，リパーゼを作用させることにより容易に開環重合し，高分子量ポリマーが再生する[17]。アジピン酸ジメチルとブタン-1,4-ジオールの重縮合においても，環状オリゴマーを経由させることで，実用的な分子量を有するポリエステル（PBA）が得られる。

3.2 ポリ（R-3-ヒドロキシアルカノエート）（PHA）

再生可能資源からの微生物による一段階発酵生産が可能なPHA型微生物産生ポリエステルは，究極的バイオベースポリマーと言える。PHAを汎用プラスチックとして有効利用できるかどうかは，物性に加え，生産に必要なエネルギー消費量やコストをどこまで減らせられるかにかかっている。さらに一層のグリーン化には省エネルギープロセスによるケミカルリサイクルが一助となる。しかしPHAはその分子構造ゆえに従来の化学的な加水分解法ではポリマー鎖末端の水酸基の脱離によるクロトネート型末端が生成する（図5）。この様な理由から，バイオポリエステルの再重合性原料へのケミカルリサイクルには酵素触媒による環状オリゴマー化が有用であ

第3章　環境低負荷型触媒による合成とリサイクル技術

る[18]。図5には代表的バイオポリエステルであるポリ（R-3-ヒドロキシ酪酸）（PHB）の合成とリサイクルを示した。

4　酵素触媒重合により可能となった新規ポリマー合成とケミカルリサイクル

4.1　ポリ（アルキレンカーボネート）

ホスゲン法に替わるポリカーボネートの合成法としてジメチルカーボネートとプロパン-1,3-ジオールやブタン-1,4-ジオールなど脂肪族ジオール類との酵素触媒重合がある。ポリカーボネートは閉環解重合により環状のトリメチレンカーボネート（TMC）へモノマー化リサイクルされる（図6）[19,20]。

4.2　ポリチオエステル

ポリチオエステルは高融点，耐熱性や耐有機溶剤に優れることから，新しいポリマーとして期待される[21]。近年，発酵法によるバイオポリチオエステル生産も研究がすすめられている。高分子量のポリチオエステルは，ジチオールとジカルボン酸ジエステルの重縮合においても環状オリ

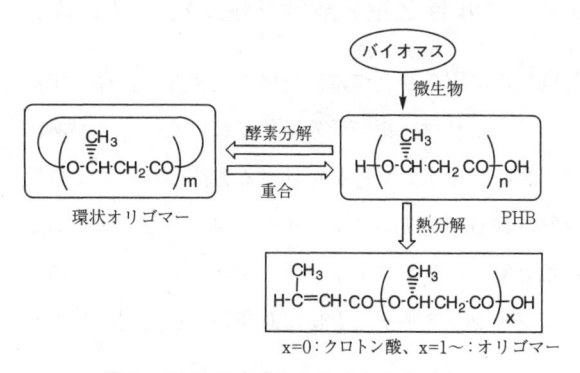

図5　PHBの合成とケミカルリサイクル

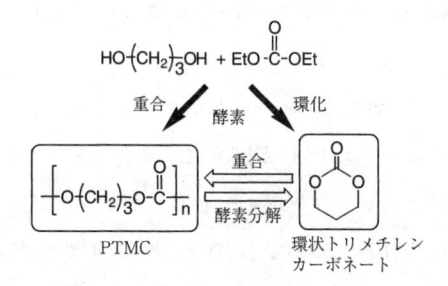

図6　PTMCの合成とケミカルリサイクル

バイオベースマテリアルの新展開

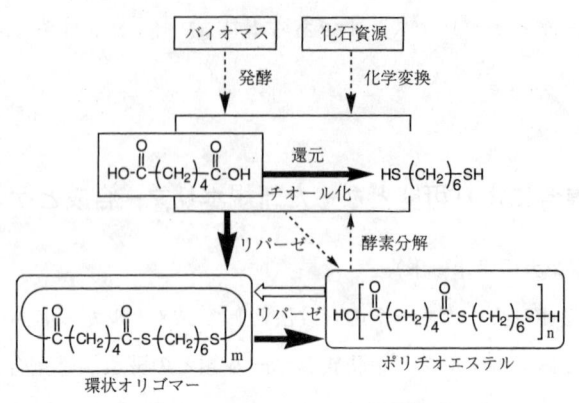

図7 ポリチオエステルの合成

ゴマーの開環重合を経由することで得られる（図7）[22, 23]。たとえばセバシン酸ジエチルとヘキサン-1,6-ジチオールとの重縮合では，直接重合させたのでは得られるポリチオエステルの分子量は高々$\overline{M}_w$ 9000程度であったが，環状体を経由することで$\overline{M}_w$ 110000以上のポリチオエステルが得られている。また，近年ポリチオエステル共重合体の酵素触媒重合も報告されている[24]。

5 ケミカルリサイクル性と生分解性を併せ持つプラスチックの分子設計

合成ポリマーの難分解性の原因のひとつに，自然界に普遍的に存在する酵素により開裂を受ける部分が存在しないために，ポリマー鎖が低分子化されにくいことがあげられる。このような難分解性ポリマーへリサイクル性や生分解性を付与する方法のひとつに自然界に普遍的に存在する加水分解酵素により分解される結合をポリマー鎖中へ組み込む方法がある。このような結合としてはリパーゼにより加水分解されるエステルやカーボネートが有効である。具体例として，ケミカルリサイクルが可能でジイソシアネートを使用しない次世代型ポリウレタンの酵素合成を紹介する[25]。

5.1 酵素触媒による脂肪族ポリ（カーボネート-ウレタン）（PCU）の合成と環状オリゴマー化リサイクル[26]

生分解性ジウレタンジオール（DUD）をハードセグメントとし，これをカーボネート結合で連結したポリマー構造を有する一連のPCUが図8に示す合成スキームで得られる。DUDは環状エチレンカーボネートやトリメチレンカーボネートとアルキレンジアミンを無触媒で加熱，反応させることでほぼ定量的に得られる。ついでDUDとジエチルカーボネートをリパーゼを用いて重縮合させることによりPCUが得られる。ケミカルリサイクルは，PCUを溶剤に溶解し，固定

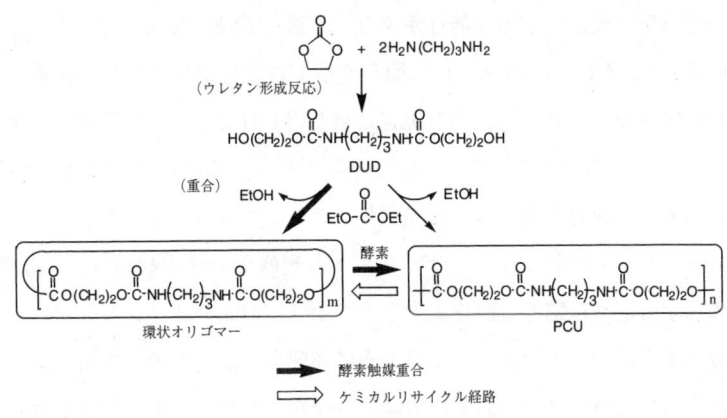

第3章　環境低負荷型触媒による合成とリサイクル技術

図8　ポリカーボネートウレタン（PCU）の合成とケミカルリサイクル

化リパーゼを作用させることで解重合させ，モノマー・ダイマー（1～2量体）を主成分とする環状オリゴマーに変換させる。この環状オリゴマーは濃厚溶液中リパーゼにより速やかに開環重合し，高分子量のPCUに再生される。

5.2　酵素触媒による脂肪族ポリ（エステル-ウレタン）（PEU）の合成[27]

一連のPEUがDUDをエステル結合で連結することで得られる。つまりDUDとアジピン酸ジメチルなどジカルボン酸ジエステルをリパーゼを用いて重合させることによりPEUが得られる。つまり，酵素触媒重合ではまず，希釈溶液中で環状体（環状オリゴマー）を形成させ，ついで濃縮系で環状オリゴマーの開環重合を行うと，分子量10万以上のPEUも得られる。本法はワンポット反応が可能である。

環状オリゴマー化リサイクルは，PEU溶液中リパーゼを作用させることで解重合させ，エステル-ウレタンモノマー（一量体）を主成分とする環状オリゴマーに変換させる。環状オリゴマーはリパーゼにより開環重合し，高分子量のPEUに再生される。この様にして酵素を用いる循環型ケミカルリサイクルシステムが構築される。

6　超臨界二酸化炭素を溶媒とし，酵素を使用するプラスチックリサイクル

6.1　酵素反応への超臨界流体の活用

環境低負荷型反応溶媒として，超臨界流体とイオン性液体が注目されている。超臨界流体は通常の液体とは異なり，密度は低く，溶解している物質の拡散はきわめて速くなる。化学反応からみるとこれまでにない独特の液体である。臨界温度が酵素活性を損なわない程度の低い温度であ

れば，これを酵素反応に使用できる可能性があり，二酸化炭素（臨界点31℃，73気圧）とフルオロホルム（臨界点26.3℃，48.6気圧）に関して多くの報告が見られる。近年，酵素触媒重合も超臨界二酸化炭素中で行われ，特徴的な重合結果が得られている。超臨界流体中では溶質の溶解度は，圧力によって制御できるので，溶解できるポリマー鎖長は圧力によって制御可能である。重合時の超臨界流体圧力を変えることでポリブチレンアジペート（PBA）の分子量が制御可能である[28]。プラスチックのケミカルリサイクルへの超臨界流体の利用は，ポリ乳酸（PLLA）を超臨界水での加水分解や超臨界二酸化炭素中でのPLLAのメタノリシスなどの例が知られている。いずれも分解条件はシビアである。このように超臨界二酸化炭素の使用により，有機溶媒とは異なる環境低負荷な製造プロセスおよび環境低負荷なプラスチックの創成が可能となることが期待される。

6.2 酵素を使用する超臨界二酸化炭素流体中での環状オリゴマー化リサイクル

リパーゼによるポリマー生成はバルク又は高濃度条件下で進行し，一方，オリゴマー・モノマー化は希釈条件下で進行する。オリゴマー化は希釈条件で行われるために大量の溶媒が必要とされる。超臨界二酸化炭素を有機溶媒に代替することで，同じサイズの系であっても，圧力を上げることで希釈したのと同等の効果が期待できる。従って，超臨界二酸化炭素は，酵素を用いるポリマーのケミカルリサイクルのための反応媒体として有望である[29]。たとえば，PCL（分子量11万）に超臨界二酸化炭素中リパーゼを作用させた時，環状2量体のジカプロラクトンの収量は，8 MPaでは20％であるが，18 MPaまで圧力を上げると，環状ジカプロラクトンの収率は90％へ上昇する[30]。このように超臨界二酸化炭素の圧力を変えただけで生成物を制御することができる。P(R,S-HB）やPBAでも同様の結果が得られている。

6.3 酵素カラムを使用する超臨界二酸化炭素流体中での連続環状オリゴマー化リサイクル

酵素充填カラムを生分解性ポリエステルの環状オリゴマー化分解に用いることで，効率的なモノマー化リサイクルが可能となる[31]。たとえば，P(R,S-HB），PCL及びPBAを酵素カラムに通すことでいずれも環状オリゴマーに変換された。この際，超臨界二酸化炭素単独ではポリマーが完全には溶解しないためにトルエンとの混合溶媒が使用される。

図9に超臨界二酸化炭素とトルエンの組成比によるP(R,S-HB）のオリゴマー化への影響をGPC変化により示した。これから明らかなように移動相中の超臨界二酸化炭素含有が低い条件では分解反応はあまり進行しなかった。一方，超臨界二酸化炭素の割合が高くなると，分解は顕著に進み，70％以上では元のポリマーは完全に消失し，環状オリゴマーに変換された。PCLやPBAの分解でも同様の結果が得られた[31]。

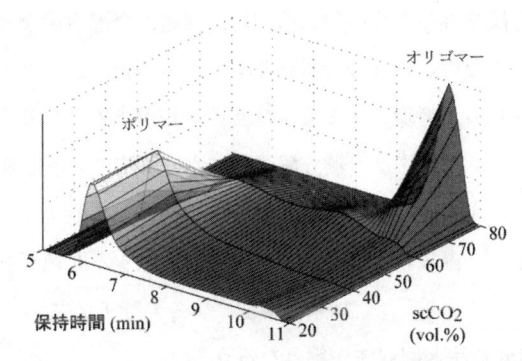

第3章　環境低負荷型触媒による合成とリサイクル技術

図9　超臨界二酸化炭素の移動相中における組成比が分解反応に与える影響

　酵素を用いて，生分解性ポリエステルを環状オリゴマーに変換するケミカルリサイクルに超臨界二酸化炭素を用いることで，有機溶媒使用量の削減ばかりでなく，超臨界二酸化炭素による酵素反応の明確な活性化が認められた。超臨界二酸化炭素は比較的温和な条件で得られ，また二酸化炭素自体環境分子であり，再生可能，安全性の点からリサイクル溶媒としても今後の展開が期待できる。

7　固体酸モンモリロナイトによるPLAのケミカルリサイクル[32,33]

7.1　固体酸モンモリロナイト

　固体酸触媒は表面が酸性を示し，酸点が酸触媒活性点として作用する固体をいう。特徴は溶媒に不溶な酸触媒であり，同時に反応系内に酸を溶出しない点である。そのため，硫酸や塩酸など，一般の液体酸と比較して，刺激臭や腐食性が無く，危険性が少ないため，取り扱いが容易であり，また生成物との分離が容易であり，通常ろ過によって固体酸の分離が可能であるなど工業的にも利点が多い。固体酸の中で，モンモリロナイトは環境物質であり，天然に豊富に存在する層状粘土鉱物の一種である。モンモリロナイトの層構造内での金属陽イオンの置換によって，結晶格子層間に交換性陽イオンが吸着する。ケミカルリサイクルに使用するモンモリロナイトは交換性陽イオンがH^+となるように塩酸にて前処理が施されており，これによって酸触媒としての活性を有する。また，陽イオンの周りには水を大量に含有する膨潤性粘土鉱物である。モンモリロナイトは，その特異な層構造から，特定のポリマーの加水分解に対して高活性が発揮される。

7.2　PLLAの環境低負荷型ケミカルリサイクル

　PLLAは，糖質など再生可能資源（バイオマス）を炭素源とする発酵生産により得られる乳酸を化学的に重合させることにより製造される。しかし，このものがいかに再生可能資源から得ら

れたからと言っても，乳酸を得るための穀物の栽培，収穫，発酵生産など製造プロセスに投入されるエネルギーは無視できない。これらに掛かるエネルギー投下量とコストをトータルで低下させるために省エネルギー且つ，循環型ケミカルリサイクルが求められる。これまでに報告されているPLLAのケミカルリサイクル法は，熱分解法と加水分解法に大別される。熱分解法では環状2量体であるラクチドが生成することから，リサイクル法として魅力的である。しかし，200℃以上の高温を要することや，得られるラクチドが一部異性化する問題があり，これに対処するために種々の触媒が検討されている[2, 34]。加水分解法による乳酸モノマーへの分解も検討されている[35]。乳酸モノマーへの分解法と回収法が鍵となろう。

　ポリ乳酸は，固体酸触媒等によりその重合を解くと乳酸オリゴマーになる。固体酸触媒法はより低い温度で，しかも常圧条件下でポリ乳酸を乳酸オリゴマーに変換できる。具体的方法は，ポリ乳酸を破砕し，トルエンに溶解させた後固体酸触媒を加えると重合が解けて乳酸オリゴマーになる。固形物（触媒と不純物）をろ別した後，トルエンを留去することで乳酸オリゴマーが回収される。乳酸オリゴマーは溶融-固相重縮合反応により容易にポリ乳酸が再生することが確かめられている。

　反応はまずモンモリロナイトの層間にPLLAが吸着するところから始まるが，この際モンモリロナイトはPLLAのカルボニル基で吸着する。これにより，PLLAのカルボカチオンは活性化され，そこにモンモリロナイト層間に多量に保持されている水が速やかに求核攻撃を行なうことで加水分解が進行すると考えられる。このように，モンモリロナイトの層間にPLLA鎖が吸着され，そこに存在する水により加水分解をうけることから，PLLAを溶解できるが水はほとんど溶解しないトルエン溶液中でできるのはこのためである。バッチ法によるPLLAの分解反応条件は大体以下の様である。100 g/L PLLAトルエン溶液中，400 wt%モンモリロナイトK5を加え，100℃，1 h撹拌することで，L-体からなるオリゴマーが得られる。このようにして得られたオリゴマーは従来の化学触媒により容易に重合し，高分子量PLLAが再生する。なお，モンモリロナイトは簡単な再生操作により繰り返し利用が可能である。

7.3　酵素と固体酸の組み合わせによるPBS/PLLA系ポリマーブレンドの分別的ケミカルリサイクル例

　バイオベースプラスチックの代表格であるPLLAと潜在的バイオベースプラスチックであるPBSをブレンドすることで，種々の物性を有する材料が得られる。さらに強度向上など種々の目的から，各種無機フィラーや多糖系繊維素がブレンドされる。PBS/PLLAポリマーブレンドの実験室レベルでの分別的なケミカルリサイクルのスキームを図10に示す。はじめにPBS/PLLAポリマーブレンドのトルエン溶液にリパーゼを作用させることでまずPBS成分を環状オリゴ

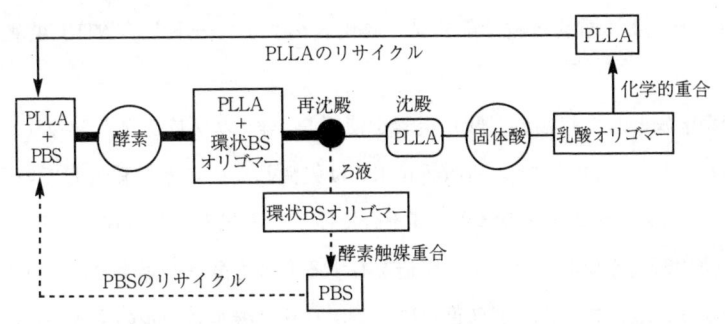

第3章 環境低負荷型触媒による合成とリサイクル技術

図10 PBS/PLLA系ポリマーブレンドの分別的ケミカルリサイクル

マーに分解し，ついでこの反応溶液を大量のメタノール中に加えることで未反応のPLLAを沈殿させる。不溶物をろ別することでPLLAを回収し，ブチレンサクシネート（BS）の環状オリゴマーはろ液として回収される。得られた環状BSオリゴマーは高濃度条件下，リパーゼを作用させることで容易に開環重合し，高分子量PBSポリマーが生成する。一方，回収されたPLLAは固体酸によりオリゴマー化分解し，乳酸オリゴマーとなる。このものは固相重合により高分子量PLLAに再生される。

8 環境低負荷型触媒による機能性ポリマー創成の研究動向と今後の課題

生体触媒（リパーゼ）を用いる重合反応に限ってみれば，今後の研究動向はその特徴を生かした機能性物質の創成と環境低負荷な合成法の開発へ向かうのではないかと思われる。たとえば，ω-ペンタデカノラクトンをベースとするコポリマーを酵素触媒重合により合成し，ミクロスフィアを形成後このものに薬剤を付し，生分解性DDSとしての利用が検討されている。大員環ラクトンのリパーゼによる優れた重合性を利用し，新しい素材につなげた例である[36]。同様なものに，リパーゼ触媒重合による6(S)-methyl-morpholine-2,5-dioneの重合[37]や高分子量poly(1,5-dioxepan-2-one)の合成[38]が報告されている。また，ε-カプロラクトンとγ-ブチロラクトンとの共重合体を酵素触媒重合により合成し，得られたフィルムのバイオマテリアル分野への利用が検討されている[39]。

バイオベースポリマーとして多価アルコールとリシノール酸の酵素触媒重合により星型ポリマーが得られている。環境親和型潤滑剤への使用を示唆している[40]。

酵素触媒重合とATRP（atom transfer radical polymerization）重合法の組み合わせによるブロックコポリマーの合成と利用が近年活発に検討されている。ε-カプロラクトンの酵素触媒重合とスチレンやメタクリル酸グリシジルなどビニル系モノマーのATRP重合により，AB型ジブロック共重合体が合成されている[41]。同様に，部分フッ素化ジブロックコポリマーが，ε-カプロラ

クトンのリパーゼによる重合と続く部分フッ素化メタクリレートとのATRP共重合により得られている[42]。

環境低負荷型溶媒として超臨界二酸化炭素を使用し、ε-カプロラクトンのリパーゼによる開環重合が行われており、140℃ではNovozym 435は失活しないことを報告している[43]。また、イオン性液体をε-カプロラクトンの酵素触媒重合で使用する試みもなされている[44]。

その他、比較的類例の少ないポリマー構造を有するものも酵素触媒重合により得られている。たとえば、環状リン酸エステルの開環重合によるポリリン酸エステルの合成が中国の研究グループによって続けられている[45]。また、ポリ（エステル-ヒドラジド）がリパーゼ触媒重合により合成されており、このものは37℃でリパーゼにより生分解されることが報告されている[46]。

その他、プロセスに関するものでは、酵素重合法における重合温度をガラスビーズにPPLを固定化することで180℃、240時間使用後も活性が低下することなくリサイクルが可能であることが報告されている。酵素の耐熱性とリサイクル性を高めることが実用化に向けて避けて通れない問題と思われる[47]。最近のリパーゼ触媒重合の類例からもわかるように、今後はオキシエステル結合以外でも酵素触媒重合は大きな展開が見られるものと期待される。

循環型社会をめざして、枯渇性化石資源から再生可能資源を活用する化学工業体系を構築することが求められている。このために酵素及び固体酸など環境低負荷型触媒によるグリーンプラスチック合成とケミカルリサイクル技術の開発がこれらの課題に寄与できるものと思われる。今後実用的技術に着実に育てていくことが肝心である。

文　献

1） 三田文雄, ケミカル・エンジニヤリング, **49**, 742 (2004)
2） 西田治男, ケミカル・エンジニヤリング, **49**, 753 (2004)
3） 奥彬, 月刊エコインダストリー, **7**, No.11, 24 (2006)
4） 奥彬, バイオマス, 日本評論社 (2005)
5） S. Kobayashi et al., Enzyme-catalyzed synthesis of polymers, *Advances in Polymer Science*, **194**, Springer (2006)
6） H. Uyama, C. Lohavisavapanich, R. Ikeda, S. Kobayashi, *Macromolecules*, **31**, 554 (1998)
7） S. A. Chen, G. W. Hwang, *J. Am. Chem. Soc.*, **117**, 10055 (1995)
8） S. Kobayashi, H. Uyama, R. Ikeda, *Chem. Eur. J.*, **7**, 4754 (2001)
9） S. Kobayashi, K. Kashiwa, T. Kawasaki, S. Shoda, *J. Am. Chem. Soc.*, **113**, 3079 (1991)
10） (a) S. Kobayashi, *J. Polym. Sci.: Part A: Polym. Chem.*, **37**, 3041 (1999); (b) S. Kobayashi, H.

Uyama, S. Kimura, *Chem. Rev.*, **101**, 3793 (2001)
11) 宇山浩，高分子論文集，**58**，382（2001）
12) (a) S. Matsumura, *Macromol. Biosci.*, **2**, 105 (2002); (b) S. Matsumura, *Adv. Polym. Sci.*, **194**, 95 (2006)
13) 松村秀一，ケミカル・エンジニヤリング，**50**，771（2005）
14) (a) 松村秀一，グリーンプラ ジャーナル，No.14，14（2004）；(b) 松村秀一，バイオサイエンスとインダストリー，**63**，568（2005）
15) S. Matsumura, H. Ebata, K. Toshima, *Macromol. Rapid Commun.*, **21**, 860 (2000)
16) S. Kobayashi, H. Uyama, T. Takamoto, *Biomacromolecules*, **1**, 3 (2000)
17) S. Sugihara, K. Toshima, S. Matsumura, *Macromol. Rapid Commun.*, **27**, 203 (2006)
18) S. Kaihara, Y. Osanai, K. Nishikawa, K. Toshima, Y. Doi, S. Matsumura, *Macromol. Biosci.*, **5**, 644 (2005)
19) H. Tasaki, K. Toshima, S. Matsumura, *Macromol. Biosci.*, **3**, 436 (2003)
20) S. Matsumura, S. Harai, K. Toshima, *Macromol. Rapid Commun.*, **22**, 215 (2001)
21) T. Lütke-Eversloh, J. Kawada, R. H. Marchessault, A. Steinbüchel, *Biomacromolecules*, **3**, 159 (2002)
22) M. Kato, K. Toshima, S. Matsumura, *Biomacromolecules*, **6**, 2275 (2005)
23) M. Kato, K. Toshima, S. Matsumura, *Macromol. Rapid Commun.*, **27**, 605 (2006)
24) N. Weber, K. Bergander, E. Fehling, E. Klein, K. Vosmann, K. D. Mukherjee, *Appl. Microbiol. Biotech.*, **70** (3), 290 (2006)
25) 添田泰之，戸嶋一敦，松村秀一，高分子加工，**54**，127（2005）
26) Y. Soeda, K. Toshima, S. Matsumura, *Macromol. Biosci*, **4**, 721 (2004)
27) Y. Soeda, K. Toshima, S. Matsumurae, *Macromol. Biosci*, **5**, 277 (2005)
28) J. S. Dordick, E. J. Beckmann, A. K. Chaudhary, *CHEMTECH*, January p.33 (1994)
29) T. Takamoto, H. Uyama, S. Kobayashi, *Macromol. Biosci.*, **1**, 215 (2001)
30) H. Ebata, K. Toshima, S. Matsumura, *Biomacromolecules*, **2**, 511 (2000)
31) Y. Osanai, K. Toshima, S. Matsumura, *Scie. Tech. Adv. Mater.*, **7**, 202 (2006)
32) 松村秀一，岡本康平，戸嶋一敦，ファインケミカル，**34**，No.8，20（2005）
33) K. Okamoto, K. Toshima, S. Matsumura, *Macromol. Biosci.*, **5**, 813 (2005)
34) Y. Fan, H. Nishida, T. Mori, Y. Shirai, T. Endo, *Polymer*, **45**, 1197 (2004)
35) 白井義人，Y. Fan，西田治男，工業材料，**51**，No.3，27（2003）
36) C. J. Thompson, D. Hansford, S. Higgins, G. A. Hutcheon, C. Rostron, D. L. Munday, *J. Microencapsulation*, **23**, 213 (2006)
37) Y. K. Feng, D. Klee, H. Hocker, *J. Polym. Sci. Part A–Polym. Chem.*, **43**, 3030 (2005)
38) R. K. Srivastava, A. C. Albertsson, *J. Polym. Sci. Part A–Polym. Chem.*, **43**, 4206 (2005)
39) F. He, S. M. Li, H. Garreau, M. Vert, R. X. Zhuo, *Polymer*, **46**, 12682 (2005)
40) A. R. Kelly, D. G. Hayes, *J. Appl. Polym. Sci.*, **101**, 1646 (2006)
41) (a) J. W. Peeters, A. R. A. Palmans, E. W. Meijer, C. E. Koning, A. Heise, *Macromol. Rapid. Commun.*, **26**, 684 (2005)；(b) K. Sha, L. Qin, D. S. Li, J. Y. Wang, *Polym. Bull.*, **54**, 1

(2005); (c) K. Sha, D. S. Li, S. W. Wang, L. Qin, J. Y. Wang, *Polym. Bull.*, **55** (5), 349 (2005); (d) S. Ke, D. S. Li, Y. P. Li, X. T. Liu, P. Ai, W. Wang, J. Y. Wang, *Chem. J. Chinese Univ.-Chinese*, **27**, 985 (2006); (e) K. Sha, D. S. Li, Y. P. Li, P. Ai, X. T. Liu, W. Wang, Y. X. Xu, S. W. Wang, M. Z. Wu, B. Zhang, J. Y. Wang, *J. Polym. Sci. Part A-Polym. Chem.*, **44**, 3393 (2006)
42) S. Villarroya, J. X. Zhou, C. J. Duxbury, A. Heise, S. M. Howdle, *Macromolecules*, **39** (2), 633 (2006)
43) T. Nakaoki, M. Kitoh, R. A. Gross, Polymer Biocatalysis and Biomaterials, ACS Symposium Ser., **900**, 393 (2005)
44) R. Marcilla, M. de Geus, D. Mecerreyes, C. J. Duxbury, C. E. Koning, A. Heise, *Europ. Polym. J.*, **42**, 1215 (2006)
45) J. Feng, P. Wang, F. Li, F. He, R. X. Zhuo, *Chem. J. Chinese Univ.-Chinese*, **27**, 567 (2006)
46) G. Metral, J. Wentland, Y. Thomann, J. G. Tiller, *Macromol. Rapid. Commun.*, **26**, 1330 (2005)
47) X. Y. Wang, F. He, F. Li, J. Feng, R. X. Zhuo, *Chem. J. Chinese Univ.-Chinese*, **27**, 982 (2006)

第4章　高性能ポリマーの創製

阿部英喜*

1　はじめに

　石油化学工業の発展にともない，数多くの優れた性能と機能を持つ合成高分子が生み出されてきた。現在，石油，天然ガスを原料として合成高分子は，全世界で約1.5億トンが生産されている。これら合成高分子は様々な分野で使用され，現代社会の中で欠くことのできないものとなっている。資源の有効利用を考えるうえで，再生可能な生物有機資源（バイオマス）を原料としたバイオベースポリマー生産システムの構築が強く望まれている。

　コハク酸やアジピン酸などの脂肪族ジカルボン酸や乳酸などの脂肪族ヒドロキシカルボン酸およびアラニンなどのアミノ酸は生物の炭素循環サイクルにおける中間代謝物として合成されることから，これら生物有機酸を原料としたバイオベースポリマーを創製することは極めて重要な課題と考えられる。既に，乳酸を原料として合成されたポリ乳酸や原料の一部としてコハク酸を用いたポリエステルなどの脂肪族ポリエステルがバイオベースポリマー材料として開発されてきている。しかしながら，これら脂肪族ポリエステルの大半は融点が低いという耐熱性や溶融粘度が低いという加熱成形性など実用化に向けて克服すべき問題点を残している。また，上述の通り高分子材料は様々な分野で使用され，その要求性能も多岐にわたっている。そのため，合目的な性能を充分に発揮できる高性能な新規バイオベースポリマーの創製が望まれている。

　天然高分子および合成高分子のいずれにおいても，分子鎖中に二種類以上のモノマーを構成単位とする共重合体がつくられている。共重合体は，その組成や連鎖構造によって多様な性質を示し，用途に応じた性能・機能をコントロールできるという点において有用である。天然高分子の構造と機能の相関に着目すると，ある規則的な分子配列を形成することによって，特徴的な性能・機能が発現されていることが知られている。すなわち，精密に規則正しく配列された分子の連鎖構造により，材料のナノ構造が制御されていると判断できる。しかしながら，合成高分子における共重合体は，ランダムあるいは統計的にある配列で連鎖したものがほとんどである。天然高分子における規則正しい連鎖構造による材料のナノ構造制御をモデルとして，規則的な周期連鎖構造を合成高分子に導入し，より高性能・高機能な新規高分子材料が創製することは非常に重

---

*　Hideki Abe　㈱理化学研究所　高分子化学研究室　先任研究員

要な研究課題である。

　本稿では，生物有機酸を原料とし，規則的な周期連鎖構造を導入した新規バイオベースポリマーの合成について紹介したい。また，得られたポリマーの構造解析・物性評価結果より，連鎖構造と高次構造との相関ならびに高性能・高機能発現のための構造因子について議論する。

2　脂肪族ポリエステルアミド共重合体

　脂肪族ポリエステルは融点が低いという耐熱性や溶融粘度が低いという加熱成形性などの問題点を有している。これは，脂肪族ポリエステル分子内において，分子鎖間相互作用の働きの小さいエステル基のみが官能基として存在することに大きく起因している。脂肪族ポリエステル特有のこの性質を改善に向け，分子鎖間相互作用の付加を目的として，芳香族ユニットやアミドユニットを導入した共重合体の合成が数多く試みられてきた[1〜11]。これまで報告されている脂肪族ポリエステル共重合体の大半は，エステルユニットとアミドユニットあるいは芳香族ユニットがランダムに連鎖したものである。筆者らは，共重合体中の連鎖構造の秩序性を高めることによる材料の新たな性能発現を目指し，例えば，エステルユニット3分子ごとに1分子のアミドユニットが連結するという，周期連鎖構造の新規ポリエステルアミド共重合体の合成を試みた。

3　脂肪族ジカルボン酸を用いた周期性連鎖構造を有するポリエステルアミド共重合体の合成とその性質

　まず，脂肪族ジカルボン酸を用い，エステル基とアミド基が周期性連鎖構造で連結したポリエステルアミドの合成について紹介する。周期性ポリエステルアミドの合成は，次のような二段階の縮合反応を行うことによって達成した（スキーム1）。まず，ジオールとジカルボン酸との縮合反応を触媒の存在下で行うことにより低分子量のオリゴエステルを調製する。次いで，オリゴエステルをジアミンと触媒の非存在下で縮合し，高分子量化を達成するという手順である。二段階の共重縮合反応は二種類のモノマーの反応性の違いを利用した規則性共重合体合成において頻繁に用いられる。ここで特筆すべきは，得られたオリゴエステルをクロマト分離によって各重合度の単一分散オリゴエステルに分別回収し，その単一分散オリゴエステルを二段階目の縮合反応に用いる点である。単一分散オリゴエステルを用いることにより，最終的に得られる生成物中の分子連鎖構造が用いた単一分散オリゴエステルの重合度を保持し，結果としてエステルとアミドユニットが極めて高い規則性周期連鎖で連結することにある。

第4章 高性能ポリマーの創製

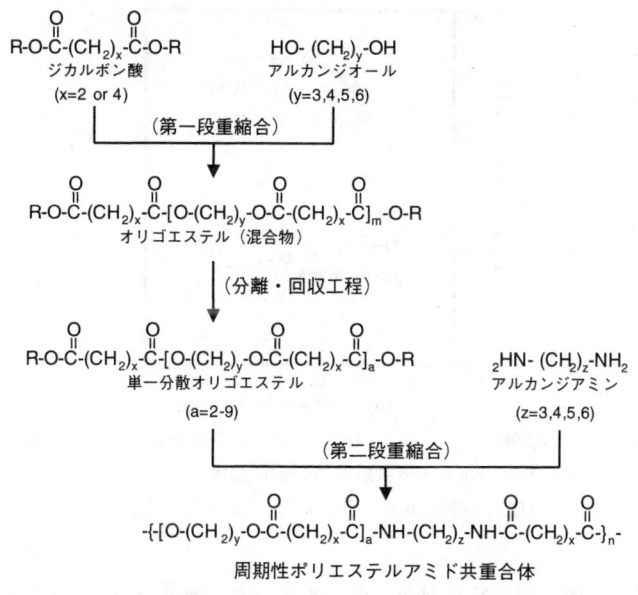

スキーム1 脂肪族ジカルボン酸／ジオール／ジアミンからの
周期性ポリエステルアミド共重合体の合成

3.1 コハク酸をベースとする周期性ポリエステルアミド共重合体

ジカルボン酸としてコハク酸，ジオールおよびジアミンとして炭素数4の1,4-ブタンジオールと1,4-ブタンジアミンを用いて，周期共重合体の調製を行った[12]。いずれの合成反応においても，良好な収率（52～72％）で最終生成物である共重合体が得られ，^{1}Hおよび^{13}C NMRスペクトルによる解析から，得られた共重合体が，出発物質として用いた単一分散オリゴエステルの鎖長に対応したエステルユニットがアミドユニットによって連結された，周期連鎖構造を形成していることを確認した。得られたポリマーの有機溶媒に対する溶解性を調べたところ，アミドユニットの組成が低い場合には，クロロホルムなどのポリエステルの良溶媒に可溶性を示し，アミド組成が高い場合には，トリフルオロエタノールなどのナイロンの良溶媒に可溶性を示すことがわかった。クロロホルム可溶性試料において，GPCによる分子量測定を行ったところ，数平均分子量が2万程度の高分子量物であることを確認した。

得られた周期共重合体の熱的性質を調べたところ，テトラメチレンサクシネートユニットをエステル成分とする周期共重合体の融解温度は214～262℃と，単独重合物であるポリテトラメチレンサクシネートの融解温度（130℃）に較べて著しく高温領域に現れることがわかった（図1）。比較として同一の構成単位からなるポリエステルアミドランダム共重合体を合成し，その融解温度も調べた。ランダム共重合体の融解温度は，少量のアミドユニットの導入（＜20 mol％）によって，ポリテトラメチレンサクシネート単独重合物の融解温度に較べて僅かに低温側に

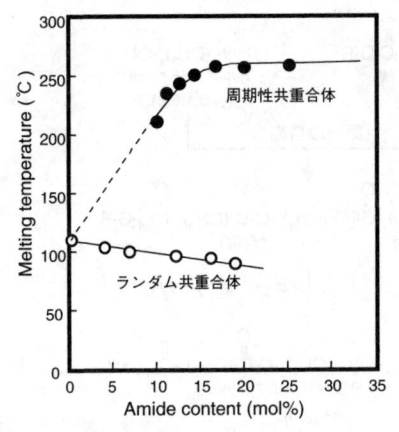

図1 コハク酸／1,4-ブタンジオール／1,4-ブタンジアミンからなる
ポリエステルアミド共重合体の融解温度
(●) 周期性共重合体, (○) ランダム共重合体

現れ，アミド組成の増加とともに緩やかに低下することが確認された。この結果は，アミドユニットをポリエステル鎖中に周期的に規則正しく導入することにより，共重合ポリエステルアミドの熱安定性を大幅に改善できるということを示唆している。

粉末X線回折測定を行ったところ，周期共重合体の回折パターンは，ポリテトラメチレンサクシネート単独重合物の回折パターンとは異なることがわかった。また，回折角から求まる面間隔値は，アミド組成とともに変化していることがわかった。これは，分子鎖中に周期的に導入されたアミドユニットがエステル成分とともに結晶化していることを予想させる。結晶内に取り込まれたアミドユニットは，隣り合う分子鎖との間で水素結合を形成し，結晶の安定化に寄与しているものと考えられる。その結果，周期共重合体の融解温度はポリテトラメチレンサクシネートの融解温度に較べて遙かに高温側に現れるのであろう。一方，ランダム共重合体の結晶構造は，ポリテトラメチレンサクシネート単独重合物と同一であることがわかった。すなわち，分子鎖中にランダムに導入されたアミドユニットはエステル成分によって形成された結晶領域に取り込まれず，結晶の安定化に寄与しないものと結論できる。

さらに，ポリエステルアミド周期共重合体のフィルムを調製し，リパーゼによる加水分解反応を緩衝溶液中，37℃で行った（図2）。ポリエステルアミド周期共重合体のリパーゼによる酵素分解速度は，アミド組成の増加とともに低下することがわかった。比較として，同一の構成単位からなるポリエステルアミドランダム共重合体の酵素分解速度を調べたところ，ランダム共重合体においては，アミド組成の増加とととともに分解速度が増大することがわかった。すなわち，ポリエステルアミド共重合体の連鎖構造を制御することによって，その分解速度を大きく変化させることができるものと考えられる。

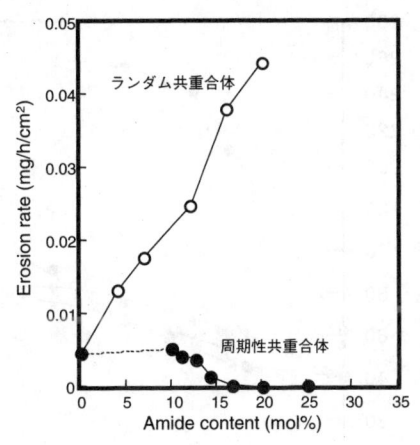

図2 コハク酸／1,4-ブタンジオール／1,4-ブタンジアミンからなるポリエステルアミド共重合体のリパーゼによる酵素分解速度（37℃，pH 7.4，*Chromobacterium viscosum* リパーゼ）
（●）周期性共重合体，（○）ランダム共重合体

3.2 アジピン酸をベースとする周期性ポリエステルアミド共重合体

ジカルボン酸としてアジピン酸を，ジオールとして炭素数3～6のアルカンジオールを，また，ジアミンとして炭素数3～6のアルカンジアミンを用い，それぞれの組み合わせにより多彩な分子構造の共重合体の調製を行った[13]。コハク酸を用いた場合と同様に，いずれの合成反応においても，良好な収率（52～92 %）で共重合体が得られ，^{1}H および ^{13}C NMR スペクトルによる解析から，得られた共重合体が，周期連鎖構造を形成していることを確認した。

得られた周期性ポリエステルアミド共重合体の熱的性質を調べたところ，原料として用いたジオールおよびジアミンの炭素数によって，その融解温度に大きな違いが現れることがわかった（図3）。いずれの周期共重合体においても，その融解温度はホモポリエステルの融解温度よりも高温側に現れ，同一のモノマーで構成される共重合体で比較すると，アミド組成の増加にともない，融解温度は上昇することは共通する。しかしながら，ホモポリエステルの融解温度との差において，大きな違いが現れる。炭素数4どうしのジオール（1,4-ブタンジオール）／ジアミン（1,4-ブタンジアミン）を用いた場合には，200℃以上に融解温度が認められ，ホモポリエステル（ポリテトラメチレンアジペート）の融解温度（62℃）に較べて極めて高温領域で融解することになる。一方，ジオール成分として炭素数3の1,3-プロパンジオールとジアミン成分として炭素数4の1,4-ブタンジアミンを組み合わせた場合には，共重合体の融解温度は最高でも120℃程度であった。これは，ポリエステルアミド共重合体の熱安定性が，規則性周期連鎖構造のみではなく，構成するモノマーの分子構造によっても制御されていることを示している。

粉末X線回折測定を行ったところ，分子構造の異なるいずれの周期性ポリエステルアミド共重合体も，ホモポリエステルとは異なる回折パターンを示すことがわかった。したがって，ポリ

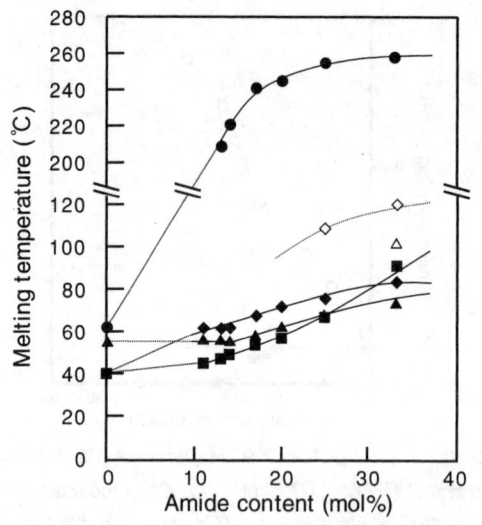

図3 アジピン酸／ジオール／1,4-ブタンジアミンからなる
周期性ポリエステルアミド共重合体の融解温度
ジオール成分：（◆）1,3-プロパンジオール，（●）1,4-ブタンジオール，
（▲）1,5-ペンタンジオール，（■）1,6-ヘキサンジオール。

エステルアミド周期共重合体の分子構造が異なっても，アミドユニットは分子鎖中に周期的に導入されることによって，エステル成分とともに結晶化されているものと考えられる。

　ここで，周期共重合体中のアミドユニットと同一構成単位からなるナイロン（ナイロン46）の結晶中における分子鎖パッキング構造を参考に，各種周期性共重合体の分子鎖パッキング構造を考察してみる（図4）。ナイロン46分子鎖は結晶内において，ほぼ平面ジグザグに延びきった分子鎖が逆平行鎖で並び，隣り合った分子鎖どうしで水素結合を形成して，シート構造を形成することが知られている[14]。同様のモデルで，ポリエステルアミド周期共重合体の分子をシート状に配列すると，炭素数4どうしのジオール・ジアミンの組み合わせで調製した分子の場合，いずれの配置においても隣り合った分子鎖間で効率的に水素結合を形成することが可能である。一方，炭素数3のジオールと炭素数4のジアミンの組み合わせで調製した分子の場合，分子鎖間でモノマーユニットのミスマッチングが起こることにより，立体障害や水素結合形成の減少などが起こり得ることがわかる。以上のことより，結晶内に取り込まれたアミドユニットは，隣り合う分子鎖と水素結合を形成し，その結果，周期共重合体の融解温度はホモポリエステルの融解温度に較べて高温側に現れるものと考えられる。しかしながら，この水素結合を形成する際に，ジオール，ジアミン成分の組み合わせにより，その形成様式が大きく変化し，その結果，周期共重合体の融解温度がジカルボン酸，ジオールおよびジアミンの炭素数によって大きく変化するものと考えられる。

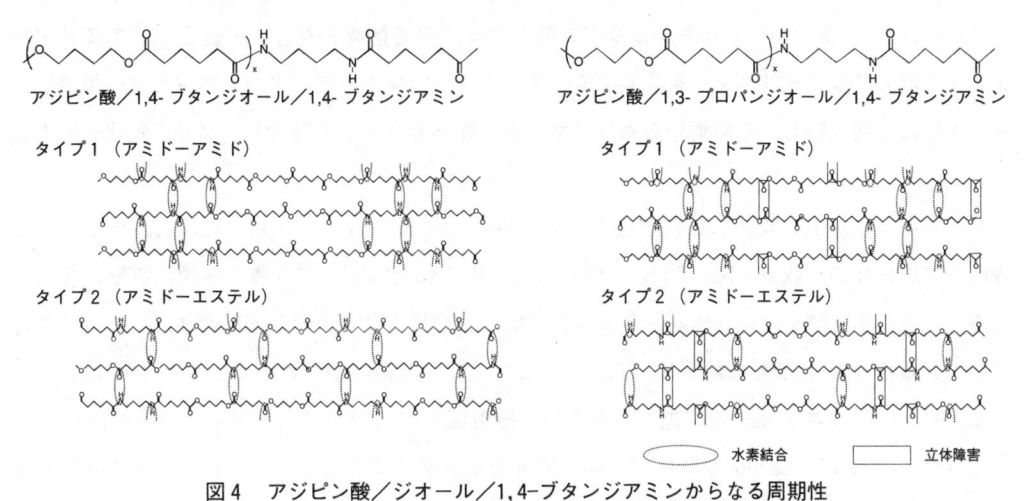

第4章 高性能ポリマーの創製

アジピン酸／1,4-ブタンジオール／1,4-ブタンジアミン

タイプ1（アミド－アミド）

タイプ2（アミド－エステル）

アジピン酸／1,3-プロパンジオール／1,4-ブタンジアミン

タイプ1（アミド－アミド）

タイプ2（アミド－エステル）

水素結合　　　立体障害

図4　アジピン酸／ジオール／1,4-ブタンジアミンからなる周期性ポリエステルアミド共重合体の分子鎖相互作用形成モデル

4　脂肪族ヒドロキシカルボン酸とアミノ酸からの周期性ポリエステルアミド共重合体の合成

脂肪族ヒドロキシカルボン酸とアミノ酸を用いる場合においても，二段階の縮合反応により周期共重合体の合成を達成した。しかしジカルボン酸の場合とは異なり，次のような工程を案じた

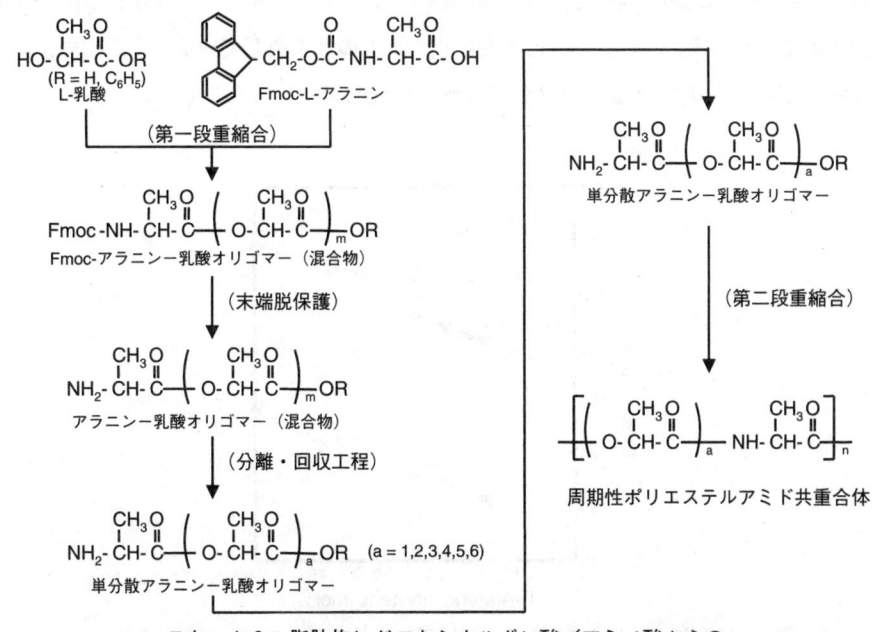

スキーム2　脂肪族ヒドロキシカルボン酸／アミノ酸からの周期性ポリエステルアミド共重合体の合成

（スキーム2）。まず，ヒドロキシカルボン酸とアミノ酸を触媒の存在下で縮合し，アミノ末端を有する低分子量のオリゴマーを調製する。その後，クロマト分離によって各重合度の単分散オリゴマーに分別回収し，その単分散オリゴマーを触媒の非存在下で縮合し，高分子量化を達成した。

ヒドロキシカルボン酸としてL-乳酸をアミノ酸としてL-アラニンを用いた場合，分子量2万程度の共重合体が，収率＝50～70％で得られた。得られた周期共重合体の熱的性質を調べたところ，ジカルボン酸を用いた周期性共重合体の場合とは異なり，その融解温度は，ホモポリエステルであるポリL-乳酸の融解温度（180℃）に較べて低温領域に現れることがわかった。しかしながら，L-アラニン組成の増加にともない，融解温度が緩やかに上昇するという傾向は一致した（図5）。また，22 mol%のL-アラニン成分をランダムに導入した共重合体は非結晶性となるのに対し，規則性周期連鎖で導入すると結晶化することより，分子の結晶形成において，二成分のユニットの連鎖構造が極めて重要な働きを示すことを実証した。粉末X線回折測定の結果，L-乳酸とL-アラニンから成る周期共重合体はポリL-乳酸とは異なる回折パターンを示すことからも，周期連鎖で導入されたL-アラニンユニットが結晶内に取り込まれていることを示唆している。

ポリL-乳酸のα結晶は，10個のL-乳酸ユニットで3回らせんを描く10_3らせん構造を形成することが知られている[15]。ポリL-乳酸分子鎖中にL-アラニンを規則的周期連鎖で導入すると，L-アラニンユニットは結晶中に取り込まれ，結晶中のL-アラニンユニットは分子鎖間よりもむしろ分子内水素結合を形成し，らせん構造を安定化するものと予想している。そのため，周期共重合体の融解温度は，ポリL-乳酸の融解温度に較べて低温領域に現れるものの，L-アラニン組成

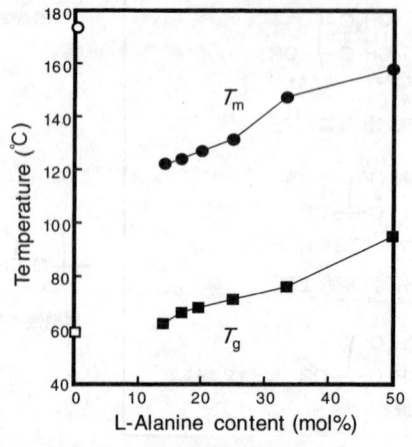

図5　L-乳酸／L-アラニンからなる周期性ポリエステルアミド共重合体の融解温度（T_m）とガラス転移温度（T_g）

の増加にともない,融解温度が上昇するものと考えられる。

　ポリL-乳酸は,ガラス転移温度を60℃に有しており,ガラス転移温度をまたがる温度領域において,著しい物性変化を示すという問題点がある。ポリL-乳酸にL-アラニンを共重合化させると,ガラス転移温度の上昇が確認され,この問題点を解決する一つの手法として有効であると思われる。また,L-アラニンを共重合化させる際に,規則的周期連鎖で導入することにより,結晶性を保持できることより,より耐熱性に優れた材料としてその利用が期待できる。

5　おわりに

　原料を枯渇性である化石資源から,再生可能な生物有機資源に求め,その効率的利用を計ることは,持続可能な高分子材料生産システムの構築の上で重要である。多岐多様にわたる高分子材料の利用分野においてバイオベースポリマーが利用されるためには,合目的な性能を発揮できる高性能なバイオベースポリマーの創製が今後とも益々必要とされる。本稿で紹介した共重合体の分子連鎖構造を秩序的に精密に制御する分子設計法が,高性能あるいは高機能な新規バイオベースポリマーの創製に向けた新たな技術革新につなげられればと願っている。

文　献

1) Y. Tokiwa et al., *J. Appl. Polym. Sci.*, **24**, 1701 (1979)
2) L. Castaldo et al., *J. Appl. Polym. Sci.*, **27**, 1809 (1982)
3) H. Inata et al., *J. Appl. Polym. Sci.*, **30**, 3325 (1985)
4) I. Goodman et al., *Eur. Polym. J.*, **26**, 1081 (1990)
5) K. E. Gonsalves et al., *Macromolecules*, **25**, 3309 (1992)
6) M. B. Martinez et al., *Macromolecules*, **30**, 3197 (1997)
7) Z. Gomurashvili et al., *J. Macromol. Sci. Pure Appl. Chem.*, **A 37**, 215 (2000)
8) J. Tuominen et al., *Macromolecules*, **33**, 3530 (2000)
9) M. Vera et al., *Macromolecules*, **36**, 9784 (2003)
10) J. V. Seppala et al., *Macromol. Biosci.*, **4**, 208 (2004)
11) Z. Gan et al., *Polym. Degrad. Stab.*, **83**, 289 (2004)
12) H. Abe et al., *Macromol. Rapid Commun.*, **25**, 1303 (2004)
13) H. Tetsuka et al., *Macromolecules*, **39**, 2875 (2006)
14) E. Atkins et al., *Macromolecules*, **25**, 917 (1992)
15) P. De Santis et al., *Biopolymers*, **6**, 299 (1968)

第5章　易リサイクル性高分子

吉江尚子*

1　緒言

　本書の主題であるバイオベースマテリアルは，植物により固定化された二酸化炭素に由来するため，廃棄後に焼却しても生分解処理しても循環の環がつながる生来の循環材料である。しかし，この場合も新品の製造には相応のエネルギーが必要であり，環境負荷も生じる。新品製造よりも環境負荷の小さいリサイクル方法があるならば，積極的にリサイクルすべきである。

　現在，プラスチックのリサイクル手法としては多種多様なプロセスが採用されている[1]。プラスチックは化学的に非常に安定で，添加剤や多種類の樹脂の混合物として使用されていることが多いため，その再生は容易ではない。しかも，新品が石油から低コストかつ低環境負荷なプロセスで製造されているため，環境負荷の面からも経済性からもプラスチックを再生するメリットを見出しにくい。そこで，高分子量を保ったままの再生（マテリアルリサイクル）やモノマー化（ケミカルリサイクル）など，プラスチックを再生するプロセスのほか，焼却熱の利用（エネルギー回収＝サーマルリサイクル）や樹脂用途以外の化学原料化（ケミカルリサイクル）など，物質循環の環は閉じていないが省化石資源効果の見込める有効利用もリサイクル手法として位置づけ[注1]，プラスチックの再生にこだわらずに，経済性や環境効率を総合的に判断して最も有効な利用法を選択することが行われている。とはいえ，低環境負荷プロセスを開発し，廃棄プラスチックはプラスチックへと再生して繰り返し利用して，エネルギー回収はカスケード利用の終着点とすることが望ましい。

　これまで，プラスチックリサイクルの研究開発は既存プラスチックの再利用法の検討を中心に行われてきた。既存のプラスチックは使用中の有用性や信頼性を最優先に材料設計されており，リサイクル性や循環型材料の観点からは最適化されていないため，リサイクルには上述のような

注1
容器包装リサイクル法で再商品化（リサイクル手法）として認められているのは，サーマルリサイクルのうち，油化，ガス化のみで，単純な焼却熱発電や固形燃料は含まれない。一方，家電リサイクル法と自動車リサイクル法では，担焼却熱発電等，エネルギー回収が広く再商品化として認められている。

＊　Naoko Yoshie　東京大学　生産技術研究所　助教授

困難をともなう。そこで，筆者らは，リサイクル性を優先した分子設計を行い，可逆反応性部位を持つマクロモノマーを利用した易リサイクル性高分子に関する研究を進めている[2]。本章では，この易リサイクル性高分子の分子設計と合成例を示すとともに，バイオベース化についても論じる。尚，易リサイクル型高分子としてはこのほかに，平衡論的に反応が進行する開環重合を利用する系[3]や水素結合により架橋した汎用ゴムの例[4]などもある。

2 易リサイクル性高分子の分子設計

ターゲットとしている高分子は，比較的穏やかな条件下で結合−解離する可逆反応部位をもつマクロモノマーの重合物である（図1）。この高分子は，廃棄後に可逆反応部位を選択的に切断してマクロモノマーに解重合し，再度，重合して再生することが可能である。マクロモノマーの骨格構造は可逆反応部位と比較して化学的に安定な共有結合で形成されているため，解重合の際の分子鎖切断が可逆反応部位に限定され，マクロモノマー構造は保持されることが期待できる。さらに，プラスチック製品使用中の機械的な力による劣化（分子鎖切断）も，同様に，可逆反応部位に集中すると考えられ，この段階でもマクロモノマーの骨格構造は保護される。そこで，再重合後には新品と同等の材料に再生される。つまり，この分子システムでは，ケミカルリサイクルが質の低下を伴うことなく比較的低エネルギーで実現可能である。また，この重合物の物性は，マクロモノマーの化学構造によって決まると考えられるため，化学構造を選択すれば多様な物性のプラスチックを得ることが出来る。

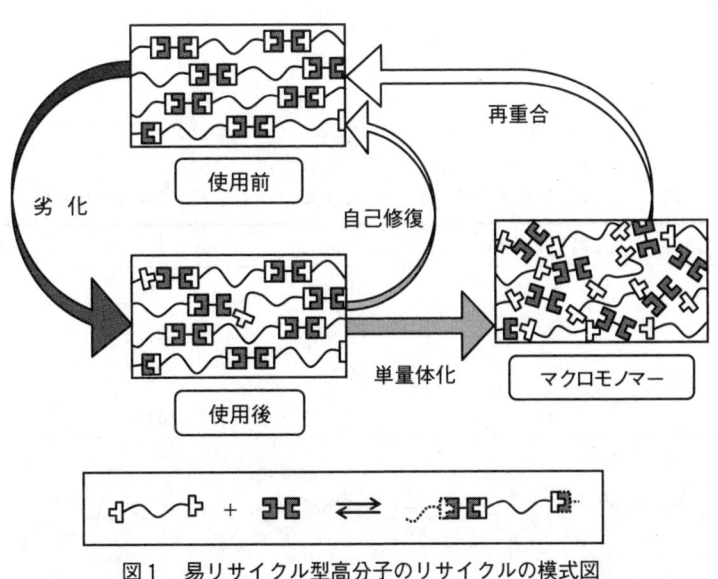

図1 易リサイクル型高分子のリサイクルの模式図

3　フランとマレイミドのDA反応

以下に示す例では可逆反応として，温度差で平衡状態を制御できるフランとマレイミドのDiels-Alder［DA］反応を利用する。目的としている分子システムの実現のためには，室温で平衡が十分に付加反応に偏っており，また，マクロモノマー骨格の分解温度よりも低温で平衡状態が逆転して解離反応が進行する必要がある。フランとマレイミドのDA反応は常温では付加反応（正反応）方向に，130℃以上では解離反応（逆反応）方向に平衡が偏っており，比較的分解温度の低いものも含めて幅広いマクロモノマーに対して適応可能である。また，反応に触媒を必要せず，副生成物もない（副反応剤が不要である）ため，リサイクルのための添加剤の必要がない点も，本易リサイクル型高分子システムに適している。

重合-解重合反応性の制御のための基礎データとして，低分子量のフラン化合物とマレイミド化合物（フルフリルアセテートとN-エチルマレイミド）のDA反応の平衡状態を表1に示す。フルフリルアセテートとN-エチルマレイミドを等モルずつ混合し，所定時間，所定温度に保ったときの生成物の組成比をまとめた。室温および60℃では平衡状態で付加体を*endo*体と*exo*体合わせて90％以上生成するが，145℃では解離体が半分以上を占めるようになる。また，60℃および145℃では数分で平衡状態に達するが，室温では十数時間を要する。DA反応では速度論的に有利な*endo*体と熱力学的に安定な*exo*体の2種類の付加体が生成するが，本章の主題から外れるため*endo*/*exo*比に関する議論は省略する。易リサイクル型高分子としてフランをマクロモノマー化した系では生成物の組成比と反応速度が変化するが，これについては後述する。

表1　フルフリルアセテートとN-エチルマレイミドのDA反応生成物

反応温度／℃	反応時間／hour	*endo*体／％	*exo*体／％	解離体／％
室温	5	51	16	33
室温	48	73	22	5
60	5	64	31	5
145	0.33	12	44	44

4 ポリアジピン酸エチレンを主成分とする易リサイクル性高分子の合成とリサイクル性の評価[2]

ここではスキーム1に示すポリエチレンアジペート（PEA）の両末端にフラン環を導入した誘導体PEA2F（M_n=8700, M_w/M_n=1.58），および，トリスマレイミド（3M）の重合物について述べる。フランとマレイミドを等モル含むPEA2Fと3Mの混合物を60℃で保持することにより正方向のDA反応を進行させると，時間の経過とともに重合が進行し，反応液の粘度が増す。図2に所定時間後に得られたDA反応物（PEA2F3M）のGPCトレースを示す。8時間までは全ての生成物がクロロホルムに可溶であったが，10時間経過すると生成物の一部は不溶になった。反応時間が長くなるにつれ，不溶成分の割合は増し，15時間では可溶成分は数パーセントとなった。図2に示す10, 12, 15時間の結果は可溶成分のみを測定した結果である。0〜12時間までは反応時間が長くなるにつれGPCトレースは高分子量側へシフトし，分子量分布も広くなっていることが確認された。15時間反応後の可溶成分は数パーセントであること，またそのGPCトレースが出発物質であるマクロモノマーPEA2Fのそれに酷似していることから，これはマクロモノマー中に不純物として混入していたフラン化されていないPEAによるものと

スキーム1

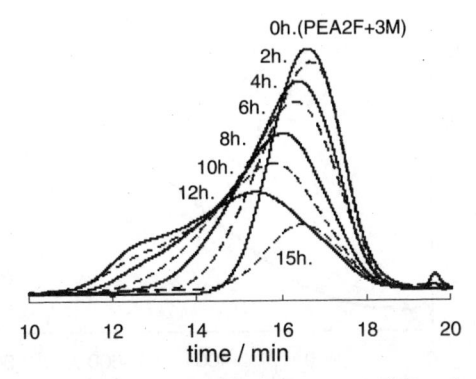

図2 PEA2F3MのGPCトレースのDA反応時間依存性。10-15時間のデータは生成物のうち溶媒可溶分のものを示す。

考えられる。この結果から,末端がフラン化された PEA は60℃で DA 反応によりゆっくりと重合し,15時間後にはネットワーク構造を形成して巨大分子化したと考えられる。3節で述べたように,低分子モデル中のフランとマレイミドの DA 反応は60℃では数分で平衡に達したのに対し,マクロモノマーである PEA2F と3M の反応は10時間以上を要した。この反応速度の大幅な低下は,マクロモノマー化によってフランが希釈されたこと,反応の進行とともに高分子量化して運動性が低下したことから,フランとマレイミドの出会いの確率が大幅に低下したためと考えられる。

PEA2F,PEA2F3M のガラス転位温度はともに $T_g=-34$℃である。図3に PEA2F3M の応力-ひずみ曲線を示す。原料とした PEA2F は脆い樹脂であったのに対し,PEA2F3M は高分子量化およびネットワーク構造の効果により破断伸度約700%の柔軟なエラストマーとなる。

次に,PEA2F3M の retro-Diels-Alder [rDA] 反応による解重合について述べる。PEA2F3M は145℃で保持すると,数分で液体となり,解重合反応が進行したことが確認できる。生成物の ^{1}H NMR スペクトルでは DA 付加物由来のピークが完全に消失し,分子量と多分散度も $M_n=8800$,$M_w/M_n=1.63$ と,反応前の PEA2F ($M_n=8700$,$M_w/M_n=1.58$)と同程度となることから,この解重合反応では,当初の期待通り,可逆反応部位での rDA 反応による分子鎖切断のみが選択的に起こることが確認された。3節で述べたように低分子モデル中のフランとマレイミドの rDA 反応は145℃では付加体を50%近く生成したのに対し,rDA 生成物の NMR スペクトルと分子量データは,同じ温度で PEA2F と3M がほぼ完全に解離したことを示している。このように rDA 反応生成物の組成比が変化したのも,フランのマクロモノマー化に原因があると考えられる。PEA2F3M 中の付加体は,一旦,解離してフランとマレイミドになると,PEA 鎖によって希釈され,再遭遇する確率が大幅に低下する。このために,平衡が逆反応(解離反応)の方向に移動したのであろう。重合反応の場合とは異なり,PEA2F3M の解重合は145℃における低

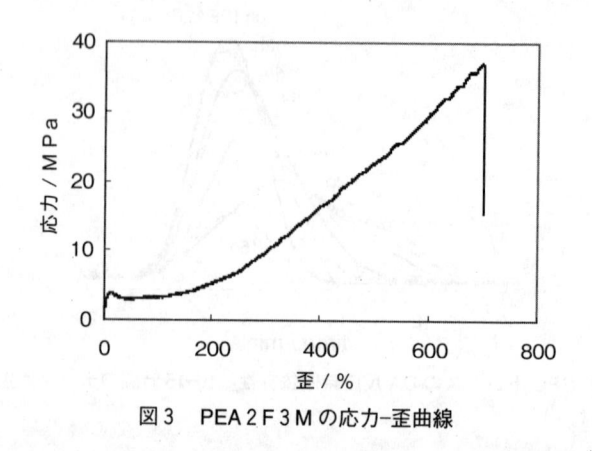

図3 PEA2F3M の応力-歪曲線

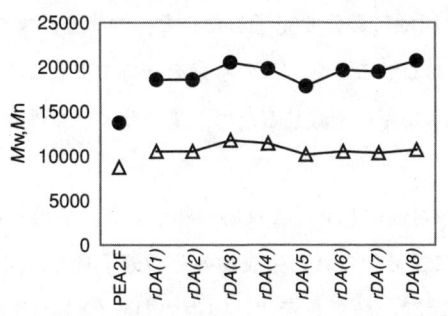

図4 繰り返しの熱サイクル後の解重合生成物（PEA 2 Fと3 M）の分子量変化。60 ℃，15時間のDA反応と145 ℃，20分のrDA反応を1サイクルとし，8サイクルまでのデータを表示した。（●）重量平均分子量，（△）数平均分子量。

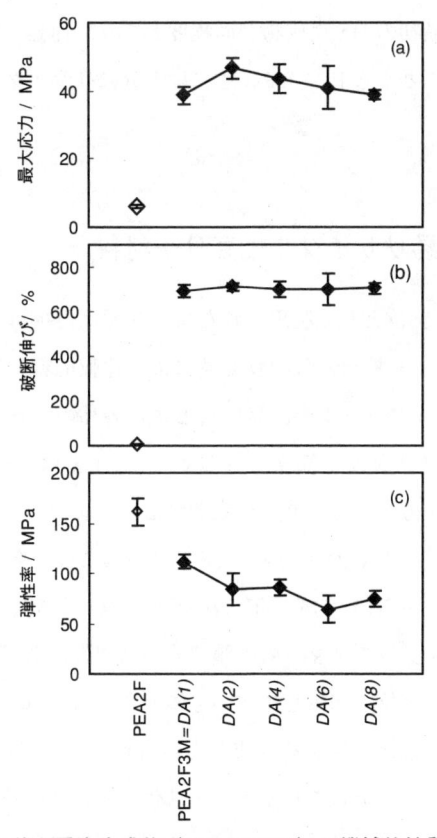

図5 繰り返しの熱サイクル後の重合生成物（PEA 2 F 3 M）の機械的性質。原料からの初期重合物をDA(1)とし，145 ℃，20分のrDA反応と60 ℃，15時間のDA反応の熱サイクルを繰り返した。(a) 破断強度，(b) 破断伸度，(c) 弾性率。

分子モデル化合物の場合と同様に数分で完了したこと，つまり，マクロモノマー化はrDA反応の進行速度にほとんど影響しないことも，この考察を支持する。このような速い解重合反応はリサイクルに要する時間とエネルギーを減じるため，易リサイクル性高分子システムには好都合である。

PEA2F3MのリサイクルはDA-rDA反応の熱サイクルを繰り返し施すことにより調べられた。図4にはrDA反応により得られた生成物のその分子量を，図5にはDA反応により得られたPEA2F3Mの引張り試験の結果を示す。図中でDA（1）はPEA2Fと3Mからの最初の重合生成物を，rDA（1）はDA（1）からの解重合反応生成物を，以下，（）内の数字が熱サイクルの回数を表す。熱サイクルを繰り返しても，解重合生成物の，分子量は数平均，重量平均ともにほぼ一定の値を維持した。重合生成物では，弾性率に若干の減少の傾向が見られるが，最大応力，破断伸度はいずれも最初のDA生成物と同程度となり，伸縮性材料としての本質的な劣化は見られなかった。以上のことからPEA2F3Mには十分にリサイクル耐性があることが示された。

5　バイオベースの易リサイクル性高分子材料

PEA2F3Mの可逆反応性部位として利用されたフラン類は再生可能資源からの合成が有望視されている化学物質である[5]。多糖類の酸触媒変換により比較的容易に得られるフルフラールおよび5-ヒドロキシメチルフルフラールを出発原料とする各種のフラン誘導体の合成方法が多数報告されている[6]。もう一方の可逆反応部位であるマレイミド基は，発酵生産可能なコハク酸（第7章参照）から無水マレイン酸を経て容易に合成される[5,7]。また，この分子システムに適する可逆反応はフランとマレイミドのDA反応に限ったのものではなく，各種のジエンとジエノフィル間の反応が候補となりえる。さらに，DA反応に限ったものでもなく，他の可逆反応も検討に値する。既に述べたように，マクロモノマーの主鎖部分の構造の自由度は非常に高い。適度な分子量を持ち，かつ，可逆反応性部位で修飾しやすいものであれば利用できる。実際，フラン変性分岐状ポリ乳酸をDA反応して熱硬化樹脂を合成した例も報告されている[8]。このように，本章で述べた易リサイクル性高分子システムをバイオベース化することは難しくはない。

ノーベル平和賞受賞者であるワンガリ・マータイ氏により再認識された「もったいない」はreduce, reuse, recycle, repairなどの無駄を省く行為すべてを一体化した言葉で，一つの省資源手段で満足することなく，様々な手段を組み合わせて総合的に判断することの意義を示している。プラスチックは「もったいない」の事例として真っ先に挙げられることが多いが[注2]，低環境負荷型高分子の材料設計として，バイオベース化の一手段だけで終わらせることなく，さらにリ

第5章 易リサイクル性高分子

サイクルなど省資源のための方策を重ねることにより,プラスチックは脱「もったいない」を象徴する事例へと変わっていけるのではないだろうか.

文　　献

1) プラスチック処理促進協会のホームページ,http://www.pwmi.or.jp/
2) M. Watanabe, N. Yoshie, *Polymer*, **47**, 4946–4952 (2006).
3) 三田文雄,遠藤毅,日本接着学会誌,**39**, 231 (2002).
4) 知野圭介,日本ゴム協会誌,**78**, 106 (2005).
5) 木村良晴　他,先端素材 One Point 5. 天然素材プラスチック,共立出版 (2006).
6) C. Moreau *et al*., *Topics in Catalysis*, **27**, 11 (2004).
7) M. S. Chisholm *et al*., *Polymer*, **33**, 847 (1992).
8) 井上和彦ら,高分子論文集,**62**, 262 (2005).

注2
ワンガリ・マータイ氏が,小泉純一郎総理大臣(当時)との会談で「もったいない」を世界に広めたいと初めて言及した際にも,プラスチックの使い捨てを「もったいない」事例として挙げたとされる.
(毎日新聞2005年2月18日,http://www.mainichi-msn.co.jp/shakai/wadai/mottainai/archive/news/2005/02/20050218org00m040999000c.html)

第6章　高活性リパーゼによるポリ乳酸分解

正木和夫[*1]，家藤治幸[*2]

1　はじめに

　生分解性プラスチックは，使用時は従来のプラスチックと同様な性質を示し，使用後は環境中に存在する微生物（それらが生産する酵素）によって分解されることを特徴とする環境循環型のプラスチックである。日本国内では2000年6月より生分解性プラスチック研究会がグリーンプラ識別表示制度を制定し，安全性と生分解性を確認した材料からなるプラスチックをグリーンプラ製品と認定し，その普及を図っている。

　プラスチックの生分解性は，国際標準化機構（ISO）により発効された試験法を受けてJIS化された試験法（JIS K 6950, 6951, 6953）での分解試験により評価されている。それら試験法では，例えばコンポスト状態のような高温多湿な条件であることによる非生物的な作用が高分子の分解を促進しているケースもあり，必ずしもそのような分解試験で確認された分解性が一般の土壌などへ埋没させた場合と一致しない場合もある。一般的な"生分解性"という言葉の認識としては，自然界に存在している微生物などが生産する酵素によりプラスチックが分解され低分子化され，最終的には分解産物は生物によって取り込まれ，自然界の循環に組み込まれているという環境循環をイメージするかもしれない。標準化された分解試験で分解性が確認されている場合は，従来のプラスチック製品とは異なり確かにそのような分解過程を経る可能性があることを示している。しかし，生分解性であることはすなわちいつでもどこでも分解されやすいということではなく，これまで人間が耐久財として使っていたセルロースなどからなる木材のように，生分解性であるが耐久性もある素材としての生分解性プラスチックという認識が重要であろう。分解して欲しいときに分解すること，しかもそれが生分解性であることが特徴なのである。

　また，最近では生分解性の有無にかかわらずバイオマス由来であることを特徴としたバイオマスプラスチックが二酸化炭素削減に向けてのカーボンニュートラルな素材として注目されている。バイオマスプラスチックは，その材料がバイオマス由来であることを特徴とし，生分解性プラスチックとはその定義が異なるものの，元来バイオマス由来という性質を持つことから，その

---

*1　Kazuo Masaki　㈱酒類総合研究所　醸造技術応用研究部門　研究員
*2　Haruyuki Iefuji　㈱酒類総合研究所　醸造技術応用研究部門　部門長

第6章 高活性リパーゼによるポリ乳酸分解

多くは微生物や酵素によって分解されると考えられている。ポリマー合成の材料については，バイオマスをそのまま加工するものだけでなく再生可能な原材料から醗酵など微生物機能を利用してモノマー成分を生産し，それらを用いて高分子化しているものなどもある。

　環境循環型プラスチックとしての究極的な形としては，原料はバイオマス由来であり，使用時には分解せず，廃棄もしくはリサイクル等を行う場合のみに分解反応が促進し，分解産物を再度ポリマー原料として回収するか，または環境中を循環する形にしてしまうことができることが望ましい。たとえ生分解性だとしても，使用後環境中に放出するだけで，自然界を循環するといったことは，現代社会にふさわしい形とは思えないし，やはりその点においては何か積極的な処理システムを確立させる必要があるのではないだろうか。現在のところ使用後の処理については回収システムや処理施設の整備などまだまだ整備不足の感は否めない。カーボンニュートラルな素材であれば焼却させてサーマルリサイクルという考え方もあるかもしれないが，生分解性の特長を利用した微生物によるコンポスト化やまたはそれらが生産する酵素を用いたリサイクルなどバイオプロセスによる解重合技術による廃棄後の循環プロセスについて，今後大いに議論され，循環型社会にふさわしいシステムを確立していくことが期待される。

　前述のように，現在では天然に存在する高分子を利用したプラスチックのみならず，生分解性や原料に注目した環境循環型のプラスチックが開発されている。それらプラスチックは古代から地球上に存在していたものではなく，近年の技術の発展とともに発案開発されたもので，どの微生物が生産するどの酵素がそれぞれのポリマーの分解に最適なのか分かっていない。バイオ技術によるプラスチックの解重合は，環境にやさしい技術としてプラスチックの開発と同時に開発していく必要があるのではないだろうか。しかし，それぞれのポリマーに対して思い通りの分解活性を持つ酵素を探し出すことは簡単ではなく，ましてや自然界から望みどおりのスペックをもった酵素が存在するかしないかわからない中で，探し当てることは奇跡に近い。したがって，今のところポリマーを分解する酵素の共通した性質や個々に特異な点などのデータを蓄積し，今後の宝探しの指標とすることは，現在できる限りにおいて最良の策でもある。そして，それら蓄積したデータをもとに，使用後の処理までを考えたポリマーのデザインができるのではないかと考える。

　本稿では，これまでのポリ乳酸を中心に各種生分解性プラスチックの酵素による分解についての簡単な紹介と，我々が近年発見した生分解性プラスチックの分解酵素についての紹介をする。

2　ポリ乳酸の酵素分解について

　ポリ乳酸はバイオマスより微生物によって乳酸醗酵により生産された乳酸を原料とし高分子化

されたもので，古くから生体吸収性ポリマーやまた生分解性プラスチックとして知られていた[1]。大量生産の体制がすでに確立しており，現在では流通している生分解性プラスチックやバイオマスプラスチックの主流となっている。しかしながら，以前からコンポストのような高温高湿な特殊な環境下においては，生分解性が確認されているが，通常の土壌中での分解はなかなか進行しないことが知られている。ポリ乳酸を分解することができる酵素の存在についてはこれまでにいくつかの酵素が分解に関わることが示されており，Tritirachium album が生産するセリンプロテアーゼである Proteinase K（EC 3.4.21.64）がその分解に有効であることが知られている。生分解性プラスチック研究会が実施した各種生分解性プラスチックの1年間の埋没試験においても，ポリ乳酸は他のプラスチックとは異なりほとんど分解（重量減少）が確認されなかった[2]。

ポリ乳酸の酵素分解については，1981年に William によって数種の酵素を用いたポリ乳酸の分解試験の結果が報告されている[3]。その報告によると，esterase による分解は確認できず，pronase や proteinase K といったプロテアーゼに分解効果が見られた。また，酵素剤として市販されている22種のプロテアーゼを用いたポリ乳酸フィルムの分解試験において約半数のものについて分解活性が確認できたという報告もある[4]。しかしながら，その中で最大活性を示したプロテアーゼ（Savinase 16.0 L）のポリ乳酸分解能力は Proteinase K と比較し半分程度であったと報告されている。また，ポリ乳酸やラクチドとデプシペプチドの共重合体の分解にも Proteinase K が効果的であることも知られている[5]。他にもポリ乳酸の分解に対する Proteinase K の有効性は詳細に示されており[6]，これまでポリ乳酸の酵素分解試験に多く用いられている。

また，ポリ乳酸を分解することができる微生物及びそれらが生産する酵素の探索も行われている。土壌より単離された Amycolatopsis sp HT-32 がポリ乳酸を含んだ寒天培地でポリ乳酸の分解に伴うハローを形成することから分泌分解酵素の存在が示された[7]。また，Amycolatopsis sp. K 104-1 よりポリ乳酸を分解できるセリンプロテアーゼを見出した例も報告されている[8]。Paenibacillus amylolyticus TB-13 の既知のリパーゼと50％程度の相同性を持つ酵素はポリ乳酸（DL体）を分解することができること[9]や，Comamonas acidovorans TB-35 のエステラーゼ[10]や Rhizopus delemer のリパーゼ[11]は低分子のポリ乳酸を分解することなどが報告されている。

3 ポリ乳酸と他のポリエステルの酵素分解について

ポリ乳酸のみならず各種生分解性プラスチックの市販のリパーゼ18種による分解試験の結果も報告されている[12]。その結果 PBS，PBSA，PCL を分解するリパーゼの存在は明らかになったが，ポリ乳酸を有効に分解するリパーゼは見出されなかった。リパーゼやエステラーゼによるポ

リエステルの分解は1977年に既に報告がなされており[13]，その中でPCLはリパーゼにより分解されることが示されている。前述の埋没試験や土壌の分解微生物のスクリーニング試験においてもPBS, PBSA, PCLなどはポリ乳酸とは異なり，分解が確認され分解微生物も多く見られる。

4　酵母 Cryptococcus sp. S-2

担子菌系酵母 Cryptococcus sp. S-2は，排水処理に有用な酵母として独立行政法人酒類総合研究所（旧国税庁醸造試験所）で単離された[14]。生澱粉（raw-starch）を分解する能力が高く，この酵母の詳細な酵素研究から[15,16]，生澱粉を分解するアミラーゼを分泌生産することがわかった。生澱粉は α 化（糊化）された澱粉と異なり難分解の結晶性の澱粉である。この酵母が生産するアミラーゼは生澱粉吸着ドメインを持つことから，生澱粉を分解するということがわかった。さらに，Cryptococcus sp. S-2は耐酸性のキシラナーゼ，耐熱性のセルラーゼを生産するなど特徴的な酵素を菌対外に分泌生産することもわかってきた。また，脂質分解酵素であるリパーゼも同様にこの担子菌系酵母 Cryptococcus sp. S-2によって菌対外に分泌生産され，他の酵素と同様に非常に特徴的な性質を示した。当初このリパーゼについては，Cryptococcus sp. S-2からリパーゼの探索とその特徴付けなど酵素学的に基礎的な研究を行っていた[17]。続いて環境保全利用への応用を目指しバイオディーゼルの生産への利用の検討を行った[18]。さらにそのリパーゼの遺伝子解析が進行するにつれ，その遺伝子配列及びアミノ酸配列が明らかとなり，その配列構造のユニークさが明らかとなってきた。

5　酵母 Cryptococcus sp. S-2 が生産するリパーゼ

Cryptococcus sp. S-2が分泌生産するリパーゼ（リパーゼCS2）は，その遺伝子解析から分子量20917，構成アミノ酸数205からなると推測された。菌対外に分泌されるため翻訳直後はN末端に34残基のシグナル配列を持つことがわかった。アミノ酸配列解析からは20％以上の相同性を示す既知のタンパク質はデータベースに見出せず，一次構造上は非常にユニークな構造を示すことがわかった。さらに詳細な配列解析を行うと，リパーゼ同様にエステル分解活性を示すクチナーゼ（EC 3.1.1.74）やアセチルキシランエステラーゼ（EC 3.1.1.72）との部分的な配列類似性が見られた[19]。また，クチナーゼに分類される酵素の分子量は全て分子量2万前後であり，その点でもリパーゼCS2は，クチナーゼと近い性質を持つことが予想された（図1）。クチナーゼと一般的なリパーゼ（EC 3.1.1.3）の分子的な大きな違いは，interfacial activationと呼ばれるリパーゼに見られる構造変化を伴う活性化の有無である。一般的にリパーゼは不溶性基質

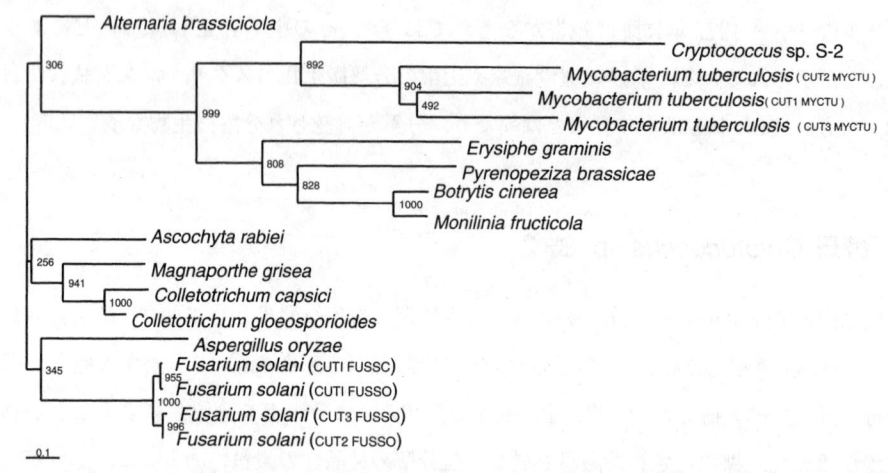

図1 リパーゼCS2と既知のクチナーゼ（cutinase）とのアミノ酸配列相同性に基づく分子系統樹
それぞれの酵素（クチナーゼ）はその由来微生物名で記述している。

と水との界面の形成と同時にリパーゼ自身の構造変化を伴った活性化が起こるのに対し，クチナーゼは基質結合による活性部位の構造変化を伴わないと考えられている。すなわち，一般的なリパーゼでは加水分解に関わるセリン残基は通常リッドと呼ばれる領域で覆われており分子内部に埋もれている。リッド部分の構造変化に伴って，活性触媒残基が溶媒に露出し基質に攻撃できるようになる。一方，クチナーゼの場合はその分子構造にリパーゼのリッドに対応する領域は無く，求核的に基質を攻撃するセリン残基は常に溶媒に露出している。クチナーゼはリパーゼ同様エステル分解酵素であるが，特徴的な機能として天然の脂肪族ポリエステルであるクチンを加水分解する酵素として分類されている。クチンとは，植物表面に存在するクチクラ層を形成する物質のひとつであり，図2に示すとおり，単一な物質ではなく，不飽和度の高い脂肪類とそのエステル化合物，重合物と考えられている。このような複雑なポリエステルを分解する能力がある酵素として進化してきたものとすれば，天然に存在しないポリエステルであっても分解できる可能性がある。さらに，クチナーゼと生分解性プラスチックのひとつであるPCLの分解との関係についてはすでに研究報告例があり，クチナーゼにPCL分解能力があることが示されている[20]。リパーゼCS2についても，当初リパーゼとして見出されたものであるが，その配列解析よりわずかながらもクチナーゼとの配列類似性が見出されており，ポリエステルである生分解性プラスチックの分解能力を調べることでこの酵素の性質を明らかとすることとした。また，我々は微生物の未知なる可能性を引き出すこととこの新規な遺伝子資源の有効な利用法を検討するという意味でも，極めて酵素分解性が悪いといわれていたポリ乳酸をターゲットに分解活性を調べることとした。

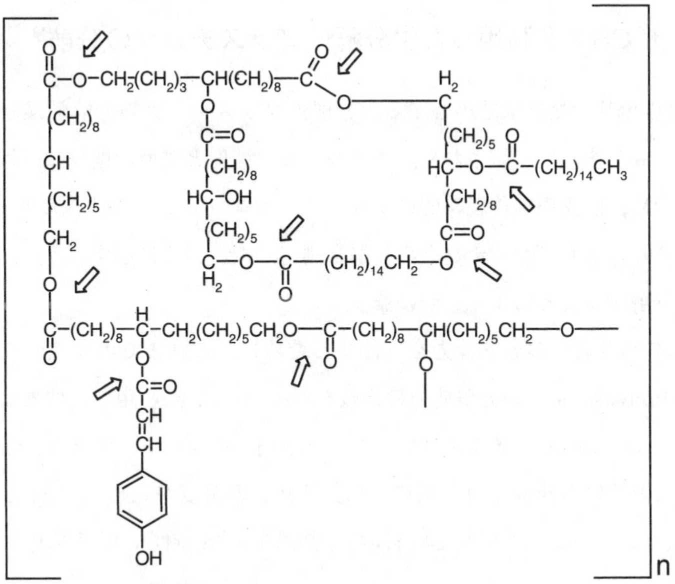

第6章 高活性リパーゼによるポリ乳酸分解

図2 クチン分子構造図[22]
引用文献 C. M. Carvalho *et al*., *Biotechnol Bioeng*., **66**, 17 (1999) 中の図を改変。
矢印はクチナーゼが分解すると思われるエステル結合を示す。

6 酵母 *Cryptococcus* sp. S-2 の培養と酵素生産

　本研究に用いる酵素は酵母 *Cryptococcus* sp. S-2 によりある特定の培養条件で効率的に生産されることが分かった[17]。酵母 *Cryptococcus* sp. S-2 の前培養液を，酵素生産用培地に添加し約100時間，25℃にて振盪培養することで目的とするリパーゼは培養液に分泌生産される。酵素生産用培地の組成は，Yeast extract 1.0 %，Lactose 0.5 %，KH_2PO_4 1.0 %，$MgSO_4 \cdot 7H_2O$ 0.1 %，Triolein 1.0 %（pH 5.4-5.6）である。酵母培養液は，遠心分離にて酵母と上清に分けられ，その上清部を粗酵素液とした。この段階で粗酵素液は20～40 U／ml（p-ニトロフェノール酪酸を基質とする）程度の活性を示す。続いて粗酵素液はフィルター濾過後，限外濾過により濃縮され，粗酵素濃縮液から目的酵素は疎水性クロマトグラフィー，イオン交換クロマトグラフィーを用いて精製された。精製の各ステップにおいて酵素の精製の程度はSDSポリアクリルアミド電気泳動（SDS-PAGE）にて確認し，最終的にはSDS-PAGEにて単一バンドになるまで目的酵素は精製された。生分解性プラスチックの分解比較試験はすべてこの精製酵素を用いて行った。

7 リパーゼCS2を利用した生分解性プラスチックの分解[19]

リパーゼCS2のポリ乳酸をはじめとする生分解性プラスチックの分解触媒能力はまずプラスチックのエマルジョンを用いて試された。エマルジョン濃度と濁度の関係に直線性が得られることが確認できたため，酵素添加後経時的にプラスチックエマルジョンの濁度を660 nmの可視光波長で測定することによりプラスチックの分解を測定した。図3に示すように，エマルジョンはプラスチックが分解することにより透明になっていく。

リパーゼCS2のポリ乳酸の分解能力を評価するために，これまでポリ乳酸の分解に有効であるとされてきたProtease Kとの分解能力の比較を行った（図4）。用いた酵素は前述の精製したリパーゼCS2とProtease K（メルク社製のクロマト精製グレード）であり，用いた酵素重量と分解速度を指標にお互いの分解能力を比較した。最終酵素濃度が$0.8\mu g/ml$となるように酵素を添加した場合，リパーゼCS2では24時間で8割以上，48時間で9割以上のエマルジョン化

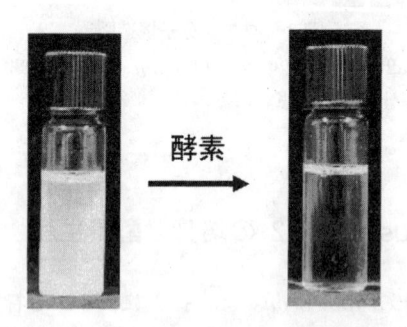

図3　プラスチックエマルジョンの分解写真

（左）分解前のプラスチックエマルジョン。（右）酵素添加によるプラスチック分解後。基質が全て可溶化し透明になっている。上図はポリ乳酸エマルジョンの分解例

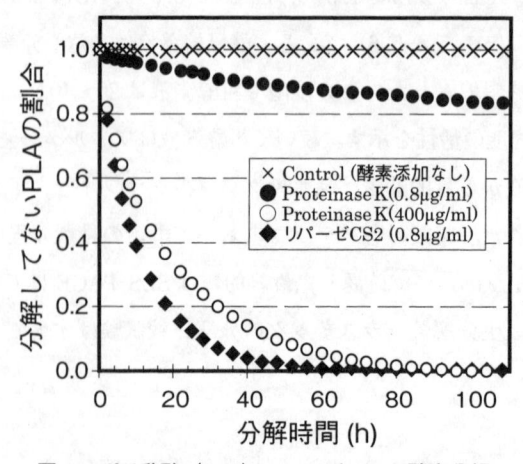

図4　ポリ乳酸（PLA）エマルジョンの酵素分解

ポリ乳酸を分解したのに対し，Protease K では 72 時間でも 1 割程度の分解しか示さなかった。さらに高濃度の Protease K（400 μg/ml）を用いた場合は，72 時間でほぼ完全に分解は終了したが，リパーゼ CS 2（0.8 μg/ml）のほうがより速く分解することができる。したがって，リパーゼ CS 2 はエマルジョン化ポリ乳酸を用いたこの条件では，Protease K と比較し少なくとも 500 倍以上の効率でポリ乳酸を分解することができることが示された。リパーゼ CS 2 の場合，さらに 10 分の 1 に酵素濃度を下げても 10 日後には完全にポリ乳酸の分解が確認できたことから，長期にわたって安定に作用することもわかった。

8　リパーゼ CS 2 によるポリ乳酸以外の生分解性プラスチックの分解

リパーゼ CS 2 のプラスチック分解能力を調べるために，ポリブチレンサクシネート（PBS），ポリ ε-カプロラクトン（PCL）についてもポリ乳酸同様にエマルジョンを用いた分解活性試験を行った。図 5 に分解試験の結果を示す。分解試験はポリ乳酸の場合と同じ条件で行ったが，ポリ乳酸の場合と比べ分解速度が非常に速いため，分解試験に用いた酵素濃度を 8 ng/ml に設定した。その場合，PBS については約 5 時間で，PCL については約 24 時間で完全に分解された。セリンプロテアーゼである Protease K がポリ乳酸の分解に効果があることが知られているが，一方 PBS や PCL といった代表的な他の生分解性プラスチックには分解活性を示さないことも知られている。今回我々が用いた条件においても，それらに対する活性は見られなかった。また PBS，PCL については，プロテアーゼよりはむしろリパーゼによる分解が知られており，市販のリパーゼ 7 種（*Burkholderia* sp., *Rhizopus oryzae*, *Candida antarctica*, *Candida rugosa*, *Mucor javanicus*, *Penicillium roqueforti*, *Aspergillus niger*）について同じ条件で分解活性を調べ

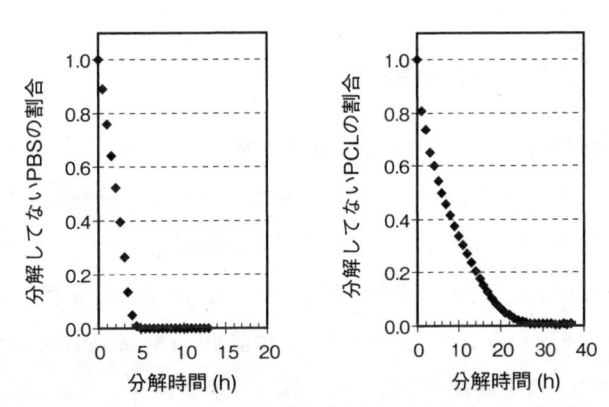

図 5　リパーゼ CS 2 によるポリブチレンサクシネート（PBS），
ポリ ε-カプロラクトン（PCL）エマルジョンの分解
（左）PBS 分解；（右）PCL 分解。酵素濃度は 8 ng/ml で使用した。

表1 リパーゼ，プロテアーゼによる生分解性プラスチック分解の比較

	酵素濃度 (μg/ml)	PLA	PBS	PCL
Cryptococcus sp. S-2 リパーゼ CS 2	0.8	○	○	○
Tritirachium album セリンプロテアーゼ Proteinase K	400	○	×	×
リパーゼ（リパーゼ剤）				
Burkholderia sp.	100	×	×	○
Rhizopus oryzae	100	×	×	○
Candida antarctica	100	×	×	×
Candida rugosa	100	×	×	×
Mucor javanicus	100	×	×	×
Penicillium roqueforti	100	×	×	×
Aspergillus niger	100	×	×	×

○分解活性あり，×分解活性なし

た。その結果，*Rhizopus oryzae*，*Burkholderia* sp. 由来のリパーゼについて PCL の分解活性が確認できたが，他のものについては分解活性を確認することができなかった。また同時に各種リパーゼによるポリ乳酸エマルジョンの分解試験を行ったが，PBS 同様に分解は確認できなかった。それらの結果については，表1にまとめて示す。さらに，リパーゼ CS 2 は，ポリ乳酸同様側鎖構造を有する PHB についても分解活性があることを確認しており，ポリ乳酸に対する強い分解活性とともに，広い特異性を持つ酵素であることが明らかになった。

9 プラスチックシートの分解

リパーゼ CS 2 を用いた生分解性プラスチックの分解については，エマルジョンのみならず，ペレットやシート状に加工された固体状の PBS，PCL についても分解効果が見られる。図6に PBS フィルムの分解例を示す。エマルジョンでの分解試験同様，リパーゼ CS 2 の添加によりすみやかに分解することが確認できた。また分解速度は加えた酵素量に依存し，添加する酵素量を増やすことで分解速度を速めることができる。例えば前述の *Cryptococcus* sp. S-2 の培養液を用いた場合，培養液の上清を濃縮することなく図6で示す PBS フィルムを1日以内で完全に PBS フィルムを分解することができる。

第6章 高活性リパーゼによるポリ乳酸分解

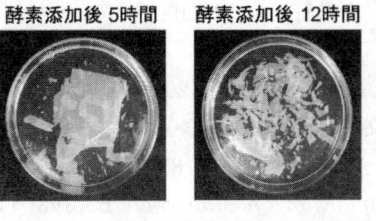

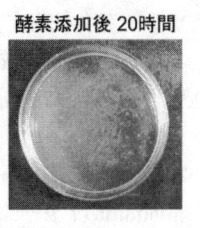

図6 リパーゼCS2によるPBSシートの分解
使用したPBSシートは10 cm×10 cm，重量約0.3 g，厚さ16μm，分解反応温度30℃。酵素添加20時間後にはプラスチックが全て分解され，溶けてしまう。

10 おわりに

我々が見出したポリ乳酸分解能を有する酵素は，そのアミノ酸配列解析からは，これまでに知られているどの酵素とも高い配列類似性は示さなかった。X線結晶構造解析の結果からは，局所的なアミノ酸配列の比較結果と同様にクチナーゼやアセチルキシランエステラーゼと近い立体構造を示す。しかしながら，脂肪酸鎖長の異なる p-ニトロフェノールエステルに対する基質特異性を調べると，既知のクチナーゼは短鎖脂肪酸エステルに特異的であるのに対し，リパーゼCS2は短鎖から中長鎖脂肪酸エステルまで広い基質特異性を示す[21]。この酵素は当初リパーゼとして見出されたが，ポリ乳酸など代表的な生分解性プラスチックに対する分解触媒活性を持つことが明らかになった。この酵素はそもそもそれらプラスチックを基質としたスクリーニングによって得られた微生物由来ではないことは興味深い。現在，人工的に作られたポリエステルを分解することができる酵素がいくつか見つかっている。それぞれの酵素的特徴を十分理解することで酵素基質としてのプラスチックと酵素の関係が明らかになっていくことが期待される。さまざまなプラスチックをバイオ技術で自由に解重合することができるようになれば環境低負荷型ポリマーとしての価値も大きくなる。既にある酵素の構造を改めて眺めてみると，今まで気付かなかった今までとは違う使い方で大きなブレークスルーをもたらす能力を秘めていることに気付くかもしれない。

文　献

1) 望月政嗣，生分解性高分子の基礎と応用，アイピーシー，p 292（1999）
2) 「生分解性プラスチックのフィールド・テスト（土壌系・水中系）第3報」生分解性プラ

スチック研究会技術委員会発行，p 179（1997）
3) D. F Williams, *Eng. Med.*, **10**, 5 (1981)
4) Y. Oda *et al.*, *J. Polym. Environ.*, **8**, 29 (2000)
5) 白浜博幸ら，高分子論文集，**55**, 57 (1998)
6) Y. Kikkawa *et al.*, *Biomacromolecules*, **6**, 850 (2005)
7) H. Pranamuda *et al.*, *Appl. Environ. Microbiol.*, **63**, 1637 (1997)
8) K. Nakamura *et al.*, *Appl. Environ. Microbiol.*, **67**, 345 (2001)
9) Akutsu-Shigeno *et al. Appl. Environ. Microbiol.*, **69**, 2498 (2003)
10) Y. Akutsu *et al.*, *Appl. Environ. Microbiol.*, **64**, 62 (1998)
11) H. Fukuzaki *et al.*, *Eur. Polym. J.*, **25**, 1019 (1989)
12) Y. Hoshino *et al.*, *Biodegradation*, **13**, 141 (2002)
13) Y. Tokiwa *et al.*, *Nature*, **270**, 76 (1977)
14) H. Iefuji *et al.*, *Biosci. Biotechnol. Biochem.*, **58**, 2261 (1994)
15) H. Iefuji *et al.*, *Biochem J.*, **318**, 989 (1996)
16) 家藤治幸，酵母からのチャレンジ，技報堂出版，p 57 (1997)
17) N. R. Kamini *et al.*, *Process Biochem.*, **36**, 317 (2000)
18) N. R. Kamini *et al.*, *Process Biochem.* **37**, 405 (2001)
19) K. Masaki *et al. Appl. Environ. Microbiol.*, **71**, 7548 (2005)
20) C. A. Murphy *et al.*, *Appl Environ Microbiol.*, **62**, 456 (1996)
21) 正木和夫，家藤治幸，バイオサイエンスとインダストリー，**64**, 330 (2006)
22) C. M. Carvalho *et al.*, *Biotechnol Bioeng.*, **66**, 17 (1999)

第3編　応用編

第1章　医療用バイオベースマテリアル

山岡哲二[*1]，木村良晴[*2]，藤里俊哉[*3]

1　はじめに

　本章で取り扱うバイオベースマテリアルの医療用途では，環境調和やゼロエミッションを気にすることはなく，あらゆるエネルギーを惜しみなく注ぎ込んで，最高の性能（治癒効果）と安全性を確保することが目的である。20年以上ものあいだ，ポリ乳酸（PLA）の応用分野として外科用縫合糸が際だっていた。性能と安全性が達成されれば，高額であっても十分な付加価値としては，認められるからである。では，医療分野で用いる場合，"バイオベース"であることは，どのような印象であろうか。生体由来だから安心，あるいは，自然環境に存在しているから安心，とは限らない。様々な毒素や，ウィルス，プリオンなど，生命を奪う危険性は自然界に多くある。そのような環境の中で，人類は安全なバイオベースマテリアルを選択して医療に利用してきた。紀元前5世紀頃にはエジプトに歯科医がいたようで，このころの義歯らしきものが実際に出土している。我が国においても，江戸時代には実用に耐える木製義歯が存在していた。また，外科用縫合糸として絹糸が利用されたのは11世紀のことである。羊腸や牛腸が縫合糸として利用された歴史は古く1800年代に優れた滅菌法が開発されて，カットガットと呼ばれる羊や牛の腸の漿膜に撚りをかけた生体吸収性縫合糸が実用されるに至った。まさに，医療用バイオベースマテリアルである。

　近年，さまざまなバイオベースの材料を組織再生の足場（スキャホールド）として利用する再生医療が注目を集めている。本章では，再生医療で主要な働きをするスキャホールド材料として検討されている生体吸収性材料について，PLAなどの化学合成材料と，動物組織そのものを用いる生体スキャホールドについて紹介する。

---

* 1　Tetsuji Yamaoka　国立循環器病センター研究所　生体工学部　部長
* 2　Yoshiharu Kimura　京都工芸繊維大学　大学院工芸科学研究科　生体分子工学部門　教授
　　　　バイオベースマテリアル研究センター長
* 3　Toshiya Fujisato　国立循環器病センター研究所　再生医療部　室長

2 再生医療

2.1 歴史

1988年に,米国のシンポジウムのタイトルとしてTissue Engineering(組織工学)という用語が初めて使用された。大きな損傷を受けた組織や器官(臓器)は,もはや正常に自然修復されることはなく,その治療は,人工臓器や臓器移植に頼ることとなる。従来の人工臓器では,材料に対する生体反応の制御が不十分であり,また,臓器移植ではドナー不足や免疫反応による拒絶反応に加えて倫理的な問題が残る。そこで,組織工学の検討が始まり,1980年頃,皮膚組織の再建が試みられた。フィーダーレイヤーなる細胞層の上で表皮組織が重層化することを利用して表皮シートが作製され,続いて,真皮の再生や,コラーゲンゲルと線維芽細胞,表皮細胞を組み合わせた皮膚の再生が相次いで報告された。1993年,R. Langerらは,スキャホールド(Scaffold,足場材料)と呼ばれるポリグリコール酸(PGA)不織布に軟骨細胞を播種してヌードマウスの皮下に埋入することで,異所的な軟骨の再生が誘導できること,さらに,この手法が,肝臓,腸,尿管,骨などへ展開できる可能性を示唆した[1]。再生が困難と考えられていた軟骨組織を対象にしたことと,異所的な組織の再構築に成功したことで,組織工学は世界的な注目を集めた。さらに,ヒト胚性幹細胞の単離が報告され,組織幹細胞が続々と発見されると,組織工学の最大の問題であった細胞源の問題が解決すると期待され,ますます研究が盛んになった。

2.2 再生医療

近年注目されている再生医療は,再生医工学と細胞移植に大別できる(図1)。再生医工学の中心は,生分解性マトリックスに細胞を播種して組織再生を狙うタイプの戦略であり,上述の組織工学と同等の概念である(図1-②,③)。スキャホールド材料は,細胞増殖のための接着足場として機能し,細胞が増殖して組織が構築されるとともに分解吸収される。

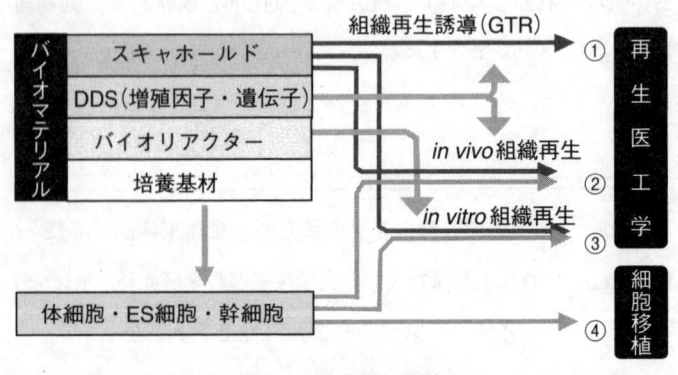

図1 再生医療の戦略

第1章　医療用バイオベースマテリアル

　図1の①は，スキャホールドのみを使って，in vivo で，組織再生を試みる戦略であり，組織再生誘導法（GTR, Guided Tissue Regeneration）と呼ばれる。例えば図2のように，断裂した末梢神経を生体吸収性チューブでつなぎ，ある期間，末梢神経が再生する空間を確保することで，神経細胞の再生を妨げる周囲組織の浸潤を防ぐことができる。また，図1の④に示した細胞移植は，マトリックスを利用することなく体外に取り出した細胞を欠損部位に注入することで治療効果をねらう方法である。1994年に，患者の膝関節から採取した軟骨細胞を増幅し，その細胞分散液を膝関節の軟骨欠損部に注入することで，関節軟骨が再生できることが示された。最近では，自己の幹細胞などを移植することによる心疾患の治療，あるいは，ドーパミン分泌細胞を移植することによるパーキンソン病の治療などが報告されている

2.3　生体吸収性スキャホールド材料

　再生医工学の一つの重要要素である生体吸収性材料（生分解性材料）は，その由来により天然

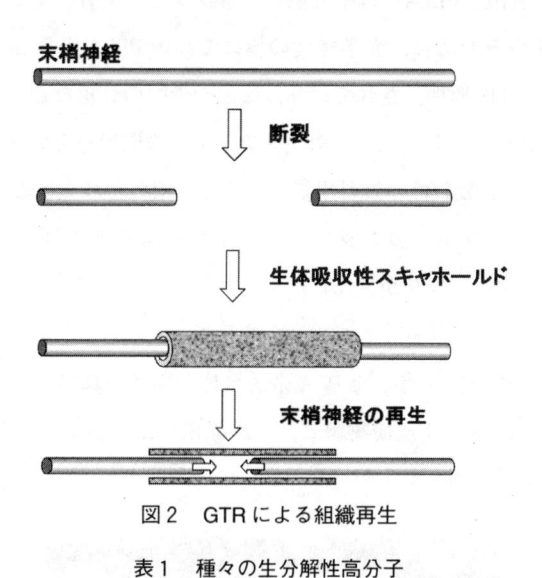

図2　GTRによる組織再生

表1　種々の生分解性高分子

天然高分子				
	1. 植物産生	1.1 多糖		デンプン・アルギン酸
	2. 動物産生	2.1 多糖		キチン・キトサン・ヒアルロン酸
		2.2 タンパク質		コラーゲン・血漿アルブミン
	3. 微生物産生	3.1 ポリエステル		ポリ（3-ヒドロキシアルカノエート）
		3.2 多糖		ヒアルロン酸
合成高分子				
	1. 脂肪族	1.1 重縮合系		ポリブチレンサクシネート
	ポリエステル	1.2 ポリラクチド類		ポリグリコール酸・ポリ乳酸
		1.3 ポリラクトン類		ポリ（ε-カプロラクトン）
		1.4 その他		ポリブチレンテレフタレート・アジペート
	2. ポリオール			ポリビニルアルコール（低分子量体）
	3. ポリカーボネート			ポリエステルカーボネート
	4. その他			ポリ酸無水物・ポリシアノアクリレート
				ポリオルソエステル・ポリフォスファゼン

高分子と合成高分子とに分けられる（表1）[2]。天然高分子に対しては，生体自身が分解酵素を用意していることが多く，酵素分解型生分解性材料として利用できる。酵素分解型の場合，分解速度がきわめて速いために架橋などの化学処理が必要となる欠点があり，また，生体由来の免疫原性などの問題も懸念される。一方，セルロースやデキストランのように，対応する分解酵素が生体内にない場合や結晶性が高い場合には，極めて分解速度は遅く，例えば，酸化再生セルロースのように化学修飾して[3]，生分解性の癒着防止膜[4]や止血剤[5]として臨床応用されている。いずれにしても，その安全性確保と分解速度の調節は容易ではなく，これらの材料の代替となる合成材料に対する期待が高い。

合成高分子の場合，モノマー単位の化学構造とその結合様式で生体分解性を調節することが出来る（表1）。さまざまな脂肪族ポリエステルが開発されているが，生体内で完全に水と二酸化炭素に代謝され，かつ，十分な力学強度と適度な分解速度を有する，PLA や PGA に代表されるポリ-α-ヒドロキシ酸の誘導体が最も有望である。その応用範囲は多岐にわたり，例えば，高分子量で高強度のポリ-L-乳酸（PLLA）は生分解性の骨プレートや骨固定ピンとして応用されている（図3）。高い強度を得るために，光学純度の極めて高い PLLA から高い結晶化度のロッドを調製した後に，切削により成形加工されており，顔面や骨頭の骨折など，比較的荷重の小さな部位では十分に使用可能である。グリコリドやラクチドを他の環状モノマーと共重合体することで得られる柔軟な共重合体は，吸収性の外科用縫合糸として用いられている（図4）。合成の生分解性縫合糸としては 1962 年にアメリカンシアナミド社が PGA 繊維を開発し，1970 年に Dexon™ として上市し，その後，次々と開発が進んだ。

しかしながら，再生医工学用材料としての利用を目指した場合，この様な特性のみでは十分とは言えず，さらに，高い機能性を有した PLA 系誘導体が期待されている。次項では，我々のグループで進めている，PLA 製人工皮膚材料と，PLA 系温度応答性ゲル化材料（インジェクタブルスキャホールド）に関して紹介する。

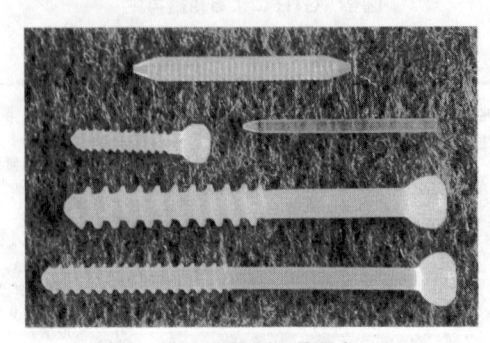

図3　ポリ乳酸製の骨固定ピン

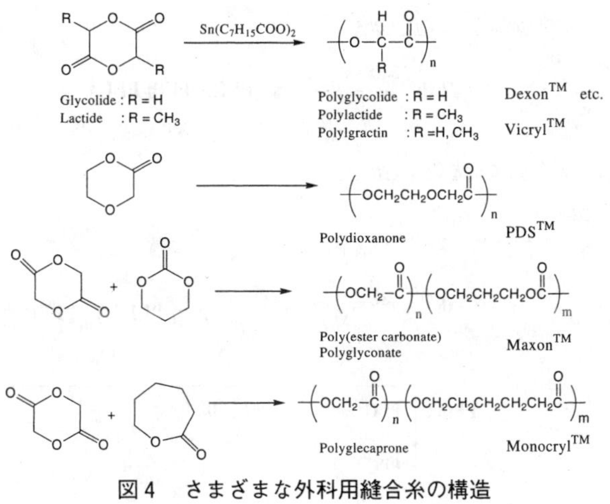

第1章 医療用バイオベースマテリアル

図4 さまざまな外科用縫合糸の構造

3 機能性ポリ乳酸誘導体

3.1 人工皮膚―ポリ乳酸系ハイドロゲル／ハイドロキシアパタイト複合体―

　BSE問題など，コラーゲンの医療分野での利用が制限されつつある状況のなかで，コラーゲンが有する優れた生体適合性を合成材料で再現することは重要な課題である。我々のグループでは，コラーゲンゲル製人工真皮の代替となる機能性PLA誘導体の開発を進めてきた。まず，細胞がマトリックス内部で増殖できる環境を与えるためには，含水ゲルであることが重要であると考え，PLAセグメントとポリエチレングリコール（PEG）セグメントからなるマルチブロック共重合体の新規合成方法を開発した（図5）[6]。ここでは，生体内での蓄積性を回避できる分子量20000のPEGを利用した。所定量のデカンジカルボン酸を系中の水酸基とカルボキシル基を等モル量に調節するために添加し，さらに，ジフェニルエーテルを溶媒とした環流により脱水重縮合を加速させた。得られたマルチブロック共重合体のPEG組成は3～87％であり，何れの分子量も約10万であった。すなわち，マルチブロック共重合体の開発により，PLA-PEG-PLAトリブロック共重合体ではPEG組成の上昇とともに分子量が低下するという欠点を克服したことになる。なぜなら，PEGの組成が3～87％のトリブロック共重合体の理論分子量は，PEGの分子量が20000の場合，67万～2.3万となる。逆に考えれば，成形加工が可能な分子量10万程度を確保するには，PEG組成は20％が上限と云うことである。このマルチブロック共重合体の開発により，速い分解速度と含水性を有しながらも市販の外科用縫合糸と同等の初期破断強度を有する強い材料が調製でき，メッシュ，フィルム，不織布，スポンジなど様々な形状でスキャホールドとしての利用が可能となった。
　マルチブロック共重合体のバルク内の構造は，その組成比に応じたミクロ相分離構造を有する

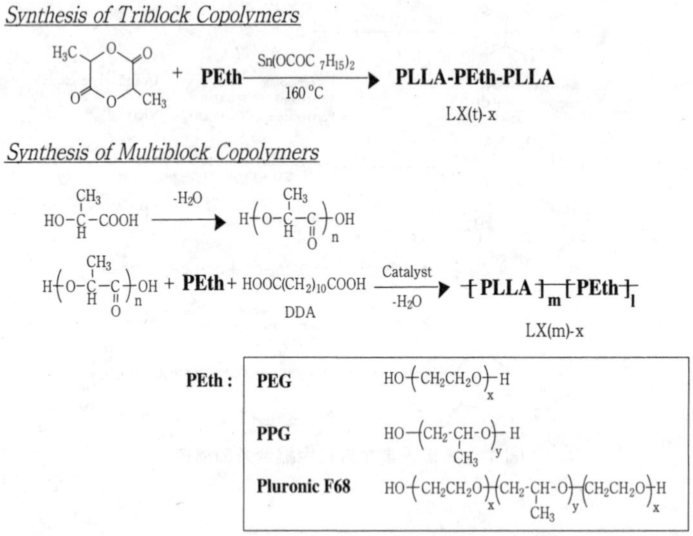

図5 従来型のトリブロック共重合体（上）とマルチブロック共重合体（下）の合成スキーム

ことがDSC測定およびX線散乱より確認されている。PEGドメイン中に隔離されたPLAドメインを生分解性架橋点として，PEG成分が膨潤するために，これまでにない生分解性ハイドロゲルを形成する。PEG組成の上昇とともに含水率が上昇し，含水率の向上とともに in vivo 組織反応は飛躍的にマイルドになり，ほとんどカプセル化も認められず，また炎症細胞の浸潤も有意に抑制されていた（図6）。我々は，このバイオイナートなPLA／PEGマルチブロック共重合体ハイドロゲルに対して軟組織親和性を付与することで人工皮膚への応用を進めた。

ハイドロキシアパタイト（HAp）は，骨再生用マトリックスとしてのみならず，軟組織との親和性も古くから知られている。我々は，上述のマルチブロック共重合体ハイドロゲルに組織親和性を付与するために，交互浸漬法[7]を用いてマルチブロック共重合体ハイドロゲル／HAp複合体を作製した。交互浸漬サイクル数とともにHApが析出し，さらに，PEGドメインを33％含有するために膨潤率が高いLE(m)-33の場合，ゲル内部でもHApが析出していることがEPMA分析の結果から確認された。図7は，マルチブロック共重合体の凍結乾燥により作製したスポンジ構造に対してHApを複合化し，さらに，シリコーン薄膜を重層した構造の人工真皮の断面SEM写真である。ラット皮膚全層欠損モデルに対する移植試験を行い，所定期間後に組織修復性と拘縮の程度を定量化した結果，炎症反応は極めてマイルドであり，カプセル化も軽微であった。また，周囲組織が速やかに浸潤することで皮膚組織の再生を誘導することが明かとなった。これらの優れた組織修復性は，多孔質材料の微細孔内への組織の浸潤のみならず，ハイドロゲルマトリックス中への周囲細胞の進入現象が大きく影響している。この速やかな皮膚組織修復は，治癒に伴う組織の拘縮を有効に抑制した。何れの指標も，ポリ乳酸スポンジとコラーゲンとの複合材

第1章　医療用バイオベースマテリアル

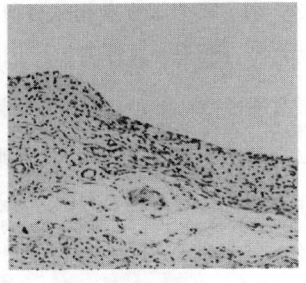

図6　ラット皮下2週埋入後の組織反応
（左：PLLA，右：マルチブロック共重合体）

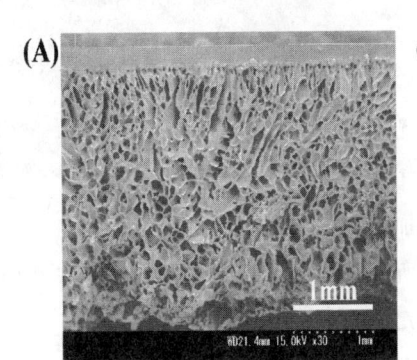

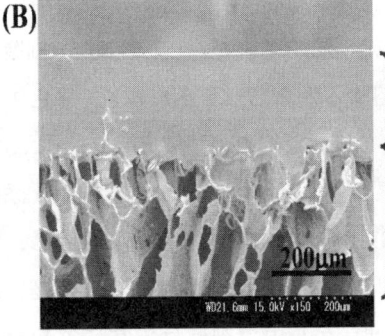

図7　マルチブロック共重合体スポンジとシリコン薄膜からなる，完全合成型人工皮膚のSEM写真

料をしのぐ特性であり，このマルチブロック共重合体ハイドロゲルスポンジ／HAp複合体は，その柔軟な特性とマイルドな炎症反応を併せもつ皮膚組織修復材料として期待される。

3.2　細胞移植用インジェクタブルスキャホールド

近年，心筋梗塞部位への細胞移植などによる著効が報告されているが，移植した細胞を患部へ効率的に送達（固定）することは容易ではなく，細胞生着率は10％以下との報告もある。そこで，移植細胞を懸濁させるマトリックスとしてインジェクタブルスキャホールドが注目されている。インジェクタブルスキャホールドとは，生体外では溶液であり，患部に適応された後に何らかの刺激によりゲル化（固化）する相転移材料である。我々のグループでは，ポリ-L-乳酸（PLLA），あるいはポリ-D-乳酸（PDLA）と，PEGとのABA型トリブロックコポリマーを利用して，低温では液状で32℃以上でゲル状に相転移するインジェクタブルスキャホールドの開発に成功した[8]。まず，PLLA-PEG-PLLAトリブロック共重合体を水系中に分散してPLLAコアとPEGコロナからなる高分子ミセル（L体ミセル）を作製する。同様にPDLA-PEG-PDLAからD体ミセルを調製した。両者の10％懸濁液を混合し（図8，d），37℃で処理すると透明なゲル

状に変化した（図 8，e）。このような相転移現象は，L体ミセルのみの懸濁液では観察されないこと（図 8，a・c），および，X 線散乱解析の結果から，この相転移現象が PLLA と PDLA とのステレオコンプレックス形成に基づいてミセル間に架橋が生じるためであることが明かとなっている。このインジェクタブルゲルは，生体内で分解される PLA と生体内非蓄積性である PEG のみからなる，含水率 90％の完全生体吸収性のインジェクタブルスキャホールドである。

　このゲルが細胞毒性を有さないこと，および，細胞の生存と増殖を許容するかを見当するために，緑色蛍光（GFP）発現マウス繊維芽細胞の移植実験を行った。L体・D体ミセル混合液に所定数の GFP 発現細胞を添加した懸濁液を，GFP(−) マウスの大腿部に注入し，所定時間後に移植細胞の様子を蛍光顕微鏡下にて確認した（図 9）。その結果，ゲル中で細胞は正常に蛍光を発し，その毒性の低さと，細胞移植用インジェクタブル材料として機能することが実証された。

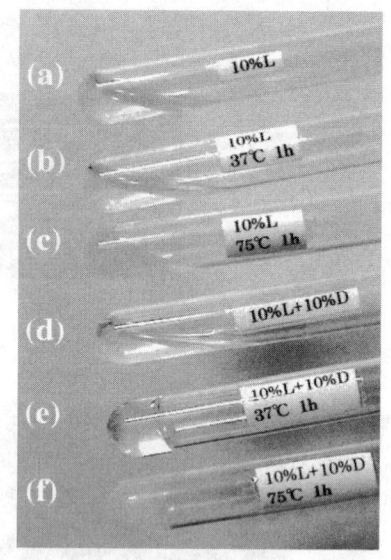

図 8　L体ミセル懸濁液（a）は 37 度ではゲル化しない（b）が，L体・D体混合ミセル溶液（d）は，ステレオコンプレックス形成に基づいて，37 度でゲル化する（e）

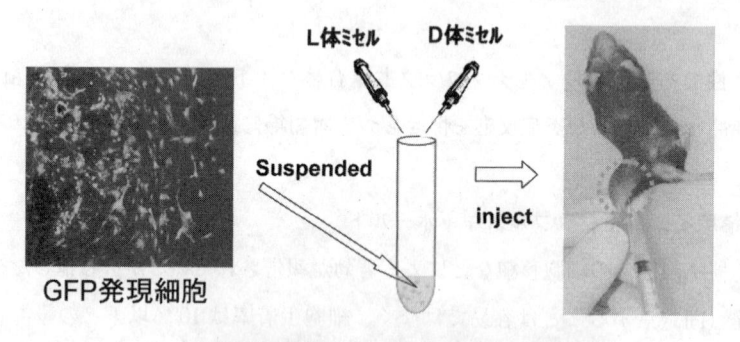

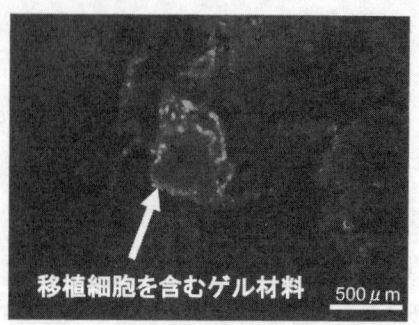

図 9　緑色蛍光タンパクを発現する細胞の移植実験

4 生体組織の利用

医療分野におけるバイオベース材料の究極の利用は臓器移植ではないだろうか。現代の技術では，完全な臓器を作製することは不可能であり，多孔質スキャホールドを利用した再生医工学では，3次元構造を有する組織や器官への応用は容易ではない。そこで，我々は，さらに機能性に富んだスキャホールドとして，生体組織から細胞を除去して生体スキャフォールドとして利用するアプローチを試みている。ヒトあるいは動物から採取した心臓弁から，放射線照射及び洗浄処理によって細胞成分や細菌，ウイルス，DNAを完全に除去した脱細胞化組織は，移植後に自己細胞が侵入することでリモデリングされ，自己組織化されると期待される。さらに，この脱細胞化スキャフォールドに，*in vitro* において患者の自己細胞を播種するテーラーメード移植によって，より早期の自己化を獲得できると考えられる（図10）。

生後4ヶ月，体重約10 kgのクラウン系ミニブタから清潔下にて下行大動脈を採取し，PBSによる洗浄後，PBSを満たした滅菌容器に封入して，10, 30, 100, 300, あるいは1000 Gyのガンマ線を照射して約2週間洗浄した。ガンマ線未照射の組織では洗浄後も組織内に核の残存が見られたが，照射線量が増えるにつれて洗浄後組織内の核の残存が減少し（図11），さらに，残存DNAを測定したところ，300 Gy以上の照射で大幅に減少した（図12）。

一方，作製した脱細胞組織の破断強度並びに弾性率は，もとの組織とほぼ同程度であった。すなわち，300 Gy以上のガンマ線を照射後，洗浄処理することによって，細胞外マトリックスの特性を保持したままで，循環器系組織内の細胞はほぼ完全に除去できる。

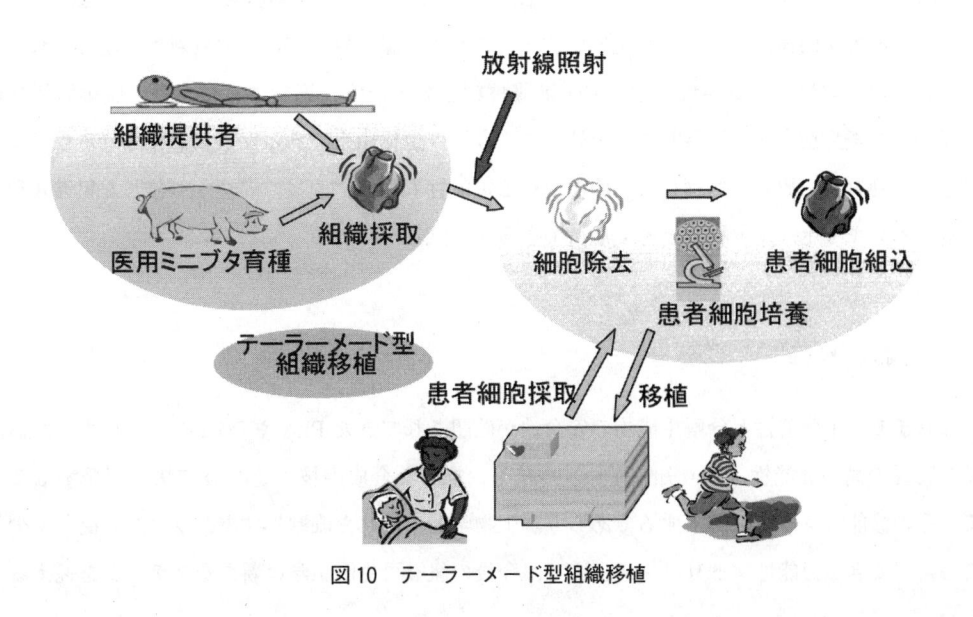

図10 テーラーメード型組織移植

図11 ガンマ線照射（10kGy）及び洗浄処理によって脱細胞化したブタ心臓弁組織
（左：処理前，右：処理後）

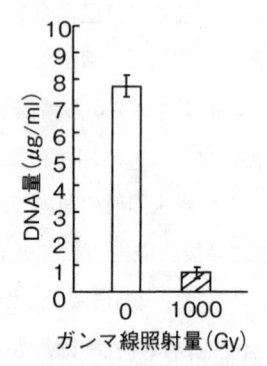

図12 ガンマ線照射及び洗浄処理によって細胞を除去したブタ血管組織の残存DNA量

　Wisterラット（7週令）の皮下部位に上記脱細胞化ミニブタ大動脈を埋入し，2週間後に取り出して組織学的検討を行った。脱細胞化ミニブタ大動脈の場合では，血管新生が認められず，さらに，マクロファージ陽性を示すCD 68陽性細胞数が優位に抑制されており，脱細胞組織のマイルドな炎症反応が証明された。上述したように，生体由来であるが故に懸念されるウイルスや感染性物質も，放射線処理により回避できる可能性も高く，今後，安全かつ優れた組織親和性を有するスキャホールド材料として期待できる。

5　おわりに

　これまでに生分解性と分解生成物の安全性が確認されてきたPLAやPGAのみならず，生体由来の物質の高い機能性は計り知れない。今後も，様々な合成手技や化学修飾法を開発することで，その機能性はさらに向上するであろう。生物学的に優れた細胞外マトリックスの働きを少しでも再現できる機能性マトリックスにより，今後の組織再生医工学は新たなステージを迎えるこ

第1章 医療用バイオベースマテリアル

ととなる。

謝辞

本研究は，原子力試験研究費，厚生労働省循環器病研究委託費（18指—2）および京都ナノテク事業創成クラスターの補助により行われた。

文　献

1) R. Langer, J. P. Vacanti, *Science*, 260, 920–6 (1993)
2) 木村良晴，山岡哲二，生分解性高分子の基礎と応用（筏　義人編著，アイピーシー出版），pp 7 - 63 (1999)
3) 筏　義人，生体材料学，産業図書 (1994)
4) Nishimura, K., Bieniarz, A., Nakamura, R., diZerega, G. S., *Jpn. J. Surg.*, 13, 159–163 (1983)
5) Lasson, B., Nisell, H., Grandberg, I., *Acta Chir. Scand.*, 144, 375–381 (1978)
6) T. Yamaoka, Y. Takahashi, T. Ohta, M. Miyamoto, A. Murakami, and Y. Kimura, *J. Polym. Sci. Part A: Polym. Chem.*, 37, 1513–1521 (1999)
7) Taguchi, T., Kishida, A., Akashi, M., *J. Biomater. Sci. Polym. Edn.*, 10, 331–339 (1999)
8) T. Fujiwara, T. Mukose, T. Yamaoka, H. Yamane, S. Sakurai, and Y. Kimura, *Macromol. Biosci.*, 1, 204–208 (2001)

第2章　バイオマス繊維

山根秀樹*

1　はじめに

　天然に存在し，再生産可能なバイオマスから得られる繊維材料は表1に示すように大きく3種類に分けることができる。第1のカテゴリーは天然に繊維状の物質として存在するバイオマスであり，そのままあるいは加工後に天然繊維として用いられる。綿，麻，羊毛，絹は4大天然繊維として太古より現在に至るまで使用されている。第2のカテゴリーは，バイオマスを構成する高分子を液化した後，紡糸することにより得られる再生繊維である。第3のカテゴリーは，バイオマスを成形が容易な構造に化学修飾し，これを繊維化したいわゆる人造繊維である。第2カテゴリーに属するビスコースレーヨン，キュプラ，第3カテゴリーに属するアセテート繊維，硝酸セルロース繊維はすでに19世紀後半に開発されている。本項ではこれら第2，第3カテゴリーに属するバイオマス繊維について述べるが，ビスコースレーヨン，キュプラ，ポリノジック，テンセル，リヨセルなどの再生セルロース繊維[1,2]，アセテート，硝酸セルロースなどの人造繊維[2]についてはすでに多くの成書があるので，参照してほしい。

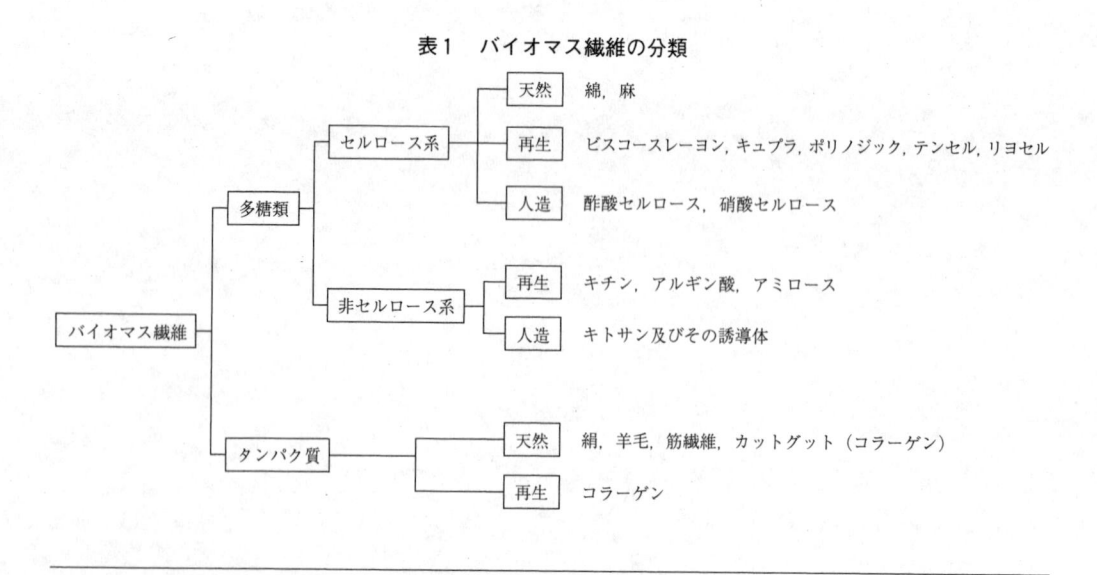

表1　バイオマス繊維の分類

バイオマス繊維	多糖類	セルロース系 — 天然	綿, 麻
		セルロース系 — 再生	ビスコースレーヨン, キュプラ, ポリノジック, テンセル, リヨセル
		セルロース系 — 人造	酢酸セルロース, 硝酸セルロース
		非セルロース系 — 再生	キチン, アルギン酸, アミロース
		非セルロース系 — 人造	キトサン及びその誘導体
	タンパク質	天然	絹, 羊毛, 筋繊維, カットグット（コラーゲン）
		再生	コラーゲン

　　＊　Hideki Yamane　京都工芸繊維大学　繊維科学センター　教授

2 キチン・キトサン繊維

キチンはN-アセチル-β-D-グルコサミン基の1,4結合した多糖である。キチンはセルロースと同様な構造を有するが、2位の水酸基の代わりにアセトアミド基をもつアミノ多糖である。カニ、エビ、オキアミ、イカ、昆虫、微生物などの殻を構成し、毎年1千億トン生産されるといわれている。これら生物の殻よりアルカリでタンパク質を、酸で炭酸カルシウムを除去することによりキチンが得られる。キチンを濃アルカリ水溶液中に懸濁して加熱するとN-脱アセチル化され、キトサンとなる。種々のN-アセチル基置換度のキトサンが得られるが、通常のN-脱アセチル化度は0.7〜0.95である[3]。図1にキチンおよびキトサンの化学構造を示す。

キチンは一般の溶媒や水には不溶で、ジメチルアセトアミド／塩化リチウム、ヘキサフルオロイソプロパノール、ギ酸などにしか溶解しない。しかしながら、セルロースと類似の化学構造を有するため、濃アルカリに浸漬することによりアルカリキチンとし、さらに二硫化炭素との反応によりキチンビスコースである粘性溶液とすることができる。このため、セルロースビスコースとの混合溶液を10%H_2SO_4, 32%Na_2SO_4, 1.3%$ZnSO_4$混合凝固浴中に湿式紡糸することによ

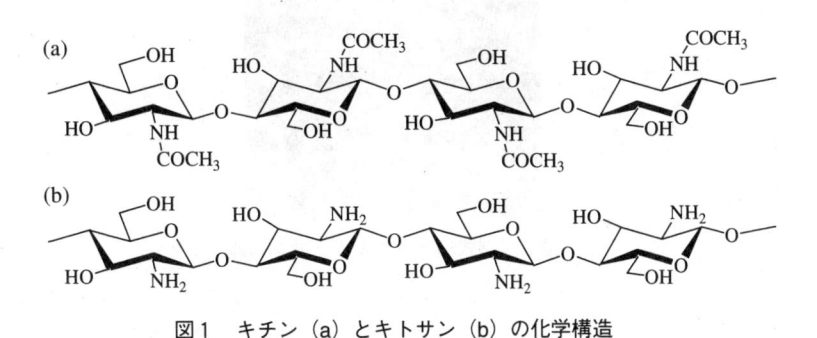

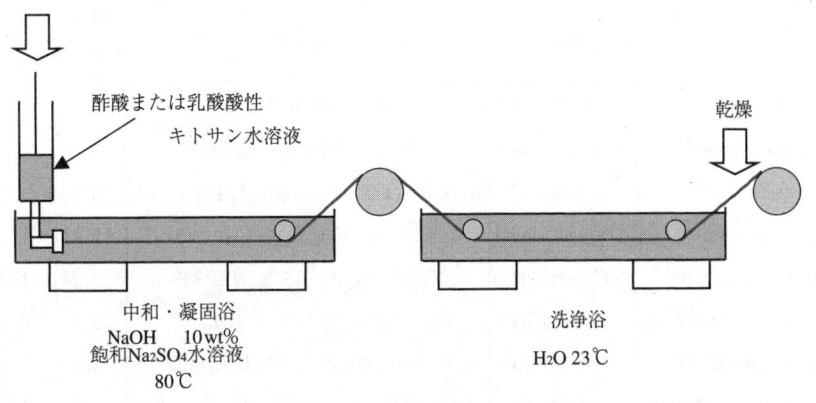

図1 キチン (a) とキトサン (b) の化学構造

図2 キトサンの湿式紡糸

り，セルロース／キチンブレンド繊維が得られる。

　キトサンの溶解性は高く，酸性水溶液に溶解する。図2のような装置を用いて，希酢酸へのキトサン濃厚溶液をアルカリ水溶液および飽和 Na_2SO_4 水溶液の凝固浴中に湿式紡糸することによりキトサンの微細な繊維（図3）を得ることができる。平野は，キチン，キトサンおよびその誘導体とそれらと他の多糖との混合物を湿式紡糸することにより，表2にまとめられているような種々の機能性繊維を得ており，次のような種々の生物機能を示すことを明らかにしている[4]。

① マクロファージ，Tリンパ球細胞とBリンパ球細胞を活性化する免疫賦活性
② 植物や動物を細胞レベルで賦活
③ キチナーゼやリゾチーム酵素の誘導活性とそれらによる菌細胞壁の分解による抗菌活性

図3　湿式紡糸されたキトサン繊維

表2　湿式紡糸により得られたキチン，キトサンおよびその誘導体繊維

試料	溶媒	凝固浴	繊度 d	引張強度 g/d	伸び %
chitosan	2 % acetic acid	10 % NaOH/30 % Na_2SO_4	33	1.14	11.6
chitosan (deacetylation 57 %)	2 % acetic acid	10 % NaOH/30% Na_2SO_4	116	0.74	11.2
chitin	14 % NaOH	10 % H_2SO_4/32 % Na_2SO_4/1.3 % $ZnSO_4$	3.75	1.25	8.4
topocollagen/chitosan (1/1)	2 % acetic acid	5 % NH_3/40〜43 % $(NH_4)_2SO_4$	17.7	1.15	10.9
silk fibroin/chitin (6/94)	14 % NaOH	10 % H_2SO_4/40〜43 % $(NH_4)_2SO_4$	3.24	1.05	8.4
hyaluronic acid/chitin (32/68)	14 % NaOH	10 % H_2SO_4/40〜43 % $(NH_4)_2SO_4$	9.9	0.69	8.6
heparin/chitin (32/68)	14 % NaOH	10 % H_2SO_4/40〜43 % $(NH_4)_2SO_4$	4.87	0.48	6.7
cellulose/chitin (3/97)	14 % NaOH	10 % H_2SO_4/32% Na_2SO_4/1.3 % $ZnSO_4$	3.2	1.2	29.8

④ キトサンアミノ基のイオン結合や分子親和力による抗菌活性
⑤ 血小板細胞の活性化による血栓形成の促進
⑥ 動植物の創傷治癒促進と皮膚保全
⑦ アレルギーの解消

　コラーゲン，セルロースなどの動植物組織への適合物質を添加すると，繊維の生体適合性はさらに良好となる。

3　アルギン酸繊維

　アルギン酸は昆布，カジメ，アラメなどの褐藻類に含まれ，図4に示すようなウロン酸に属するβ-1,4-D-マンヌロン酸およびα-1,4-L-グルロン酸がブロック状に結合した多糖である[5]。セルロースの-CH$_2$OH基が-COOH基に置き換わった構造を持つ。このような褐藻類は，成長が速く，世界中の海中に繁殖しており，未利用の海洋バイオマスとして注目されている。-COOH基の存在のため，アルギン酸は高分子電解質であるが，藻体中では海水に含まれる様々な金属イオンと塩を形成し，水に不要なゼリー状態となって細胞間隙を満たしている。アルギン酸は，粉砕された褐藻類から炭酸ナトリウムあるいは水酸化ナトリウム水溶液中に水溶性のナトリウム塩として抽出される。アルギン酸のアルカリ金属塩は水溶性であるが，2価以上の金属塩は水に不溶である。この性質を利用して，アルギン酸ナトリウムの炭酸ナトリウム水溶液（8～9％）を紡糸原液とし，塩化カルシウム水溶液を凝固浴として湿式紡糸することにより繊維化することができる。凝固浴に含まれる金属塩の種類により，表3に示すような種々のアルギン酸繊維が得られている[6]。せっけん溶液や他のアルカリ溶液中で溶解するが，アルカリに対する溶解性はクロム塩やベリリウム塩で処理することにより低減する。

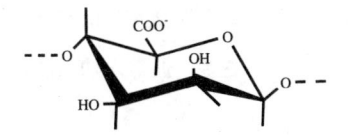

β-(1,4)-D-マンヌロン酸　　　　α-(1,4)-L-グルロン酸

図4　アルギン酸の構成成分

表3 アルギン酸各種金属塩繊維の諸物性

		アルギン酸	アルギン酸カルシウム	アルギン酸アルミニウム	アルギン酸クロム	アルギン酸ベリリウム
金属成分（%）		灰分0.1	Ca 10.38	Al 3.30, Ca 5.50	Cr 1.53, Ca 8.29	Be 2.98, Ca 4.91
比重		1.627	1.779	1.773	1.780	1.735
引張強度 (g/d)	湿度 0	2.00	2.18		2.00	2.80
	65	0.50	1.14		0.99	1.56
	100	極めて弱い	0.29		0.68	1.08
伸度(%)	0	9.7	10.1		5.6	3.9
	65	4.3	14.3		4.2	5.2
	100		25.7		4.5	3.2
吸湿率(%)	63.8		20.4	28.5	29.5	24.9
	100		51.9	54.5	61.8	53.0
燃焼性		難燃性	同左	同左	同左	同左
耐アルカリ性 0.2% Na$_2$CO$_3$ 30 min, 25～40℃		溶解	溶解	1 hrで溶解	難溶性	同左

4 デンプン（アミロース）繊維

デンプンは最も豊富に生産される天然資源であり，植物の結合組織の主成分であるセルロースとは異なり，植物のエネルギー貯蔵物質として種子，果実，根，根茎に蓄えられる。デンプンD-グルコースが200～1000個α-1,4結合した直鎖状多糖であるアミロースと，重合度20から25の短いアミロース鎖がα-1,6結合によって高度に分岐したアミロペクチンとの混合物であり，その割合はデンプンの由来植物種類および部位により異なる。アミロースとアミロペクチンの構造を図5に示す。

デンプンは植物の種類によって特徴のある水に不溶な少粒子状をしており，デンプン粒と呼ばれる。デンプンを水中で加熱するとデンプン粒は徐々に膨潤を始め，次第に透明度が増大し，粘度が上昇する。この現象を糊化（わが国ではアルファ化という言葉がしばしば用いられている）という。糊化により得られた液状物質は良好な曳糸性を示さず，通常の紡糸法による繊維化は困難である。

アミロペクチン含有量の高いデンプンの懸濁液を糊化させ，これを硫酸アンモニウム飽和水溶液中に湿式紡糸することにより，アミロペクチン成分が塩析し，短い繊維状物質となる。デンプンはもともと水に不溶であるため，この繊維状物質を水中に分散させ，紙の原料とすることも可能である。

第2章 バイオマス繊維

図5 アミロペクチン (a) とアミロース (b) の化学構造

　最近，酵素を基質としてグルコースを α-1,4結合させることにより，任意の分子量で狭い分子量分布を有する直鎖状のアミロースを合成することが可能となっている。これを酵素合成アミロース（Enzymatically Synthesized Amylose）(ESA) と呼んでいる。低-中分子量ESAはアルカリ水溶液に室温で可溶であるが，高分子量（100万程度）ESAは中性の水にも可溶である。ESAの濃厚溶液は，高度に分岐したアミロペクチンを含まないため，曳糸性が高く，湿式紡糸法により繊維化が可能である。高分子量のESAは水溶性であり，濃厚溶液は良好な曳糸性を示すため，メタノール中に湿式紡糸することにより繊維とすることができる（図6）。得られた繊維は容易には水に溶解しない。一方，アルカリに溶解した低，中分子量のESAは，希酸中で中和し，さらにメタノールなどで脱水することにより繊維化が可能である（図7）。濃厚溶液の曳糸性と繊維の力学的性質は低分子量ESAと中分子量ESAとのブレンド比に強く依存する。表4に低分子量ESAと中分子量ESAブレンド濃厚溶液の湿式紡糸の結果をまとめた。低分子量ESAとブレンドは1N-塩酸中で凝固し，さらにMeOH中で脱水することにより繊維化される。一方，中分子量ESAは塩酸中では凝固速度が極めて低いため，1N-HCl/MeOH=25/75の凝固浴中で繊維化が可能である。得られたアミロース繊維の力学的性質を図8に示すが，中分子量ESA含量と

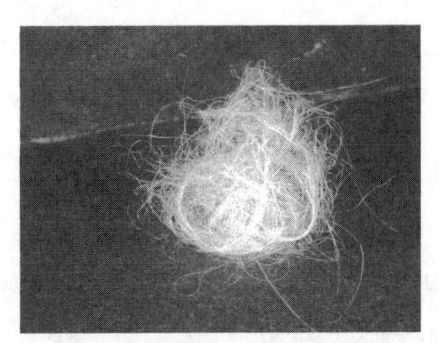

図6 高分子量ESAの湿式紡糸繊維

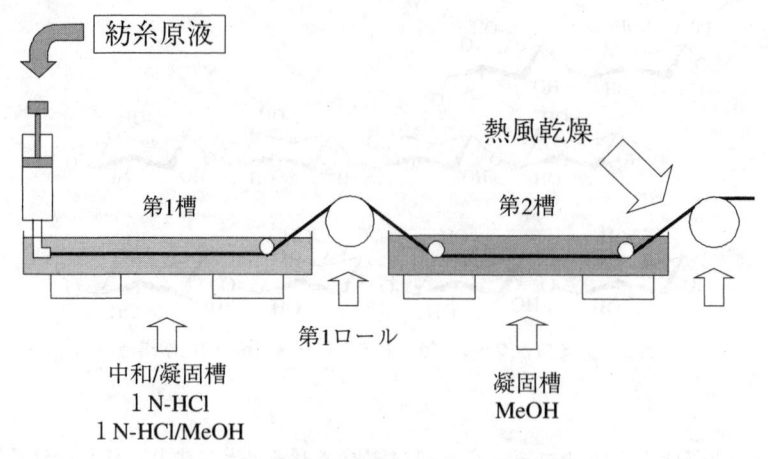

バイオベースマテリアルの新展開

図7 中／低分子量 ESA ブレンドの湿式紡糸

図8 中／低分子量 ESA ブレンド湿式紡糸繊維の力学的性質

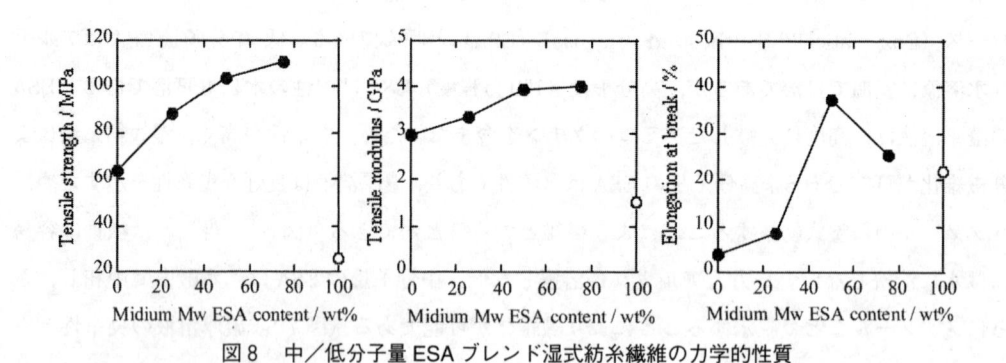

表4 低分子量 ESA/中分子量 ESA ブレンド濃厚溶液の湿式紡糸の結果

Low Mw/Midium Mw	①	②	③
100/ 0 Max. take up speed	× —	× —	○ 2.8 m/min
75/25 Max. take up speed	○ 8.5 m/min	○ 5.7 m/min	× —
50/50 Max. take up speed	○ 7.5 m/min	○ 5.7 m/min	× —
25/75 Max. take up speed	○ 6.4 m/min	○ 2.8 m/min	× —
0/100 Max. take up speed	○ 5.7 m/min	× —	× —

○：Spinnable
×：Unspinnable

Solvent	Neutralization/Solidification bath	Solidification bath
① 1 N-NaOH	1 N-HCl/	MeOH
② 1 N-NaOH	1 N-HCl/MeOH (25 %)	MeOH
③ 1 N-NaOH	1 N-HCl/MeOH (75 %)	MeOH

共に力学的性質は良好となるが，中分子量 ESA は水にやや膨潤する傾向があり，塩酸/メタノール＝25/75 の凝固浴中で湿式紡糸が可能であるが，非常に低い力学的性質を示す[7]。

文　　献

1) 小林伸吉，繊維学会誌，**48** (11)，584（1992）
2) 化学繊維，石川欣造，温品謙二　共訳，丸善（1969）
3) 生分解性プラスチックハンドブック，生分解性プラスチック研究会編，NTS（1995）
4) 平野茂博，バイオインダストリー，シーエムシー出版，April., 2002, p.62（2002）
5) 新繊維原料学，相宅省吾，村岡雍一郎共著，相川書店（1978）
6) 繊維便覧原料編，繊維学会編，丸善
7) 森下豪人，山根秀樹，砂子道弘，高原純一，鷹羽武史，繊維学会誌，**61** (10)，261（2005）

第3章　自動車部品

稲生隆嗣[*]

1　背景

　20世紀は，大量生産，大量消費型社会であったため，現在，化石資源が大量に消費されCO_2排出量が急激に増加し，地球温暖化を引き起こしていることが問題視されている。その反省のため21世紀では，化石資源の一方的排出型社会から，持続的発展のための循環型社会への転換が必須である。自動車産業も，大量生産の恩恵を受けて発達してきており，今後も中国東欧市場の拡大により増加が予測されている。そのため，近年では，燃料電池，ハイブリット車の研究開発やバイオマス由来燃料（エタノール，バイオディーゼル）の利用といった地球環境に優しい技術の開発が活発である。自動車に使用されているプラスチック材料についても上記観点より，植物を中心とする再生可能資源からなるバイオベースの材料による製品開発が活発化しつつある。

2　実用化例

2.1　天然繊維

　従来より，環境，軽量化の観点から，バイオマス素材であるケナフなど天然繊維を熱可塑性樹脂で接着したボードを内装内張り基材に多数採用している[1]。

2.2　バイオプラスチック

　トヨタ自動車は，2003年にラウムのスペアタイヤカバー（図1）に世界で初めてポリ乳酸を自動車部品に採用した。スペアタイヤカバーは，天然繊維であるケナフ繊維とポリ乳酸樹脂でできており，ポリ乳酸の欠点である耐熱性，耐衝撃性が低い点をケナフ繊維で補う形で使用している[2]。その結果，耐熱性（図2），衝撃性（図3）の向上，さらにポリ乳酸の高弾性を生かして軽量化（表1）にもなっている。CO_2の排出を抑えるためにバイオマス由来の材料を使うメリットの検証として，トヨタ自動車は，このスペアタイヤカバーをPPで製造した場合とケナフとポリ乳酸の複合材で製造した場合のLCAを試算している。その結果，約80％，CO_2排出量が削減で

---

[*]　Takashi Inoh　トヨタ自動車㈱　車両技術本部　第2材料技術部　有機材料室　担当員

第3章　自動車部品

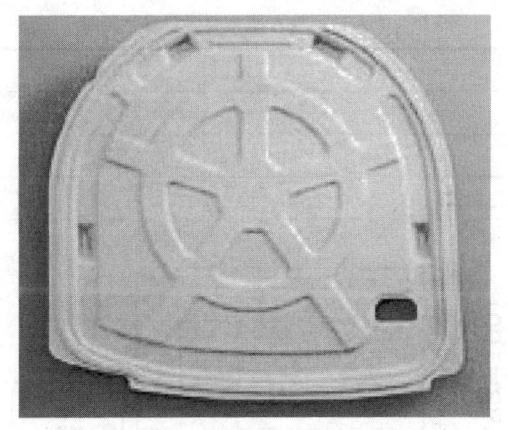

図1　スペアタイヤカバー

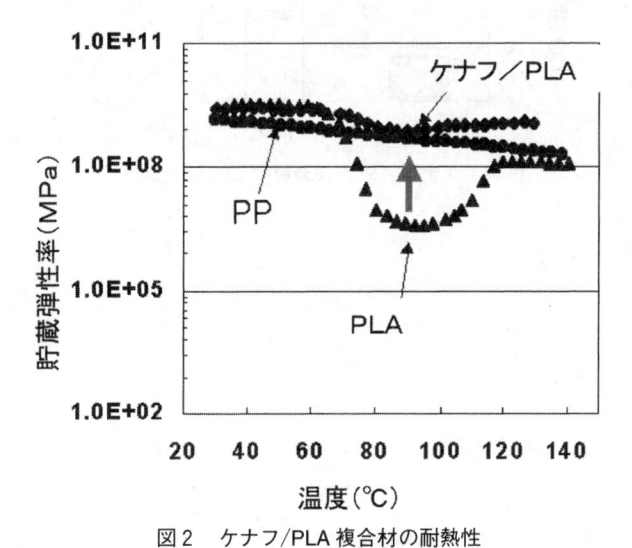

図2　ケナフ/PLA複合材の耐熱性

図3　ケナフ/PLA複合材の耐衝撃性

表1 ケナフ／PLA 複合材の軽量化効果

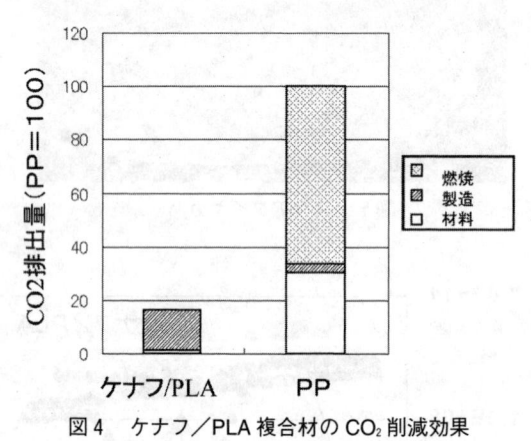

	ケナフ／PLA	PLA	PP
比重	75	134	100
曲げ弾性率	290	350	100
軽量化効果（等剛性比較）	51	—	100

図4 ケナフ／PLA 複合材の CO_2 削減効果

きることを確認している（図4）。

3 研究事例

枯渇資源依存から脱却，循環型社会の構築を目指して，バイオプラスチックを用いた製品開発が活発になってきている。

3.1 天然繊維とバイオプラスチックの複合材料

三菱自動車は，植物由来の原料から製造可能なポリブチレンサクシネート（PBS）と竹繊維を複合した内装部材（図5）を開発し，2007年より量産化すると発表した[3]。PBSとは，コハク酸と1,4ブタンジオールを重合してできるポリマーであり，コハク酸は，植物のでんぷんから製造ができる。この部品を用いるメリットは，ライフサイクル全体での CO_2 排出量をポリプロピレン製の部品より，5割以上削減できるとしている。三菱自動車では，独自の植物由来樹脂技術の総称を「グリーンプラスチック」と名付けている。

トヨタ車体は，ケナフ繊維素材を内装材のみならず，将来の自動車外板を目的とした研究開発を行っており，車のボデー全体を植物由来材料で構成した試作車を2003年東京モーターショーにて発表している（図6）。この複合材料は，ケナフから，補強材としての繊維と接着剤としてのリグニンを取り出し，それらを組み合わせたオール植物由来材料でできている。

第3章　自動車部品

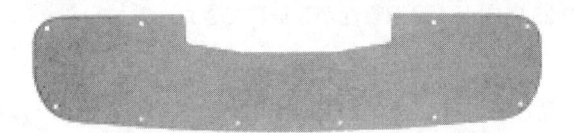

図5　PBS／竹繊維複合内装部材

図6　オール植物由来材料コンセプトカー

3.2　射出成形材

　自動車の樹脂部品の多くは，生産性が高く，低コストな射出成形により製造され，自動車用プラスチックの約60％を占める。よって，植物由来の射出成形材料は，非常に重要な位置を占める。マツダは，産学官共同開発を通じて，自動車内装部品（図7）に使用できる外観品質や強度や耐熱性を持つ材料を開発し，発表した[4]。開発材料は，とうもろこし由来分88％，石油由来分12％で，新たに結晶化促進剤，相溶化剤の配合によって開発し，ポリ乳酸の欠点である結晶化

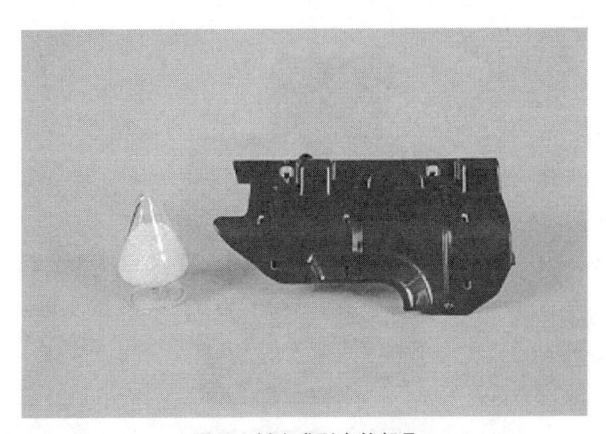

図7　射出成形内装部品

209

速度の改良，耐熱性の 25％向上，耐衝撃性が 3 倍にできたとしている。

3.3 繊維系材料

ポリ乳酸繊維製の製品としては，トヨタ自動車が 2003 年に，ラウム，プリウスのフロアマットに使用しているが，三菱自動車においても 2006 年より，製品化の予定と発表している[5]（図8）。

ポリ乳酸以外の植物由来繊維としては，PTT（ポリトリメチレンテレフタレート）が注目を浴びている。PTT は，1-3 プロパンジオールとテレフタル酸からなるポリエステル系のポリマーである。石油から造られた PTT は，従来から知られているが，デュポンは，構成モノマーである 1-3 プロパンジオールをとうもろこしを発酵させて造るバイオ方法に変更することを発表した[6]。発表内容によれば，2007 年の中期頃より生産開始するとしている。

PTT は，ポリエステル繊維としての高耐久性（堅牢性，耐薬品性，摩耗性）を持ちながら，モジュラスが低いことから，ナイロン繊維のようなソフト感，高触感を持ち合わせている新しい繊維である。ホンダは，この PTT 繊維を複合糸化することで，布地としての安定性を確保するとともに今までに無い風合いを実現し，自動車用シート表皮（図9），内装表皮として，2009 年より製品化する予定と発表した[7]。LCA の考え方による効果は，1 台当たりの CO_2 排出量が約 5 kg 削減できるとしている。

3.4 ウレタンフォーム材料

植物油から造ったポリオールを用いたウレタンの研究もさかんに行われている。特に，米国大豆油協会では，大豆油をベースとした工業製品の開発に力を入れており，バイオディーゼル，溶剤の原料になる大豆エチルとともに大豆油ポリオールの開発を行っている[8]。

フォードは，コンセプトカー Model U（2003 年北米モーターショーにて発表[9]，図10）にて，大豆油ポリオールを用いたウレタンフォームをシートクッション，ステアリングホイール，ダッ

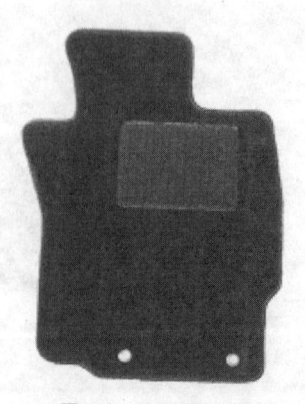

図8　フロアマット

第3章　自動車部品

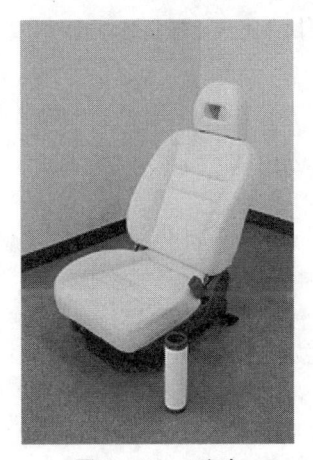

図9　シート表皮

シュボードなどに使用している．また，本コンセプトカーは，他にもポリ乳酸繊維を使ったカーペット，キャンバストップも使っている．

4　おわりに

　地球温暖化や石油資源の枯渇の問題，原油価格の高騰などの観点から，植物を用いたバイオプラスチックは，よりいっそう重要になってきている．自動車部品への搭載は，性能，コスト面で非常に高いハードルであるが，循環型社会の実現へ向けた，企業の環境への取り組み意識の向上などから，実用化に向けた開発が着実に進んできている．今後は，今以上に原材料メーカー，部品メーカー，完成車メーカーが一体となり，自動車産業はもとより全産業が協力し，現在の推進

図10　フォード　Model U

スピードをさらに加速し，循環型社会実現を推し進めていくことが必要である。

文　献

1) 西村拓也，自動車技術，60，p.100-104（2006）
2) 稲生ほか，2003 春季自動車技術会予稿集，20035071
3) 三菱自動車ニュースリリース，2006／2／14
4) マツダニュースリリース，2006／5／11
5) 三菱自動車ニュースリリース，2006／6／22
6) デュポンニュースリリース，2006／6／23
7) ホンダニュースリリース，2006／5／25
8) アメリカ大豆協会ウェブサイト
9) FORD 広報資料

第4章　光，電子材料

田實佳郎*

1　はじめに

　私は高分子の構造面を通常以下のように乱暴にまとめ，その機能研究を考えるための導入にすることが多い。

　「高分子の多くは，炭素原子を中心とする一分子を単位として，それが共有結合であたかも一本の糸のように長くつらなった構造体（高分子鎖とか分子鎖）を示す[1]。この一本の分子鎖が他の分子鎖との共同効果の結果，秩序を持つ構造（結晶）を構成する。もしくは，乱れた構造（非晶）を作る。結晶性が高いとされる高分子は結晶性高分子と特別に呼ばれるが，それでも結晶化度（結晶の体積分率）は通常50％前後である。」

　「高分子の物性研究，特に高分子フィルム（膜）の物性研究では，結晶性高分子であっても，フィルムは結晶領域と非晶領域が複雑に絡み合った高次構造体を形成している。そのために，高分子結晶の性質とマクロな膜に現れる物理量には一対一の対応が存在しないことがいつも念頭に置かれる[2,3]。」

こんなところであろうか。特に光学特性の研究の場合，非晶領域が複雑に混在する為にマクロな測定量から，高分子結晶の定量的な光学特性を解析することは殆ど不可能である。しかし，最近では，ナノ領域の制御法や解析法の進歩により，ナノ領域のみの物性測定が可能になり，高分子結晶の多彩な物性が見出され始めている。

　我々は，従来から，バイオベースマテリアルとして，ポリ（L-乳酸）（図1）に注目してきた。ポリ（L-乳酸）は通常PLLAと表記され，現在ではら旋高分子としてよりは，"環境に優しい高分子"とか"トウモロコシからできたプラスチック"とか"生分解性高分子"として有名である[4,5]。一方で，PLLAは，キラル炭素を含む分子が高分子鎖を形成する。この種類の高分子は，所謂キラル高分子と呼ばれ，その高分子鎖がら旋を描く高分子（ら旋高分子，ヘリカルキラリティを持つ高分子）が示す特異な物性が注目されている。我々は，その旋光性や圧電性に注目し，研究を進めてきた。本稿では，この特異な物性を取り上げ，光・電子材料の可能性を紹介し，読者の皆様のご批判の材料としたい。

　＊　Yoshiro Tajitsu　関西大学　システム理工学部　物理・応用物理学科　工学研究科　教授

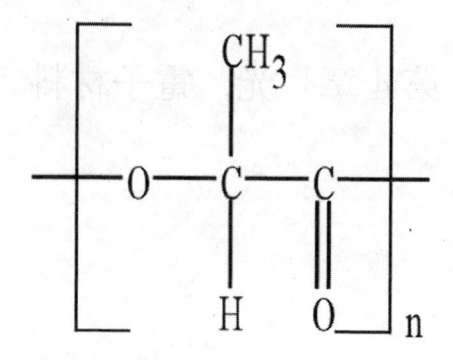

キラリティの存在
PLLA(ポリL乳酸)分子式
図1　ポリL乳酸（PLLA）の分子式

2　PLLA結晶構造

はじめに，本稿で紹介するPLLAの特異な物性のもとになる結晶構造を簡単に紹介する。PLLAの結晶構造については，古くから研究が進められ，最近いくつかの詳細な結晶モデルが提案されている[6~11]。図2，図3にその代表的なモデルの一つを示す。PLLAはキラル高分子と呼ばれている一群の物質の一つである。"キラル"という言葉は，野依先生のノーベル賞受賞から新聞でも良く見かけるようになった。最近では，光学活性高分子を含め広い意味でキラリティを持つ高分子を，"キラル高分子"と便宜的に呼ぶことが多い。図2を見つめると，キラルな分子がら旋構造をなすその華麗さに，きっとため息がでると思う。一般にキラル高分子の結晶は，このような美しい高分子が規則正しくパッキングしてできている。キラル高分子が示す特異な物性はこの美しいらせん構造によって，発現している。図3中のa, b, cは各結晶軸を示す。PLLAの結晶系は斜方晶系に分類される。結晶c-軸に沿って10／3 helicalな分子鎖を含んでいる。また，その点群はD_2である。結晶中で，キラルな分子がら旋構造をなすPLLA結晶の華麗さは驚嘆に値する。PLLA結晶の構造は，このらせん構造によって特徴づけられる。

3　PLLA結晶の旋光性

旋光性とは，一般に光の持つ電界の振動面が回転する現象をいう[12~16]。旋光性は光学活性と呼ばれることも多い。通常，光学活性は旋光性と二色性をあわせた総称である。本稿で，注目する旋光性は結晶内で協同効果として起こる現象である。一方，砂糖溶液などの旋光性は，19世紀半ばにパスツールによって報告され，有名である[12~16]。従って，これとは少し異なる。

第4章 光，電子材料

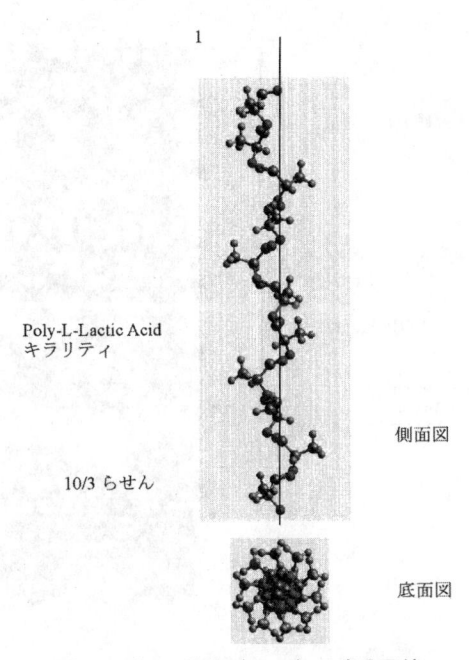

図2 ポリL乳酸（PLLA）の高分子鎖

図2，3を見れば，PLLA 分子鎖が形成するヘリカルな電子軌道に基づく電界の空間分散が存在することは，誰にでも直感的に理解できる。仮に，偏光が，この PLLA 結晶に進入すれば，この空間分散を持つ電界との相互作用により，その振動面が回転する。所謂旋光現象が生じることは容易に想像がつく。実際，古くから予測，計算されてきた[12～16]。この現象は，ら旋高分子，ヘリカルキラリティを持つ高分子が織り成す結晶であれば，その規則性（対称性）によって現れる共通の物理現象である。このことは，α-水晶などで知られている事実となんら変わらない[12～16]。

以下に簡単に旋光性の数学的記述についてまとめる。結晶に入射する偏光[13, 14, 17]の持つ電界 E によって，結晶中に電気変位 D が誘起される現象，旋光性は以下に示す方程式 (1) と (2) によって表わされる[12～19]。

$$D_m = \sum_{l=1,2,3} \varepsilon_{ml} E_l + j[G \times E_m] \quad (m=1, 2, 3) \tag{1}$$

$$G_m = g_{m1}k_1 + g_{m2}k_2 + g_{m3}k_3 \tag{2}$$

ここで，$k(k_1, k_2, k_3)$ は偏光の波数ベクトル，G は旋回ベクトル（軸性ベクトル），ε_{ml} は誘電率テンソル（極性二階テンソル[12～16]），$g_{ml}(l=1, 2, 3)$ は旋回テンソル（軸性三階テンソル[12～16]）である。方程式 (1) の第一項は，E の方向に D が生じることを示す。これに反して，第2項は，G の存在下では，D の方向は E の方向に垂直になることを表す。これが，偏光の E の振動面の回転が生じる（旋光）原因である。また，E の周期に対して，D は4分の1周期遅れること

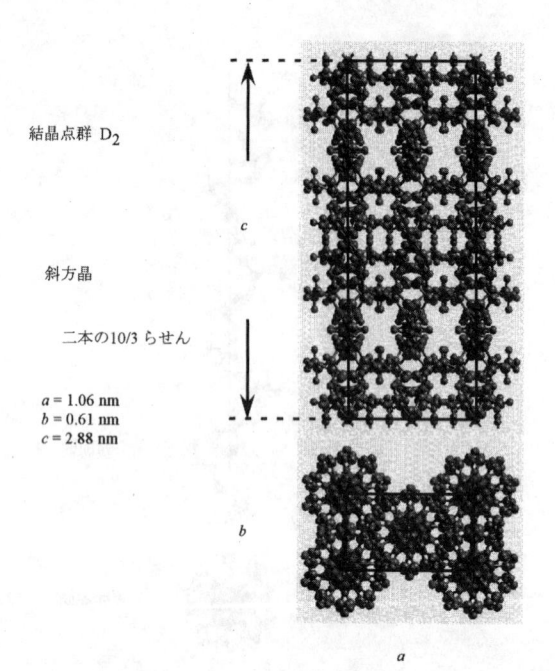

図3 ポリL乳酸（PLLA）の結晶構造（110），（001）面への投影図

結晶点群 D_2

斜方晶

二本の10/3 らせん

$a = 1.06$ nm
$b = 0.61$ nm
$c = 2.88$ nm

も第二項から分かる。また，以下の方程式（3）は，旋光能 ρ（単位長さあたりに，E の振動面が回転する角度；°/mm）と G の間に単純な関係があることを示す[12~16]。

$$\rho = \pi G / \lambda n_0 \tag{3}$$

ここで，

$$G = \boldsymbol{G} \cdot \boldsymbol{k} \tag{4}$$

である。λ は波長，n_0 は屈折率である。他材料との比較には，（2）式中の g_{ml} を測定し，その値

表1 様々な物質の旋光能
（波長：632.8 nm）

物　質	旋光能 (°/mm)
PLLA 試料	7200
PDLA 試料	7120
α-水晶（α-SiO$_2$）	25
AgGaS$_2$	720
α-HgS	−300

と方程式 (3) を使用して，ρ に換算し，評価することが多い。

我々が得ている構造制御された PLLA 試料における最大の旋光能の値を含め，他材料との比較を表 1 にまとめる[9〜19]。構造制御された PLLA 試料の旋光能は，α-水晶の旋光能（25°/mm）[12〜16]に比べ 100 倍以上も大きな値を実現している。

4　PLLA 膜の圧電性

圧電現象とは，ある種の誘電体において，応力を加えると分極が現れる現象をいう。正確に言えば，これを圧電正効果と呼ぶ。また，電界を与えると歪が生ずる現象を圧電逆効果という。

圧電正効果が現れるとき，その応答分極 D を数学的に表現すると[2,3,12,13]，応力 T_l，($l = 1 \sim 6$) と圧電率 d_{ij} とし，

$$D_m = \sum_{l=1,2,3} \varepsilon_{ml} E_l + \sum_{l=1\sim6} d_{ml} T_l \tag{5}$$

となる。d_{ij} は三階極性テンソル量であるので，結晶に対称中心が存在すれば d_{ij} は総て 0 になる[2,3,12,13]。ところで，32 の結晶点群のうち，対称中心のないものは 21 存在する。このうち，有極性点群は 10，無極性点群は 11 である[2,3,12,13]。圧電性は，この 21 の点群のうち無極性の一つの点群（O）を除いた 20 に存在する[2,3,12,13]。

PLLA の圧電性を考える。PLLA の場合，分子に C=O をはじめ永久双極子を発生する分子群が存在する。ら旋構造をなすので PLLA 分子鎖全体を考えると，双極子は存在しないように思われるが，ら旋軸方向に大きな双極子が存在する[2,3,12,13]。図 3 に示す結晶セル内では上向きと下向きの分子鎖が一本ずつ存在するので，結晶としては打ち消されている。では，これに (5) 式に従い，T_l が加わるとどうなるのか。PLLA 結晶の点群は D_2 なので d_{ij} は図 4[2,3,12,13]に示すものが存在する。即ち，ずり応力 T_l ($l = 4 \sim 6$) を加えれば分極が発生する。即ち結晶 ab 面にずり応力（図 5[2,3,12,13]）を与えれば，PLLA のら旋構造が変形し（一本の分子鎖の双極子が変位する），結晶 c 軸方向に分極 D_3 が発生する。もっともミクロにみれば，ずり応力は，分子鎖に側鎖を介して作用する。このとき，全ての原子は変位するが，最も寄与する運動は，主鎖の CO と C=O がなす平面が CO 結合のまわりに回転する運動である。このとき結果的に，結晶 c 軸方向に付随する双極子の大きさが変化する。これは，ら旋を描く高分子が持つヘリカルキラリティに基づく，あまりにも見事な物理現象である。このような高分子結晶の圧電率は数十から数百 pC/N とされる[2,3,12,14]。

一方，圧電現象の存在は強誘電体，特に無機の結晶やセラミックスでよく知られている現象である[1〜3,12,13]。特に圧電セラミックスはエレクトロニクスの世界では振動子などの材料としてな

くてはならないものである。最近ではpiezo-actuatorとして原子間力顕微鏡（AFM）など，所謂"ナノテク"を支えるkey technologyとして国家戦略の一環として，取りあげらることが多い。高分子でも，強誘電性高分子，ポリフッ化ビニリデン（PVDF）は大きな圧電率を示すことが古くから知られている[1~3, 12, 13]。しかしながら，PVDFの圧電性発現のためには，poling処理が必要である。poling処理とは，マクロに物質の電気双極子を一方向に揃えるために直流の高電圧（通常1kV以上）を試料に印加することをいう。PVDFが実用的な圧電率を示すにもかかわらず，大きく応用が展開しない原因のひとつに圧電率の経時変化があげられる。これはpoling処理を必要とするところに原因があることが良く知られている。また，poling処理のためには，電極を

$$\begin{pmatrix} 0 & 0 & 0 & d_{14} & 0 & 0 \\ 0 & 0 & 0 & 0 & d_{25} & 0 \\ 0 & 0 & 0 & 0 & 0 & d_{36} \end{pmatrix}$$

PLLA結晶の圧電テンソル
図4　ポリL乳酸（PLLA）の圧電行列（定数 d_{ij}）

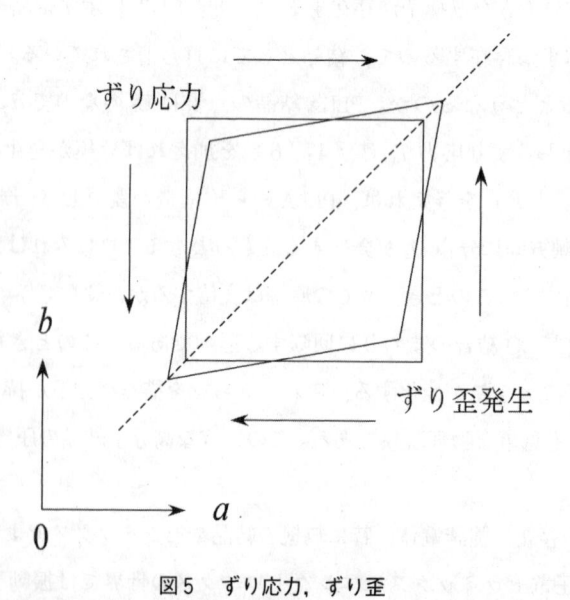

図5　ずり応力，ずり歪

第4章 光, 電子材料

表2 高分子の圧電性と無機圧電体

	物　　質	圧電率(pC/N)
ヘリカルキラリティを持つ高分子	ポリL乳酸（PLLA）	10〜18
	ポリγメチルLグルタメート	3
	ポリγベンジルLグルタメート	4
	ポリγベンジルLグルタメート[20]	20
	酢酸セルロース	0.1
	ポリDプロピレンオキシド	0.02
	骨	0.2
	腱	2
ポーリング型高分子	ナイロン11	0.26
	ポリフッ化ビニル	1
	ポリ塩化ビニル	3.4
	ビニリデンシアナイド酢酸ビニル共重合体	6
	ポリ尿素	5
強誘電性高分子	ポリフッ化ビニリデン（β型）	25
	フッ化ビニリデン—トリフルオロエチレン共重合体(75/25)	40
無機圧電体	BaTiO$_3$	78
	水晶	2.5
	PZT	110
	ZnO	52
	三硫酸グリジン	50

つける必要があるが，複雑な形状に電極をつけることは困難である。これは高分子が持つ特長である柔軟性や成形性が生かせず，大きな難点である。これに対して，PLLAはこのようなpoling処理がいらない。我々の研究室では，数年の単位でキラル高分子の圧電率が減少しないことを確認している。応用面からいうと，この無機材料にも勝る安定性は垂涎のまとである。PLLAを構造制御したり，複合化した結果得られている現在の圧電率を，さまざまな圧電体との比較を表2にまとめる[1〜3, 12, 13, 20, 21]。

5　まとめ

PLLAを用いることで，巨大な旋光性など古くから，ら旋高分子に予見されてきた特異な物性を具現化できる可能性を示したことは，全く新しい高分子機能素子の出現を予感させる。PLLA高分子のら旋構造に基づく巨大な旋光性は素子の小型薄膜化を可能にする。このような応用で直ぐに思いつくものは，モバイル型の光情報機器であり，圧電性をも加味した小型光アクチュエータである。ナノテクノロジーの進歩と相俟って，いよいよ高分子機能素子の時代が来たと確信する。今後の大きな飛躍が楽しみである。

本稿では，浅学を顧みず，筆者等の最近の研究結果を中心に，ご紹介を試みた。筆者の力不足

のために，誤解を生む記述や不十分な点も多いと思うが，ご容赦頂きたい。一方で，小稿がこの分野に興味を持つ方々に少しでも参考になれば幸いである。

文　献

1) H. Nalwa ed., Ferroelectric Polymers, Marcel Dekker Inc., New York (1995).
2) E. Fukada, *Biorheology*, **32**, 593 (1995)
3) E. Fukada, *IEEE Transactions of Ultrasonic, Ferroelectrics, and Frequency Control*, **47**, 1277 (2000)
4) 日本材料学会編：地球環境と材料，裳華房 (1999)
5) 筏　義人編：生分解性高分子，高分子刊行会 (1994)
6) P. De Santis and A. J. Kovacs, *Biopolymers*, **6**, 299 (1968)
7) P. Zugenmaier and A. Sarko, *Biopolymers*, **15**, 2121 (1976)
8) W. Hoogsteen, G. Brinke and P. Zugenmaier, *Macromolecules*, **23**, 634 (1990)
9) T. Miyata and T. Masuko, *Polymer*, **38**, 4003 (1997)
10) J. Kobayashi, T. Asahi, E. Fukada and Y. Shikinami, *J. Appl. Phys.*, **77**, 2957 (1995)
11) L. Cartier, T. Okihara, Y. Ikada, H. Tsuji, J. Puiggali and B. Lotz, *Polymer*, **41**, 8909 (2000)
12) J. F. Nye, Physical Properties of Crystals, Clarendon Press, Oxford (1985)
13) 小川智哉，結晶光学の基礎，裳華房 (1998)
14) 小林諶三，固体物理学，**31**, 729 (1996)
15) E. Hecht, Optics, p. 309, Addison-Wesley, Reading (1990)
16) E. Collect, Polarized Light, Chaps. 4-5, Marcel Dekker Inc., New York (1993)
17) Y. Tajitsu, *Materials Research Society Procceedings Book*, **698**, 125 (2002)
18) 田實佳郎，ポリ乳酸膜の機能，未来材料，3 (7), 16 (2003)
19) Y. Tajitsu, *Macromolecular Symposia*, **212**, 201 (2004)
20) T. Nakiri, M. Okuno, N. Maki, M. Kanesaki, Y. Morimoto, T. Okamoto, M. Ishizuka, K. Fukuda, T. Takaki and Y. Tajitsu, *Jpn. J. Appl. Phys.*, **44**, 7119 (2005)
21) Y. Tajitsu, M. Kanesaki, M. Tsukiji, K. Imoto, M. Date and E. Fukada, *Ferroelectrics*, **320**, 133 (2005)

第5章　塗料・インキ・接着バインダー（バイロエコール）

宮本貴志*

1　概要

　塗料，インキ，接着バインダー樹脂として有用な機能性ポリ乳酸樹脂（バイロエコール）を開発した。バイロエコールは，一般的なポリL-乳酸に比べ，D-乳酸濃度の高い非晶性ポリ乳酸樹脂を主成分とする共重合系のポリ乳酸樹脂であり，酢酸エチル，メチルエチルケトン，トルエン等の汎用溶剤に対する溶解性が高く，塗料，インキ，接着バインダー樹脂として有用である。

　バイロエコールは，エマルジョン化も可能であり，水系のバイオマス由来の塗料，インキ，接着剤を提供することもできる。

　また，溶融粘度が低く顔料分散性が良いという特徴を活かして，ポリL乳酸成型品用途に好適なマスターバッチ用樹脂としての利用も可能である。

2　はじめに

　京都議定書発効にみられるように，地球温暖化防止を目的に，二酸化炭素の排出量を抑制することが21世紀のグローバルな課題となりつつある。

　二酸化炭素の排出量を抑制するには，石油の消費量を抑制する必要があり，省エネルギー，代替エネルギーの開発が最も重要であるが，石油系樹脂のリサイクル技術やバイオマス由来樹脂への切り替えも有効であると考えている。

　バイオマス由来樹脂の中でも特に注目を集めているのが，ポリL-乳酸であり，熱可塑性の結晶性樹脂であることから，PETと同様に繊維化やフィルム化が可能である。

　包装材料分野においては，ポリL-乳酸フィルムがPET，ナイロン，オレフィン系フィルムと並び主要なフィルム材料となる可能性があるが，高性能な包装材料を完成させるには，ポリ乳酸フィルムに適したインキ，接着剤等の副資材も必須の材料となる。

　特に，食品廃棄物と同時にコンポスト処理を実施する生分解性包装材料の場合は，生分解性を有する副資材を採用しなければ，フィルムが持つ生分解性を十分に発揮できない場合が多く，生

＊　Takashi Miyamoto　東洋紡績㈱　バイロン事業部　主席部員

分解性があり，かつ，ポリ乳酸フィルムに対して好適なインキ，接着剤の登場が待ち望まれていた。

我々が開発した非晶性のポリ乳酸系樹脂（バイロエコール）は，上記要望に応える副資材を提供可能とする。

3　東洋紡績における機能性ポリ乳酸樹脂開発の歴史

1990年代初頭より，ゴミ廃棄物処理問題に対応するという観点から，ポリL乳酸樹脂を使用した繊維，フィルムの等の基礎検討を実施してきた。

1995年あたりには，樹脂の高価格がネックとなる点や，世の中がPETボトルのリサイクルに代表されるようにリサイクル重視の方向へ動くことが決定的となったことなどから，ポリ乳酸等の生分解性繊維，フィルムの普及が遠のいたとの判断から，機能性樹脂の開発に注力することとした。

特に，注目したのが，海洋生物付着防止塗料（船底塗料，魚網処理剤，発電所海水取水路用途等）のように，樹脂皮膜を海洋環境中へ溶出させることにより必要な性能を発現する用途や，被覆肥料のように田畑へ施肥され回収やリサイクルが不可能な用途である。

ところが，1990年代末にカーギル・ダウがトウモロコシを利用し，ポリL-乳酸を大スケールで重合させることによって実用化可能な価格にまで樹脂価格を下げることができると発表，最近ではトヨタ自動車もポリL乳酸樹脂プラント建設を公表するなどポリL-乳酸を使用した繊維，フィルム，成型品が普及する可能性が出てきた。

また，京都議定書発効にも示されるように，地球温暖化防止を行うために二酸化炭素排出の抑制をする必要があり，石油系樹脂を代替するという観点から，生分解性ではなくバイオマス由来素材に対する注目が高まっている。このような観点から容器包装リサイクル法が改正される可能性もあると期待している。

近年の状況を踏まえ，現在は，バイオマス由来食品包装材料等に必須の副資材と考えられるインキ，接着剤，粘着剤に好適な機能性ポリ乳酸系樹脂の開発に注力している。また，ポリ乳酸成型品に好適なポリ乳酸系プラスチック塗料，カラーマスターバッチを得ることができる機能性ポリ乳酸樹脂の開発も実施している。

第5章 塗料・インキ・接着バインダー（バイロエコール）

4 バイロエコールとは

4.1 バイロエコール溶剤溶解性

　バイロエコールは，D-乳酸濃度を20モル％程度まで上げた非晶性のポリ乳酸系樹脂であり，結晶性のポリL-乳酸とは異なり，酢酸エチル，MEK，トルエン等の汎用溶剤に溶解することから，グラビアインキ，接着剤，粘着剤，塗料などへの適用が可能であり，ポリL乳酸フィルム，成型品への密着性が抜群なコーティング材を得ることが可能となる。D乳酸濃度と溶剤溶解性に関する概要を表1に示す。

4.2 バイロエコールの物性

　バイロエコールはD-乳酸濃度を上げて非晶性としているだけでなく，その他脂肪族ポリエステルモノマーの共重合により硬さの調整も実施している。T_gが50℃程度の銘柄からドライラミ接着剤として好適な−10℃程度のT_gを持つ銘柄まで揃えている。

　また，インキ用途にて有用な特性である顔料分散性の良好な樹脂やイソシアネート硬化に適した水酸基濃度を増加させたタイプの樹脂も取り揃えている（表2参照）。

　バイロエコールは，生分解性試験（ISO 14855）においても良好な生分解性を示す樹脂であり，T_gの低い銘柄ほど，分解速度は速い傾向にある。また，ラット経口毒性試験においても，2,000 mg/kg以上のLD_{50}値を示しており安全性の高い樹脂である。

表1　ポリ乳酸におけるD-乳酸濃度と溶剤溶解の関係

D-乳酸濃度	5モル％未満	5〜10モル％	10モル％以上
溶剤溶解性	クロロホルム可溶	THF，ジオキサン等に可溶	酢酸エチル，MEK，トルエン等に可溶

（但し，溶解性は，分子量の影響も受ける。本データは分子量2万程度のポリ乳酸である。）

表2　バイロエコールにおける銘柄と特性

銘柄	分子量 ($\times 10^3$)	T_g (℃)	水酸基 KOHmg/g	特徴，用途
BE-400	43	50	3	基本銘柄。各種コーティング材
BE-410	25	50	5	イオン性基含有。顔料分散性
BE-420	25	50	5	Caイオン鎖延長
BE-450	25	30	11	蒸着アンカー，易接着コート
BE-910	25	−10	11	ドライラミ接着剤

4.3 バイロエコール分子量

　バイロエコールの分子量は，繊維，フィルム等の成型品用ポリL乳酸樹脂と異なり，コーティング材用樹脂バインダーとして好適な分子量となっており，重量平均分子量が2万～7万程度としている。繊維，フィルム用ポリL乳酸樹脂は10～20万程度の分子量のポリ乳酸樹脂を使用するのが一般的である。分子量が高すぎると，適度な溶液粘度のコーティング材を調整する際の溶剤量が多くなり，自由な膜厚設計が不可能となる。

　各種銘柄の酢酸エチル溶解品の樹脂固形分濃度と溶液粘度の関係を図1～3に示す。

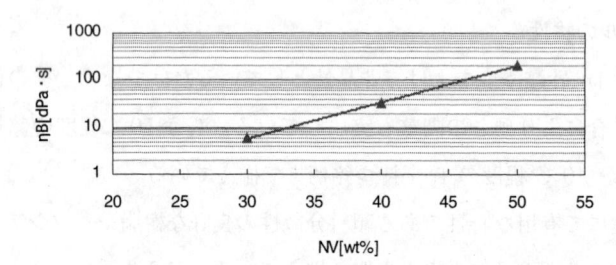

図1　BE-400 酢酸エチル溶解品の溶液粘度と固形分濃度の関係

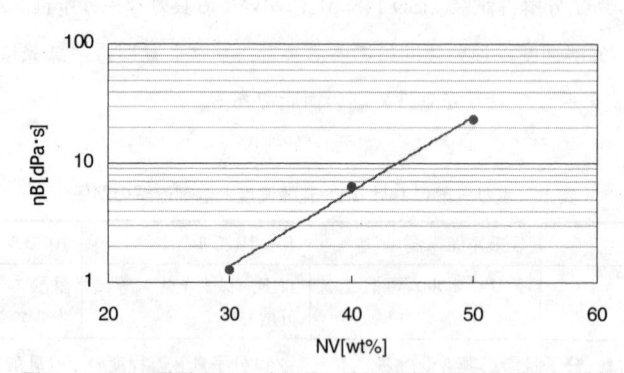

図2　BE-450 酢酸エチル溶解品の溶液粘度と固形分濃度の関係

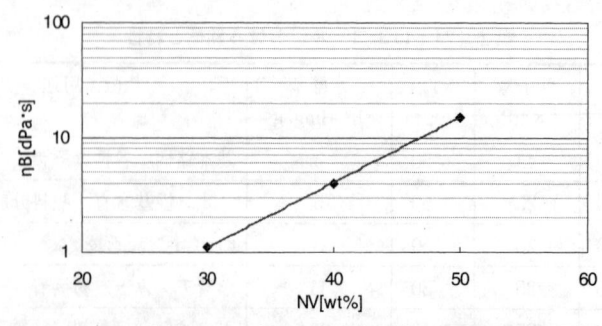

図3　BE-910 酢酸エチル溶解品の溶液粘度と固形分濃度の関係

第5章 塗料・インキ・接着バインダー（バイロエコール）

表3 ポリ乳酸エマルジョンの特性

使用樹脂	固形分濃度 (wt%)	粒径 (μm)	pH	溶液粘度 (mPa·s)
BE-400	40	1	2.7	150
BE-450	40	1	2.7	150
BE-910	40	1	2.7	150

4.4 バイロエコール有機溶剤溶解品を経由するエマルジョンの製造方法

バイロエコールは，汎用溶剤に溶解するという特徴を利用し，簡便な装置を利用し，エマルジョンを製造することが出来る。バイロエコールは非晶性樹脂であることから，低温での造膜性の良好なエマルジョンを得ることが出来る。

エマルジョン製造に関する一例を下記に示す。

バイロエコール溶剤溶解品の製造（酢酸エチル等）　⇒　水（乳化剤含有）の添加，攪拌　⇒　溶剤を留去し，相転移　⇒　ポリ乳酸エマルジョンの完成

上記方法で作製したポリ乳酸エマルジョンの特性値を表3に示す。

4.5 バイロエコール硬化反応と各種物性の変化

バイロエコールは水酸基，カルボン酸基，不飽和基を導入し，硬化性を向上させることが可能である（BE-450，BE-910は水酸基濃度を上げた分子設計となっている。更に水酸基濃度を上げることも可能）。

架橋密度を上げれば，樹脂の耐熱性向上，耐加水分解性向上，耐溶剤性向上，生分解性低下と種々の物性を変化させることが可能である。用途に最適な架橋密度に調整することが重要である。

5　接着剤としての評価

5.1 有機溶剤系ヒートシール材

バイロエコールBE-400，BE-450の酢酸エチル溶解品を調整し，三菱樹脂社製ポリL-乳酸フィルム（25μm，コロナ処理なし）上に乾燥膜厚3μmとなるようにコーティングし，65℃で2分乾燥させ，ポリL-乳酸フィルムとのヒートシール強度を評価した。ヒートシール条件は，圧力が2kgf/cm^2×1秒であり，温度が80℃，100℃，120℃である。

片面コート，シール温度が80℃においても十分な接着強度が得られることがわかる（表4参

表4 ヒートシール性評価（PLAフィルム／接着剤／PLAフィルム）

使用樹脂	膜 厚	シール強度（gf／cm）		
		80℃	100℃	120℃
BE-400	3μm	210	233	200
BE-450	3μm	230	200	170

照）。

5.2 有機溶剤系ドライラミ接着剤

バイロエコールBE-910の酢酸エチル溶解品を調整し，乾燥膜厚が10μmとなるように三菱樹脂社製ポリL-乳酸フィルム上（コロナ処理なし）にコーティングし，ポリ乳酸フィルムとのラミネートを25℃にて実施し，接着強度を評価した（表5参照）。

BE-910は脂肪族系の多官能イソシアネートとの反応性向上を目的に水酸基濃度を上げた分子設計となっており，適度な配合処方により，接着強度は2倍程度まで向上させることも可能である。

本接着剤は，ポリ乳酸系繊維製品の貼り合わせや紙とポリ乳酸フィルムとの貼り合わせにおいても十分な接着性を発現させることが可能である（表6，図4参照）。

6　グラビアインキ

食品包装材料としてポリ乳酸フィルムが使用される場合，コンポスト処理に悪影響を与えないグラビアインキ等のコーティング材が必須となると考えて，ポリ乳酸系インキの開発を凸版印刷

表5　ラミネート強度評価（PLAフィルム／接着剤／PLAフィルム）

使用樹脂	膜 厚	硬化剤	接着強度	備 考
BE-910	10μm	なし	300 gf／cm	
BE-910	10μm	あり	400 gf／cm	エージング実施

表6　各種材料の接着性評価

使用樹脂	膜厚，塗布量	構　成	接着強度
BE-910	10μm	コート紙／接着剤／PLAフィルム	9 N／15 mm＊
BE-910	10μm		7 N／15 mm＊＊
BE-910	50 g／m²	PLA不織布／接着剤／PCLフィルム	4.6 N／cm＊
BE-910	50 g／m²		10 N／cm＊＊

＊硬化剤なし　　＊＊硬化剤あり

第5章　塗料・インキ・接着バインダー（バイロエコール）

図4　ドライラミ接着剤の採用事例

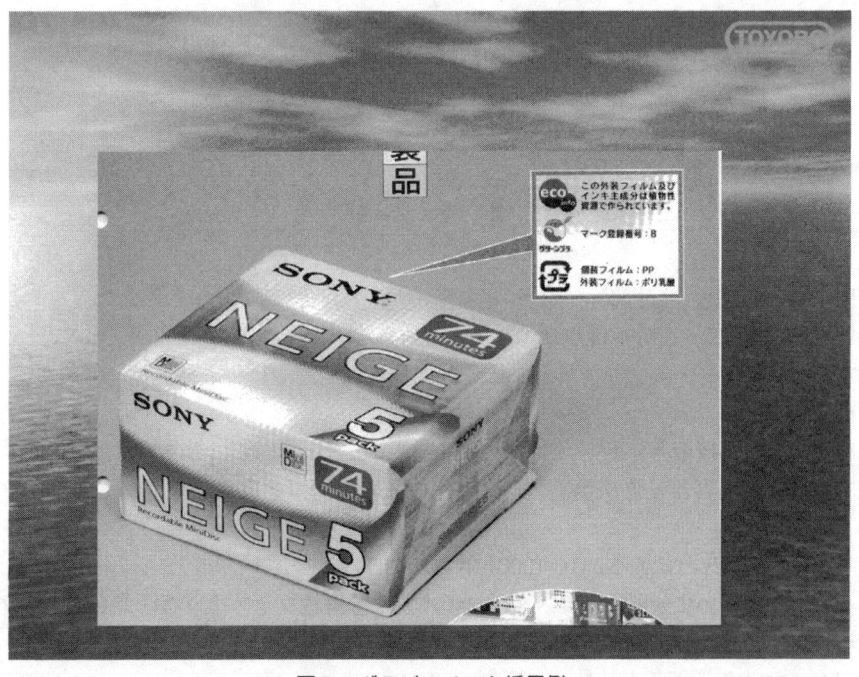

図5　グラビアインキ採用例

㈱，東洋インキ製造㈱と共同で実施した。

　グラビアインキ用のポリ乳酸樹脂 BE-410 には，顔料分散性を発現させる目的で，イオン性基が共重合されている。本インキは，ソニー㈱製 MD「NEIGE」の外装フィルムの印刷インキとして，2003 年に採用されている（図 5 参照）。

7　まとめ

　ポリ乳酸フィルム用副資材を中心に記述したが，成型品用途での各種開発も実施している。

　バイロエコールを使用したスクリーンインキは，タンポ印刷により成型品の曲面への印刷も可能である。また，今後普及する可能性がある携帯電話筐体や自動車樹脂部品への適用が可能なポリ乳酸系プラスチック塗料の開発も可能である。

　ポリ乳酸系成型品への着色や機能性付与には，着色・機能性マスターバッチが重要であり，バイロエコールは非晶性，低溶融粘度であることから，良好な評価結果を得ている。

　今後は，有力なコーティング材メーカーとの共同作業を密接に進めながら，バイオマス由来粘着剤，エマルジョン系コーティング材の開発にも注力して行く。

　これらの技術開発により，バイオマス由来製品の普及・拡大へ貢献でき，結果的に，地球温暖化の防止に役立てると確信している。

参　考　文　献

- 特開平 08-092518，生分解性インキ
- 特開平 08-092359，生分解性ポリエステル接着剤
- 宮本貴志，シップ・アンド・オーシャン財団技術開発基金による研究開発報告書，p.141，平成 10 年度
- 農林水産新産業技術開発事業　事業成果報告書，p.205，平成 14 年 3 月
- 宮本貴志，食品容器包装リサイクル高度化技術の開発事業成果発表会概要集，p.26，平成 15 年 1 月
- グリーンプラジャーナル No.14（2004 年 7 月 1 日）
- とことんやさしい生分解性プラスチックの本（生分解性プラスチック研究会編）
- 宮本貴志，月刊地球環境，p.89，10 月号（2004）
- コンバーテック 2006．1 月号，p 76
- コンバーテック 2006．1 月号，p 92

第6章 家電, 携帯電話

位地正年*

1 はじめに

　現在, 電子機器の環境対策は一層重要となっており, 中でもユーザーが直接手を触れる家電・携帯型機器では, 外装材の環境訴求性が製品の一つのアピールポイントになりつつある。このため, これらの機器の外装には, 石油資源枯渇対策や温暖化防止対策の解決に寄与できる新しい環境調和素材であるバイオプラスチックの利用が開始されている。

　電子機器に使用されるバイオプラスチックとしては, 量産が開始され, 耐熱性も比較的高いポリ乳酸が, 現在最有力である。しかし, 電子機器に利用するためには, ポリ乳酸の耐熱性（熱変形温度）, 強度（衝撃強度, 破断伸び）, さらに成形性（結晶化速度）等の実用性を大幅に改良する必要があった。

　ポリ乳酸の特性改良のための従来の処方は, 石油原料系のプラスチックや改質剤の大量に添加する技術が主流であり, パソコン等の電子機器用ポリ乳酸で既に実用化されている[1]。しかし, これらの処方ではポリ乳酸本来の植物性（植物成分率）の確保が課題となっていた。

　そこで筆者らは, 高い植物性（植物成分率90％）と安全性を確保しながら, ポリ乳酸を高機能化して携帯電話や家電の外装に使用することを目標に, 温暖化防止効果の高いケナフの繊維などの植物成分の添加剤を利用して, 耐熱性, 強度, 成形性などの実用性を改良したケナフ添加ポリ乳酸を開発し, 携帯電話用に実用化した。さらに適用範囲を拡大するため, ハロゲンやリンを使用しない難燃性ポリ乳酸も開発した。

2 ケナフ繊維添加ポリ乳酸の開発

2.1 ケナフ繊維等の植物成分によるポリ乳酸の高機能化

　ポリ乳酸の植物性を保持しながら, 携帯電話外装に利用できる実用性（耐熱性, 高強度, 成形性）を実現するには, 植物系の添加剤が必須であるが, これまでは石油原料系の添加剤が中心であったため, 新たな検討が必要であった。特に, 丈夫な天然繊維にはこれらの特性を改良できる

---

　* Masatoshi Iji 日本電気㈱ 基礎・環境研究所 主席研究員

図1　ケナフとケナフ繊維

可能性があったので，中でも温暖化防止効果の高いことで有名なケナフの繊維に着目して検討した。

ケナフは通常の植物に比べて CO_2 の吸収速度が大きく（3倍以上），自重の約1.5倍の CO_2 を吸収して炭素分として固定化できる温暖化防止効果に極めて優れた植物である（図1）[2]。しかし，ケナフ繊維は通常，紙の原料等として利用されており，プラスチックの添加剤としても検討が開始されているが，シート状製品向けの圧縮成形用が中心であり[3~5]，携帯電話をはじめ電子機器に使われる射出成形用での検討例は極めて少なかった。

これに対して我々は，ケナフ繊維をはじめ，他の植物系添加剤を併用して，高耐熱・高強度のポリ乳酸複合材を携帯電話筐体の射出成形用に開発した[6,7]。

すなわち，ポリ乳酸にケナフ繊維（繊維長：5mm以下）を添加することで，電子機器の外装等に使用されているガラス繊維添加ABS樹脂以上に耐熱性（荷重たわみ温度）や剛性（曲げ弾性率）を改良した（表1）。これは，ケナフ繊維に単に変形防止だけでなく，ポリ乳酸の結晶化促進の効果もあることが起因していた。さらに，独自なポリ乳酸の結晶化促進処方も追加することにより，最終的に成形時間を大幅に短縮化した（100℃で30分以上を1分程度）。

一方，衝撃強度は，ケナフ繊維の添加によってかえって低下したが，衝撃強度は特に携帯電話で重要な落下衝撃耐性に大きく影響するのでこの改善は必須であった。これに対して，植物原料系の柔軟剤（ポリ乳酸-ポリエステル共重合体）の添加や，樹脂の破断時に抜けやすいケナフの微粉の除去（ケナフ粉砕品ではなく切断品の利用）で大幅に向上できた（表1）。

また，ケナフ繊維による樹脂の着色も筐体のデザイン上の課題であったが，ケナフ中の水溶性成分の除去や顔料の添加で改善できた。ケナフ中に含まれる水溶タイプのペクチンなどの水溶成

第6章　家電，携帯電話

表1　ケナフ繊維添加ポリ乳酸の特性

		ポリ[*2]乳酸 (PLA)	ポリ乳酸＋ケナフ繊維（5mm長以下に粉砕）	ポリ乳酸＋ケナフ繊維（5m長に切断＝短繊維なし）	ポリ乳酸＋ケナフ繊維（左記）＋柔軟剤[*3]	ABS	ABS＋ガラス繊維（20 wt％）
ケナフ繊維	(wt％)	0	20	20	20		
柔軟剤	(wt％)	0	0	0	20		
アイゾット衝撃強度	(kJ/m^2)	4.4	3.1	5.5	7.8	19	4.8
熱変形温度	(℃)[*1]	66	120	109	104	86	100
曲げ弾性率	(GPa)	4.5	7.6	7.1	6.8	2.1	7.3
曲げ強度	(MPa)	132	93	115	72	70	110

*1　高荷重（1.8 MPa）
*2　分子量（Mw）：210000
*3　ポリ乳酸とポリエステルの共重合体

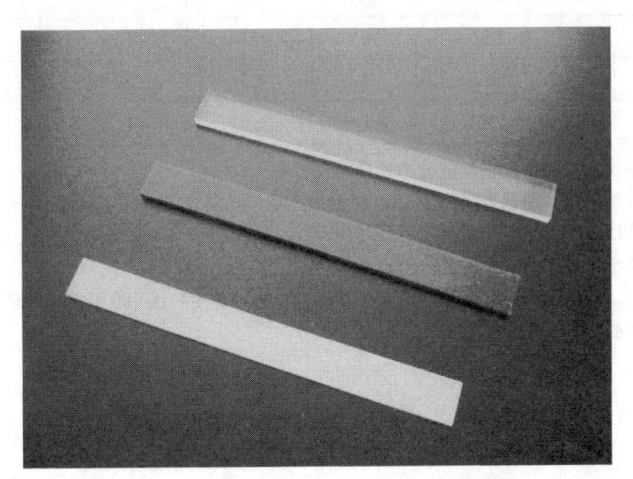

図2　ポリ乳酸，およびポリ乳酸複合体の成形体
（上：無添加，中：ケナフ繊維添加品，下：着色対策ケナフ繊維＋白色顔料添加品）

分がケナフ添加ポリ乳酸成形体の着色の要因となっていることを見出し，これらを除去（レッティング処理）すれば，着色性が改善できることがわかった。さらに酸化チタンなどの顔料の添加で白色化も可能となった（図2）。

2.2　携帯電話用ケナフ繊維添加ポリ乳酸の実用化とエコ携帯電話への搭載

上述のポリ乳酸の改良処方を組み合わせ，携帯電話用のケナフ添加ポリ乳酸複合材を開発し実用化した。本材料は，現在の電子機器用バイオプラスチックとしては最高レベルの植物成分率90％（無機成分を除く樹脂成分中）を保持しながら，携帯電話用外装材に必要な実用性を初め

表 2　携帯電話用ケナフ添加ポリ乳酸複合材の特性

	ISO試験法	単位	ポリ乳酸*3	携帯電話用ケナフ添加ポリ乳酸複合材	従来の石油系プラスチック（ポリカーボネート＋GF）
ケナフ含有量	—	%	0	>10	0
植物成分率*1	—	%	100	90	0
成形時間*2		sec	—	50−60	～30
荷重たわみ温度（荷重0.45MPa）	75	℃	58	151	150
アイゾット衝撃強度	179	kJ/m^2	2.7	9.6	10.5
曲げ弾性率	178	GPa	3.4	4.9	3.1
曲げ強度	178	MPa	108	86	93
引張強度	527	MPa	67	49	60
破断伸び	527	%	4.0	6.4	22
比重	1183	g/cm^3	1.27	1.30	1.27

＊1：無機成分を除いた樹脂成分中の植物性分率
＊2：携帯電話用ポリ乳酸複合材は，型温105℃（結晶化まで完了＝アニールレス），石油系は80℃を利用
＊3：ユニチカ製テラマック TE 4000
　　（成形は型温40℃約30秒（未結晶状態）で行い，その後100℃で4時間アニールして結晶化してから物性測定）

て実現した（ユニチカ㈱との共同，特性：表2）。

　携帯電話筐体をこのケナフ添加ポリ乳酸複合材を使って成形するためには，従来の石油系プラスチック（ABS，ポリカーボネート）と様々な点で違いがあり，それぞれ工夫して解決した。通常の石油系プラスチックの成形と同じ射出成形機を用い，金型も同じものを転用したが，ポリ乳酸の結晶化のため金型温度を約100℃にした（通常は40℃）。このため，取り出し直後の筐体（成形体）は高温のため，柔らかくて変形しやすいので，変形防止のための固定用治具を作成し，取り出した筐体を直ちにこの治具にはさみ，固定しながら冷却させた。さらに，成形体のそりやバリも従来のプラスチックに比べ大きかったので，射出条件（樹脂温，金型温度，圧力）を調整して対応した。仕上がった筐体を図3に示す。

　また初の試みとして，環境調和性とデザイン性の調和を目指し，筐体にはあえて通常の厚い塗装を避け傷防止のUV塗装を主体とし，また着色も淡い色合いを選んだ。その結果，ケナフ添加ポリ乳酸の素材特有の質感や触感を生かすことができた。

　本材料は，2006年3月からエコ携帯電話（FOMA-N 702 iECO，NTTドコモとNECの共同開

第6章 家電，携帯電話

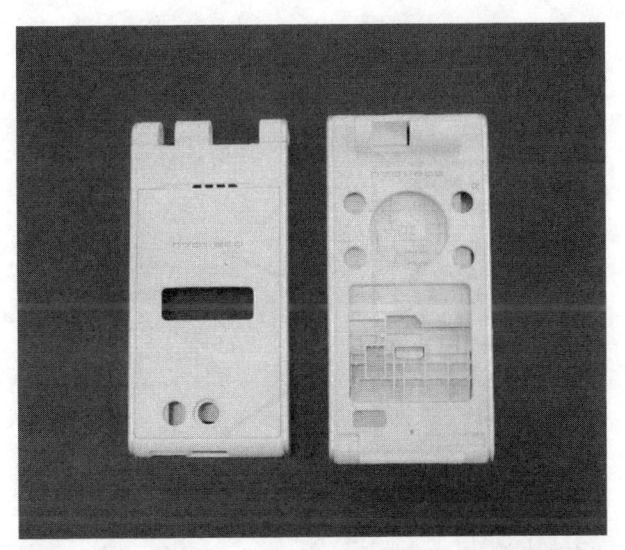

図3 ケナフ繊維添加ポリ乳酸複合材で成形した携帯電話筐体

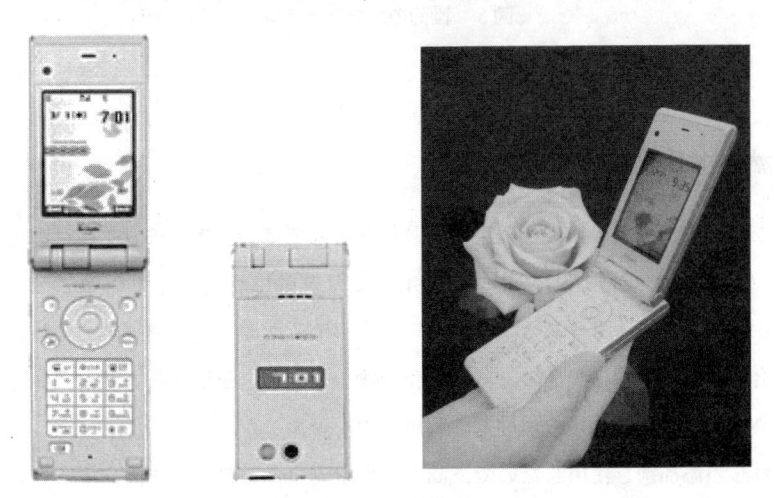

図4 ケナフ添加ポリ乳酸の携帯電話（外装）への適用
（ボタン，ガラス以外の外装主要部に適用）

発）に搭載された（図4）。本携帯電話は，世界で初めて筐体全体にバイオプラスチックを採用し，さらに，画面のコンテンツもエコ関係を採用しており（図5），ハードとソフトの両面から環境訴求性を試みたことを特徴としている。販売開始後，国内だけでなく海外からも大きな反響を得ている。

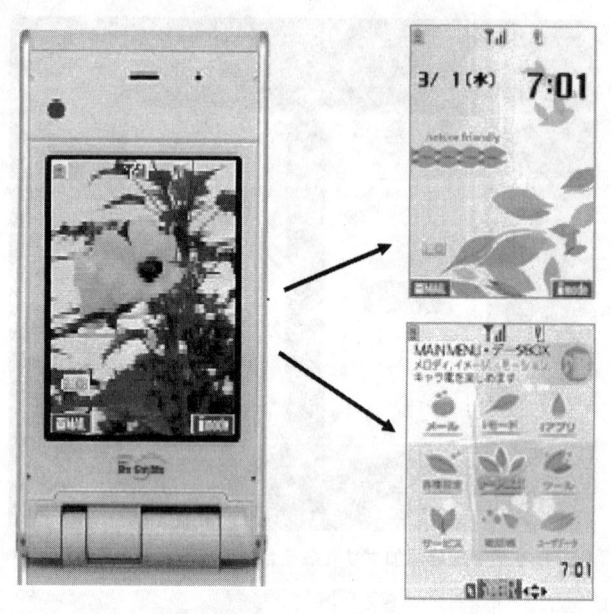

図5　画面のエコデザイン

3　難燃性ポリ乳酸の開発

　パソコンなどの中型以上の家電機器用の外装材料としては，プラスチックには高度な難燃性も要求される（通常，UL規格で94 V-0）。しかし，ポリ乳酸は燃焼しやすいので，難燃性を向上させる必要がある。従来，プラスチックの難燃性を高めるためには，燃焼時の環境負荷が大きいハロゲン化合物や，安全性に懸念のあるリン化合物の添加剤を使用する方法が主体であった。ポリ乳酸の難燃化も従来はこれらの添加剤の利用が中心であった。

　そこでこれらの添加剤を使用しないで，高度な環境安全性と難燃性を両立する，ポリ乳酸の難燃化技術の開発を目指した。ポリ乳酸への難燃剤として，安全性の高いさまざまな材料を検討した結果，特に特殊な金属水酸化物の吸熱剤と他の安全な添加剤を併用することで，高度な難燃性と他の主要な実用性を同時に実現することに成功した。金属水酸化物は土壌成分のひとつであり，極めて安全性が高く，着火時の高温での吸熱作用によって難燃化する。しかし，通常の金属水酸化物では難燃効果が低いので，ポリ乳酸を高度に難燃化するためには大量に添加（70 wt％以上）する必要があり，このため他の特性に悪影響をもたらすことが問題であった。

　このため，金属水酸化物の組成を最適に調整し，さらに樹脂の炭化を促進させるような安全な添加物と併用することで，金属水酸化物の添加量を大幅に削減（50 wt％以下）することができた。さらに，独自の高流動化剤と植物成分の柔軟剤を併用することで，耐熱性，強度，成形性な

第6章 家電，携帯電話

表3 難燃性ポリ乳酸の特性

	ポリ乳酸[*1] (PLA)	本開発の難燃性ポリ乳酸		ガラス繊維強化 難燃性ポリカー ボネート
		PLA 金属水酸化物 補強用フィラー 炭化剤 結晶核剤	左記 ＋柔軟剤 ＋ケナフ繊維 (10%)	
難燃性[*2]（UL 94/1.6 mmt）	NOT V-2	5 V, V-0	5 V, V-0	5 V, V-0
アイゾット衝撃強度（kJ/m^2）	3.2	4.2	10	5.0
熱変形温度（℃）[*3]	65	110	100	137
スパイラルフロー（mm/1 mmt）	195	120	129	120
曲げ弾性率（GPa）	4.2	10	11	3.9
曲げ強度（MPa）	81	81	80	101

*1 分子量（Mw）：148000, *2 難燃性の良好な順：5 V＞V-0＞V-1＞V-2＞NOT V-2
*3 高荷重（1.8 MPa）

どの主要な特性も大幅に改善できた（表3）。

今後，本材料の実用性を一層改善し，量産化も実現して，早期にパソコン等に搭載していく予定である。

4 まとめと今後

ポリ乳酸を家電や携帯機器に適用するため，高植物性と安全性に保持しながら特性を改良した。高耐熱・高強度のケナフ繊維添加ポリ乳酸を実用化し，エコ携帯電話の外装に搭載した。本材料は，植物成分率90%を保持しながら，携帯電話に必要な耐熱性や衝撃性を実現した。さらにパソコンなどの家電製品にも適用を拡大するため，土壌成分の一種である安全な金属水酸化物を主として用いた難燃性ポリ乳酸も開発した。本材料は従来の環境負荷の高い難燃剤を一切使用せずに難燃性や他の主要特性を実現した。今後は，これらのポリ乳酸複合体の特性をさらに改良して，利用できる電子機器の拡大を図る。

文　献

1) グルーンプラジャーナル，21 (2006).
2) 稲垣 寛，高分子，51，8，507 (2002).
3) Nishino T., Kotera M., Hirao K., Nakamae K., Inagaki H., Proceedings 2000 Inter. Kenaf Symp., 193 (2000).

4) 稲生隆嗣, 影山裕史, 森高康, 小泉順二, ポリマー材料フォーラム, 245 (2002).
5) Sherman L. M., *Plast. Technol*., **45**, 10, 62 (1999).
6) Serizawa S, Inoue K, Iji, M, *Journal of Applied Polymer Science*, **100**, 1, 618 (2006).
7) 芹澤慎, 井上和彦, 位地正年, 高分子論文集, **62**, 4, 174 (2005).

第7章　エレクトロニクス機器への応用

森　浩之*

1　はじめに

ソニーでは製品の環境配慮の取り組みとして，以前よりバイオマス材料の活用を積極的に推進している。バイオマス材料は，太陽と人間の力で再生産が可能な資源であり，かつ古来より人間が利用してきた身近な資源である。

中でも近年はバイオマスを主原料とするプラスチックの製品応用に取り組み，「植物原料プラスチック」として製品への採用を進めている。植物原料プラスチックは，環境面では石油資源の節約が可能な上，ライフサイクルでの炭酸ガスの排出量が既存のプラスチックより少なく，地球温暖化の抑制に貢献できる。使用後の処理も材料リサイクル，ケミカル・リサイクル，焼却処理と多様な処理が可能であり，様々な環境側面で優れたプラスチックである。

2　取組みの経緯

植物から作られるプラスチックとしては，現在は澱粉を原料とするポリ乳酸が主に生産されている。弊社もポリ乳酸を主原料としたプラスチックを中心に応用検討を進めている。ポリ乳酸は，社会的には以前からフィルムやシートの形態で農業用用途や包装資材用途で使用されていたが，ソニーでは2000年にMDカセットの5巻／10巻パックの包装フィルムとしてまず採用し，2002年にはポータブルラジオの包装材としてブリスターパックと呼ばれる透明包装材に採用した[1]。

2.1　筐体への応用

ソニーではプラスチックの多くを製品本体に使用している。そのため，植物原料プラスチックの本格的な応用先として筐体での利用を目指した。しかしながら筐体用材料は，その品質信頼性を確保するために，包装材よりも格段に厳しい物性が要求される。さらに，筐体用プラスチック部品は一般には射出成形によって製造されるため，射出成形プロセスにおける量産性の確保も重

＊　Hiroyuki Mori　ソニー㈱　マテリアル研究所　環境技術ラボ

要な課題だった。

　ポリ乳酸の機械的強度は，エレクトロニクス製品の筐体に標準的に使用されるABS樹脂と比較すると，引張り強度や曲げ強度に関してはABSと同等かそれ以上の強度を有しているものの，衝撃強度は低いため，脆く割れやすい性質がある。また60℃付近にガラス転移点があるため，荷重たわみ温度が低く，すなわち耐熱性が劣る。製品筐体へ応用するためにはこの衝撃強度と耐熱性を改善する必要があった。

　さらに，製品筐体のような耐久消費財用の材料には，高温／高湿，あるいは低温環境で長時間使用した場合でも物性が低下しない耐久性が必要とされる。ところが，ポリ乳酸は加水分解性があり，高温高湿環境において加水分解する。加水分解するとポリ乳酸の分子量が低下し，それに伴い衝撃強度が低下して割れやすくなる。耐久材として使用するためには，この加水分解を抑制することも必須だった。

　これらの物性を向上させるため，2000年より三菱樹脂㈱と共同で開発を進めた。開発の結果，ポリ乳酸に添加する副原料やその配合量，配合方法を工夫することにより，耐衝撃性，耐熱性，耐久性を実用上十分なレベルまで高めることが可能となった。この成果をウォークマン，DVDプレーヤー，エンターテイメントロボット「AIBO」の筐体に応用して2002年秋に発売した。特にウォークマンでは，筐体のプラスチックの9割以上，5部品計85ｇに採用し，エレクトロニクス製品のみならず耐久消費財として本格的に採用した世界で初めての製品となった[2]。その後順次採用製品を拡大し，現在までにノートPCや携帯電話用の部品としても実用化した。図1に製品化例を示す。

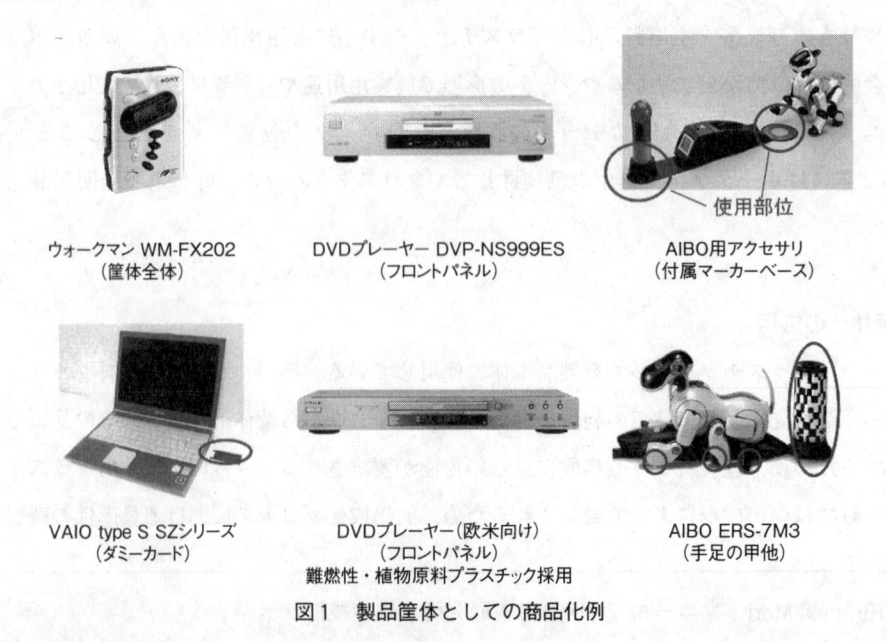

ウォークマン WM-FX202
（筐体全体）

DVDプレーヤー DVP-NS999ES
（フロントパネル）

AIBO用アクセサリ
（付属マーカーベース）
使用部位

VAIO type S SZシリーズ
（ダミーカード）

DVDプレーヤー（欧米向け）
（フロントパネル）
難燃性・植物原料プラスチック採用

AIBO ERS-7M3
（手足の甲他）

図1　製品筐体としての商品化例

第7章 エレクトロニクス機器への応用

2.2 難燃性の向上

エレクトロニクス製品にプラスチックを使用する場合，火災時の燃焼拡大を防止するため，適切な難燃性能を持つプラスチックを使用することが義務付けられている。表1に主要な製品カテゴリと必要とされる難燃性能の対応を示す。必要な難燃性能は，厳密にはその使用部位や製品の販売地域によって細かく規定されているが，ここでは理解しやすくするために単純化して示している。

難燃性の基準としては，米国の民間機関である UL（Underwriters Laboratories Inc.）が定めているプラスチックの難燃性の規格である「UL 94 規格」がエレクトロニクス機器では標準的に用いられている。ポリ乳酸は，単体では UL 94 規格で HB クラスの難燃性しか持たない。一方ソニーの主力製品は V-2 以上の難燃性を必要とする製品が多いため，ポリ乳酸の難燃性を向上させることが必須だった。

ソニーでは，まず V-2 の難燃性を付与することを目標として開発を進めた。各種の試験を行い，難燃剤として水酸化アルミニウムを選定した。水酸化アルミニウムは生活用品として一般的に使用されている安全性の高い材料であり，かつ原料のボーキサイトは地球上に豊富に存在し資源枯渇の心配も少ない。この水酸化アルミニウムの粒度や表面処理，添加量を適切に制御することにより，目的とする難燃性と各種の機械物性をバランスさせることに成功した。2004 年に DVD プレーヤーのフロントパネルにこの技術を応用し，世界で初めて難燃型・植物原料プラスチックとして商品化した[3]。

表1 エレクトロニクス機器に要求される難燃性能

難燃性	難燃グレード（UL 94 規格）	製品カテゴリ
高 ↑ ↓ 低	V-0	テレビ，パーソナルコンピュータ
	V-2	ホームビデオ，ホームオーディオ，ゲーム機器，ビデオカメラ
	HB	ポータブルオーディオ，「AIBO」，アクセサリー類
	不要	メディア類，包装材

2.3 成形性の向上

ポリ乳酸は結晶性樹脂であり，結晶化させることによって成形品の耐熱性を向上させることができる。しかしながら，ポリ乳酸の結晶化速度は非常に遅く，通常は5分以上を要する。一方，射出成形では，製造コストを削減するために成形サイクルを短縮することが日々求められている。一般的には1分以下で成形する部品がほとんどであり，ポリ乳酸単体ではこの成形サイクルでは結晶化が完了せずに非晶の状態で固化してしまい，十分な耐熱性が得られないという課題が

あった。

そこで，ソニーではポリ乳酸の結晶化を促進させる技術の開発にも取り組んだ。具体的には，ポリ乳酸の結晶化を促進させる添加剤の探索を行なった。数百種の物質を試験した結果，結晶化時間を従来の 1/10 程度に劇的に短縮させる効果のある添加剤を数種発見した。この添加剤をポリ乳酸に適量加えるとともに，射出成形時の成形温度や金型温度等の成形条件を適切に制御して，最終的には1分を切る成形サイクルで実用部品の量産成形が可能となった。この技術を前述のDVDプレーヤーの量産へ応用し実用化した[3]。

2.4 非接触ICカードへの応用

植物原料プラスチックの応用展開として，非接触ICカードへの応用も検討している。非接触ICカードは，電子マネー「Edy」等で近年普及が著しく，使用量も増えている。非接触ICカードはICチップとアンテナからなる回路基板を両面からシート状のプラスチックで挟み込んだ構造となっている。このプラスチックを植物原料プラスチックで置き換えた試作品を開発した[4]。現在，ソニー内で品質信頼性，耐久性の実証テスト中であり，早期に実用化を目指している。

図2　非接触ICカード（試作品）

3　現状の課題

上述のように植物原料プラスチックの性能は年々改善し，応用も進んでいるが，技術面での課題もまだ残されている。特に，耐熱性，難燃性，成形性の一層の向上が求められている。

近年，エレクトロニクス機器は小型軽量化の推進やコストダウンの観点から，成形品肉厚をより薄くする傾向にある。そのため，筐体材料の耐熱性もより一層の向上が求められている。難燃性については，現在，V-2レベルの難燃性を満たす材料は実用化したものの，テレビやパソコンに使用するためには，さらに難燃性の高い，V-0もしくはV-1グレードの難燃性を実現することが必要である。

成形性については，成形サイクルをより一層，短縮することが求められている。これは，成形サイクルが，製造コストに直接反映するためである。また，現状では植物原料プラスチックの成形条件はたいへんデリケートであり，緻密な成形条件の管理が必要である。今後はより広い成形マージンを確保して，より量産しやすくしていく必要がある。

最後に，環境により良い材料としていくため，材料に占める植物資源の割合を向上させていくことも重要である。物性の向上と成形性の向上，さらに植物比率の向上を同時に実現することは，技術的にたいへん難易度の高いテーマであるが，この実現を目指して開発していく。

4 今後の展開

植物原料プラスチックは様々な環境側面で優れた理想的なプラスチック材料であり，これを積極的に採用していくことは，社会的に重要な環境活動と考えている。また，筐体というお客様の目に見え，手に触れる箇所にこのプラスチックを使うことにより，企業の環境活動をお客様にわかりやすく伝えることができると考える。材料の物性改善や成形性の改善等，まだ技術的課題は多いが，これらをひとつずつ解決し，最終的にはすべてのエレクトロニクス機器に使用できるようにしていく。そのため，今後も他社と積極的に協力しながら継続的に性能向上を進め，実用化を推進していく予定である。

文　　献

1) 森浩之，家電業界とバイオマス資源，第79回講演会，日本成形加工学会，東京，pp 35-36（2004）
2) ソニー㈱インターネットサイト，植物原料プラスチックを筐体に採用したウォークマンを商品化，http://www.sony.co.jp/SonyInfo/News/Press/200206/02-024/
3) ソニー㈱インターネットサイト，難燃型植物原料プラスチックの開発，http://www.sony.co.jp/SonyInfo/News/Press/200402/04-009/
4) ソニー㈱インターネットサイト，植物原料プラスチックを用いた非接触ICカードを開発，http://www.sony.co.jp/SonyInfo/News/Press/200409/04-045/

第8章　農業資材

伊藤正則*

1　はじめに

　近年，日本の農業を取り巻く環境は厳しく，変革時期を迎えている。農業人口の減少と高齢化，消費者の農産物に対する安全性への意識の高まり，さらには，農業資材の廃棄処理に関連する各種規制（環境基本法，循環型社会形成推進基本法，廃棄物処理法，資源有効利用促進法，野焼禁止令など）がある。

　これらの環境変化に対応して，農産物生産に使用される資材の使用済みプラスチックの排出量削減と高齢化に対処した省力化を狙い，生分解性プラスチック（グリーンプラ）を用いて種々の農業資材が開発されている。この中で，試験研究段階から実用段階に移りつつあるのが生分解性マルチフィルムである。この生分解性マルチフィルムは，長期保管（賞味期限付き），保水性に劣るなどの問題点を抱えながらも，その普及が進みつつある。

　また，「資源循環型農業の構想」に生分解性マルチフィルムがどのように貢献できるかについても配慮することが肝要であり，原料樹脂を構成するモノマーを石油由来からバイオマス由来へ変換する研究開発が進められており，その量産化の早期実現が期待されている。

2　農業資材と生分解性プラスチック製品[1]

　近代農業は，省力化のため機械化が進み，多種多様な副資材が使用されるようになり，農作業が効率的・楽になった反面，産業廃棄物が多くなり廃棄物処理問題が生起している。

　平成15年のマルチ栽培の面積は，14万2千ha，ハウス栽培の面積は，3万2千haである。

　農業用プラスチックフィルムの年間排出量（平成15年度，農水省）は15万6千トンであり，この中，農ポリ（ポリエチレンフィルム）の排出量は6万7千トンであり，この中約45％がポリマルチ（ポリエチレン製マルチフィルム）である（図1参照）。

　ハウスで使用される塩ビフィルムの年間排出量は7万2千トンであるが，その約58％は床材やシートなどに加工され，再利用されている。農ポリの再生処理率は41％であるが，ポリマル

＊　Masanori Ito　㈱ユニック　BP事業グループ　参与

第 8 章　農業資材

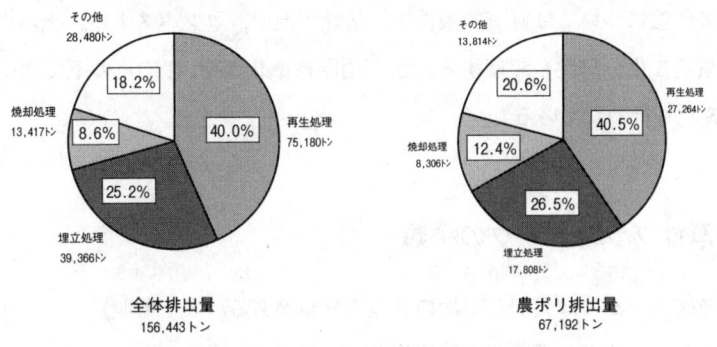

図1　農業用使用済プラスチックの排出量（平成15年）

全体排出量 156,443トン
- 再生処理 75,180トン 40.0%
- 埋立処理 39,366トン 25.2%
- 焼却処理 13,417トン 8.6%
- その他 28,480トン 18.2%

農ポリ排出量 67,192トン
- 再生処理 27,264トン 40.5%
- 埋立処理 17,808トン 26.5%
- 焼却処理 8,306トン 12.4%
- その他 13,814トン 20.6%

チは土や水分が付着しており，再生処理コストが割高になることや再生コストに見合う製品が少ないことがネックとなっており，再生化率は約20％弱程度に止まっている。

　農業資材の樹脂別排出量割合は，塩化ビニル（ハウス用シート）が55％，ポリエチレンフィルムが41％，その他プラスチックが3％である。この中，現在生分解性プラスチックの応用が進んでいる農業資材は，マルチフィルム，育苗ポット，誘引紐である。

　この中でも，「生分解性」という機能を生かした「プラ廃棄物"0"」，「省力化」の観点から，農家，農業団体，自治体から嘱望され，生分解性マルチフィルムの普及が最も進んでいる。各地JAの推奨銘柄として登録される製品も現れた。最大の課題は土壌に合った生分解速度の制御賦与と価格である。ポリマルチに対して生分解性マルチフィルムの価格は3～4倍程度に迄下がってきたが，2～2.5倍前後への低価格化が期待されている。

　トンネル用フィルム，ビニルハウス用シートなどの他の用途には，耐久性，流滴性，光線透過性などの特性が必要となり，生分解性プラスチックの性能と二律背反する機能を要求されるため，開発が進んでいない。

3　生分解性プラスチック製品の生分解性と「グリーンプラ認証マーク」

　生分解性プラスチック研究会（2006年6月現在の会員総数226社：正会員45社＋賛助会員14社＋マーク会員165社＋期間限定マーク会員2社）は2002年6月から「グリーンプラ識別表示制度」を制定し，運営を開始した。安全性と生分解性を確認した材料のみから構成される生分解性プラスチック製品を「グリーンプラ」製品として認定し，「グリーンプラ」マーク登録番号を付与し，他のプラスチック製品との識別を図る制度である。2006年6月現在，822件の製品が登録され，「グリーンプラ」認証マークを取得している。2002年3月には上記制度の安全性と生分解性に関して，欧州および米国における認証機関との統合化作業が実質的に開始された。

生分解性の評価法については好気的条件下，活性汚泥中，コンポスト中，土壌中，嫌気的条件下などでの本質的な生分解性を評価する方法が国際標準化機構（ISO）の下で標準化が進み，これを受けた JIS 化も行われている[2]。

4　生分解性プラスチックの種類

生分解性プラスチックには大別して次の3つの分類がある（表1参照）。
①バイオ産生系，②化学合成系，③天然物系
②の化学合成系にはポリ乳酸系，コハク酸系ポリエステル，芳香族・脂肪族系ポリエステルがある。

現在，石油系でのコハク酸系ポリエステルはあくまでも植物原料へのステップとして，原料モノマーであるコハク酸の発酵法生産の開発を進めている企業もあり，将来，上記のような分類は不適切となろう。また，原料モノマーがバイオ法による工業的製造法として確立されれば，現在枯渇性資源（石油）を原料とする軟質系のコハク酸系ポリエステルもバイオマス由来のグリーンプラとなり，その意義は極めて大きい。

5　生分解性マルチフィルムの機能について

平成10年度から現在まで検討を行っている日本施設園芸協会の生分解性資材利用検討会の報告書[3]から，マルチフィルムの基本機能としては，次の7項目が挙げられる。

① 地温上昇効果
② 雑草防除特性，減肥料（雨水による肥料の流出防止）
③ 機械適応性［マルチャーとの適応性：　展張・穴あけ（縦裂きが無いこと）］
④ 栽培中の崩壊・生分解特性
⑤ マルチフィルムの鋤き込み性
⑥ 残留フィルムの鋤き込み後の影響（後作への影響）
⑦ コスト評価，省力化

現状と課題についてまとめてみると，生育促進を目的とした地温上昇効果①や雑草抑制効果②については，透明フィルムは地温上昇効果が最も高いが，雑草の生育を助長する。一方，不透明な黒色マルチは地温上昇は緩慢ではあるが，雑草防除の役割を果たす。地温上昇によって生育促進，安定生産，作期拡大の効果が得られ，雑草防除，降雨による肥料流亡が抑えられ減肥が可能となる。これらのマルチフィルムの機能は生分解性マルチフィルムでも実現することができ，ポ

第8章 農業資材

表1 国内で実用展開されているグリーンプラ （2006年8月時点）*1

分類	高分子名称	商品名	製造企業	規模（トン／年）	土壌中での生分解速度 速い	中	遅い
微生物産生系	ポリヒドロキシブチレート	ビオグリーン	三菱ガス化学	パイロット	○		
化学合成系	ポリ乳酸	Nature Works	ネイチャーワークス	140,000			○
	〃	レイシア	三井化学	（Nature Worksと提携）			○
	ポリ乳酸系ブロック共重合体	プラメート	大日本インキ化学工業	パイロット		○	
	ポリグリコール酸	―	呉羽化学	パイロットプラント			○
	ポリカプロラクトン	TONE	Dow	4,500	○		
	〃	セルグリーンPH	ダイセル化学工業	1000（⇒5千トン計画）	○		
	ポリ（カプロラクトン/ブチレンサクシネート）	セルグリーンCBS	ダイセル化学工業		○		
	ポリブチレンサクシネート	GSPla	三菱化学	3,000（⇒3万トン計画）		○	
	〃	ビオノーレ	昭和高分子	4,000（⇒6千トン計画）		○	
	ポリブチレンサクシネート/アジペート	ビオノーレ	昭和高分子		○		
	〃	GSPla	三菱化学		○		
	〃	Enpol	Ire Chemical	8,000	○		
	ポリエチレンサクシネート	ルナーレSE	日本触媒	パイロット		○	
	ポリ（エチレンテレフタレート/サクシネート）	Biomax	DuPont	100,000*2（PET併産）			○
	ポリ（ブチレンテレフタレート/アジペート）	Ecoflex	BASF	8,000（⇒3万トン計画）			○
	〃	Eastar Bio	Eastman Chemicals	ノバモントへ事業売却			○
	〃	Enpol	Ire Chemical	8000（⇒5万トン計画）			○
	ポリビニルアルコール	ポバール	クラレ	既存プラント転用			○
	〃	エコマティAX	日本合成化学工業	200,000*3			○
天然物系	エステル化澱粉	コーンポール	日本コーンスターチ	パイロットプラント			○
	酢酸セルロース	セルグリーンPCA	ダイセル化学工業	5,000		○	
	キトサン/セルロース/澱粉	ドロンCC	アイセロ化学	パイロットプラント	○		
	澱粉/化学合成系グリーンプラ	Mater-Bi	Novamont⇒ケミテック	20,000（+1.5万トン計画）	○		

* 1 出典：D. Rigge, BioCycle, March. P.64(1998)；下里純一郎，環境機器紙，8月号，p.98(1999)にBPS調査結果を加えた
 ⇒ ：過去1年以内に公表された増設計画
* 2 汎用PETを含めた併産能力
* 3 ビニロン原料，経糸糊，紙コーティング，乳化剤，包装フィルム用途などを含めたトータル値

リマルチとほぼ同等の効果を上げている。

また，展張・穴あけ時の破れ③に関しては，縦（MD方向）に裂け易い欠点があったが，各フィルムメーカーの品質向上化への地道な努力が実を結びつつある。

従来，見られた栽培中での地際部の早期分解④などは，ほぼ解消されるようになっており，より安心して使用できる商品にまで改善でき，「安心，安全，便利」な商品にまで仕上がってきて

いる[4]。

　トラクタによる土壌中への鋤き込み時にロータリーに絡まるような問題⑤は殆ど生起しておらず，面倒で大変なマルチ剥ぎ作業と廃棄物運搬作業などが不要となることから，大幅に省力化⑦することができる。鋤き込んだフィルムは，土壌中で完全に生分解するので，その結果，使用済みマルチフィルムの排出量を削減でき，廃プラ処理経費⑦がかからない。

　残留フィルムの鋤き込み後の影響（後作への影響）⑥については，栽培期間の長さとマルチフィルムの設計のバランスにより回避でき，問題は生起していない。

　コスト評価⑦については，栽培される農産物の種類により異なるが，一般的には，剥ぎ取り費用（労務費）と廃プラ処理費用を含めて経済性を判断すれば，生分解性マルチフィルムの価格がポリマルチの約3倍で，ほぼ同額となる。この場合，廃プラ処理のための社会的インフラは不要となるが，この効果については訴求していない。但し，一般農家は，マルチフィルムの価格差だけで判断されることが多く，割安感を感じてもらえるのは，ポリマルチの2.5～2倍からと言われている。

　しかし，後継者不足による高齢化が進み，「面倒で大変なマルチ剥ぎと運搬作業」が不要となることが好評を得て，先進的に，採用される地域も増えつつある。

6　生分解性マルチフィルムの処方設計

　上記のマルチフィルムに具備すべき性能と圃場での使用実態の調査・観察結果から，毎年，フィルム性能の改善点を絞り，改良を図ってきている。当初の生分解性マルチフィルムの主要な改善点としては，

① 展張時に，破れや裂けが生じないこと（フィルムを抑えるローラーで主に破れる）
② 移植穴を開ける時に裂けて隣の穴と繋がらないこと（機械移植の時に起こり易い）
③ 移植後に強風が吹いても，穴から風が入り，移植穴から破れ・裂けが生じ隣の穴と繋がらないこと
④ 農産物の生育期間中，フィルムの地際部が生分解し，剥がれたり，雑草で持ち上げられないこと
⑤ 農産物の収穫後，トラクタのロータリにフィルムが絡まず，土壌中にフィルムを鋤き込めること

などが挙げられた。これらの要求・改善点を如何に樹脂および副資材の選択，配合によりフィルム性能に具現化するのか？　が生分解性マルチフィルムの処方設計と言える。

　国内で実用展開されているグリーンプラの特性を図2に示す。また，各種グリーンプラの溶融

第8章　農業資材

図2　グリーンプラの特性

図3　各種グリーンプラの溶融温度（Tm）とガラス転移温度（Tg）

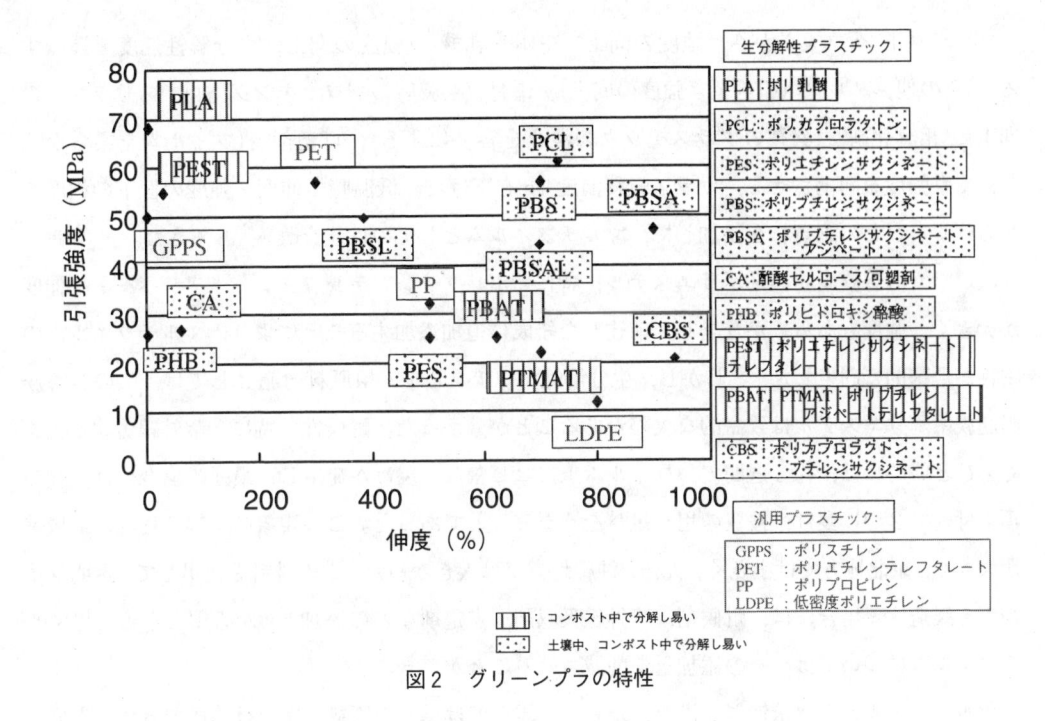

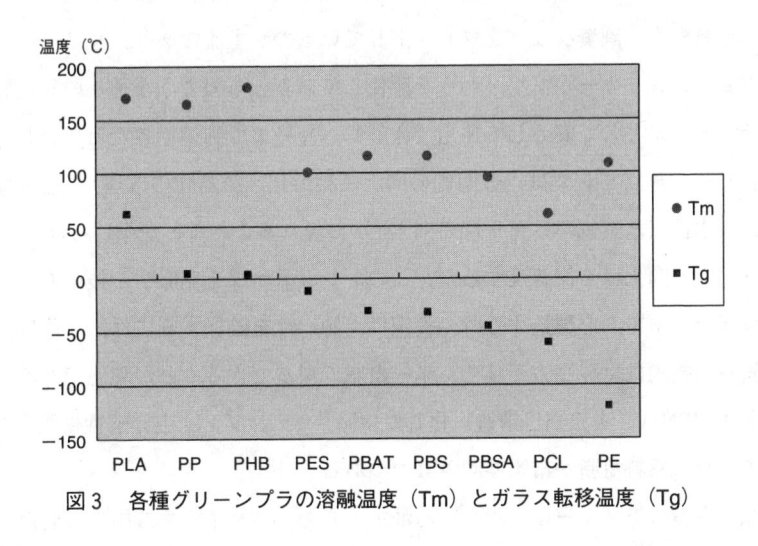

温度（Tm）とガラス転移温度を図3に示す。

　当初,脂肪族ポリエステルの柔らかな樹脂が登場[5]し,その中でも,コハク酸系脂肪族ポリエステル（硬くて強度があり,生分解性速度が遅い）とコハク酸・アジピン酸系脂肪族ポリエステル（柔らかく,伸度が大きく,生分解性速度が速い）の組成を加減し,要求性能,主に,フィルム強度と伸度,生分解性の速さのバランスを取っていた。フィルム性能の微調整のために,ポリ

カプロラクトン[6]（柔らかさ，強度の向上）やポリ乳酸[7]（強度の向上，生分解性速度を遅くする），その他，タルク（引き裂き強度の向上），滑材（製膜時のブロッキング防止，スリップ性の向上），相溶化剤[8]（異種のプラスチックの混合を容易にする），可塑剤[9]（フィルムを柔らかくし，衝撃強度を向上させる，ガラス転移温度Tgを下げて，低温時の伸度・強度の低下の程度を和らげる）などの副資材を添加して，マルチフィルムとしての性能を改善[10]してきた。

次いで，芳香族脂肪族系ポリエステル，特に，ポリブチレンテレフタレートアジペート（伸度が大きく，強度もある）が登場し，前述した組成に追加添加することにより，マルチフィルムの物性が飛躍的に向上した[11]。しかし，生分解性マルチフィルム用原料樹脂としては，この芳香族脂肪族系ポリエステルは致命的な欠陥があることが分かった。耐候性，特に，紫外線劣化が大きく，ひどい時には，約2週間で，フィルム上にヒビ割れ，裂けが発生し，最悪の場合には，畦の頂上付近で2つに裂け，被覆の用を足さなくなることであった。この現象の生起の程度は地域差が大きく，東北地方では小さく，九州，沖縄地方では大きかった。この材料を使用して，透明フィルムを製造する場合には，耐候剤，紫外線吸収剤，安定剤などの添加[11, 12]が必須となる。黒マルチフィルムについては，その添加量を削減させることができる。

マルチフィルムの要求性能を満たすために，現在では単一の原料樹脂では達成できず，上記のような各種の原料樹脂，副資材などをブレンドしているのが主流であり，マスターバッチの製造を含めて，フィルムメーカーがノウ・ハウを駆使している。このような種々の研究開発の結果，漸く，マルチフィルムとして安心して使用できるレベルにまで到達できたと思われる。

また，さらなる改善点としては，透明性の向上（相溶化，結晶化の改善），低温時での展張に耐える強度，保水性（水蒸気バリヤー性の向上[13]）に優れることなどが挙げられる。

引張強度と伸度の向上は二律背反するが，このトレードオフを克服する技術も必要となる。

生分解性マルチフィルムを製造する時の安定性，均一性を確保するには，今後は，使用する原料樹脂，副資材の組成は単純な方が良く，単一樹脂で製造できることが理想である。ブロック共重合体[14]の検討，IPN（3次元網目構造）化した樹脂[15]やデンプン・生分解性樹脂系[16]の検討が進んでおり，これらの原料樹脂が市場展開されつつある。

これらの原料樹脂のモノマーは，現在，石油由来であり，バイオマス由来に変換する研究開発も進んでいる。石油高騰の折から，その実現が早まることを切望する。この暁には，カーボン・ニュートラルな環境に優しい生分解性マルチフィルムが誕生することになる。

7　生分解性マルチフィルムメーカー

現在，約20社が生分解性マルチフィルムの市場開発・販売をしている。生分解性マルチフィ

第8章 農業資材

表2 生分解性マルチフィルムメーカーと商品名

フィルムメーカー	生分解性マルチフィルム 商品名	汎用マルチ製造能力[*1] (LDPE)トン/年
(1) 商系マルチフィルムメーカー：		
・ 大倉工業	エコローム	7,500
	ナビオロング	
・ 積水フィルム	野土加（のどか）	6,300
・ 太洋興業	エコグリーンマルチ	3,800
・ 和田油化農材	土気流（とける）	2,000
・ ナルトー化成	B-PAL	
・ 丸東産業	耕楽	
・ シーアイ化成	キエール	
・ 辻野プラスチック	ビオマルチ	
・ アキレス	ビオフレックス	
・ 北越化成		2,200
・ みかど化工		2,200
・ サーモ		2,000
(2) 系統マルチフィルムメーカー：		
・ 三善加工	リターンズ	3,000
・ 丸井加工	土っ子	2,000
	ナビオ30,60	
・ 岐阜アグリフーズ	コーンポールマルチ	
(3) 商社：		
・ ユニック	キエ丸	
	ユニグリーン	
・ 石原テクノ	イーマルチ	
・ 日本エコアプライ	環太郎	
・ オー・ジー	ニューマルチ	
・ 三木産業	三木グリーン	
(4) その他		8,000
合　計		39,000
着色マルチ		2,500
2色（配色）マルチ		2,500
2層マルチ		2,000
総合計		46,000
この中, 有孔マルチ		7,500

*1　汎用マルチ：富士キメラ総研資料（1996）より

ルムメーカーと商品名を表2に示す。

　生分解性マルチフィルムの基本性能が，ほぼ使用可能なレベルに到達し，これからが本格的な普及に入る。

　表2から分かるように，大手マルチフィルムメーカーも市場展開しているが，未だ，本格的な生分解性マルチフィルムの量産化には到っていない。ポリマルチ他・農業資材の販売ルートが確立されているので，量産の効率化の目処が付けば（専用ラインが稼動できる時期が到来すれば）本格的市場参入が実現し，生分解性マルチフィルムの普及も加速されるものと思われる。

8　㈱ユニックの取り組み状況

8.1　生分解性マルチフィルムの開発経緯

　株式会社ユニックは平成10年（1997年）から，葉たばこ栽培用の各種生分解性マルチフィルム（ブランド名：「ユニグリーン」）の開発を進めてきた。農業分野では，最近，既存のポリマルチの廃プラ処理が困難を極め，社会問題化してきていることから，土壌中で完全に生分解するフィルムの製造・販売を行うこととした。これまで，関係会社と数年間に亘る試行錯誤の繰り返しの結果，漸く商品としての評価を受けられるようになった。今後，さらなるコスト低減と，農業に携わる方々のニーズに対応した，より高品質なフィルムの提供を目指す。加えて，一般農産物栽培用の生分解性マルチフィルム（ブランド名：「キエ丸」）についても，アテンド株式会社をユニックのBP事業グループに吸収し，農業全般に亘る環境保全の一翼を担っていくことになった。現在，両者の生分解性マルチフィルム販売量は同市場のトップシェアを確保していると確信しているが，現行ポリマルチ市場の1％にも満たない状況である。マルチフィルム市場の

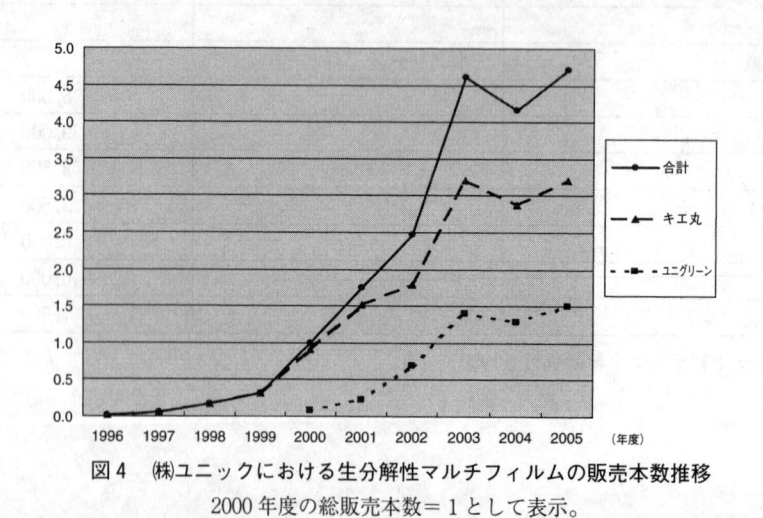

図4　㈱ユニックにおける生分解性マルチフィルムの販売本数推移
2000年度の総販売本数＝1として表示。

第8章　農業資材

ポテンシャルは標準マルチフィルム[17]換算で約1,100万本と大きいので，さらに，啓蒙普及・拡販に努めたい。

株式会社ユニックにおける生分解性マルチフィルムの販売本数の推移を図4に示す。

8.2　㈱ユニックの生分解性マルチフィルムの使用状況

平成15年8月に，社団法人日本施設園芸協会内に，生分解性フィルムメーカー，樹脂メーカー約20社から構成される「農業用生分解性資材研究会」が設立されたが，統計資料は未だ無い。このため，株式会社ユニックが販売している生分解性マルチフィルムの使用作物について紹介すると，トウモロコシ（21％），サツマイモ，ジャガイモ（イモ類16％），レタス（13％），ダイコン（5％），カボチャ，ハクサイ，キャベツ，サトイモ，サトウキビ，イチゴ，ホウレンソウ，ニンジン，アスパラガス，ニンニク，ラッカセイ，エダマメ，小菊（その他合計10％），葉たばこ（35％）などであり，農産物・花卉栽培用としての実績がある。

8.2.1　一般野菜栽培での生分解性マルチフィルムの使用状況

環境に優しい農業ということで，最初に生分解性マルチフィルムの導入に積極的であったのは全農で，レタスの栽培用である。収穫後の野菜くずと一緒にマルチフィルムを鋤き込めるメリットがあり，廃プラ処理の作業がなくなるのが最大のメリットである。同様な理由から，次いで，キャベツ，ハクサイの栽培などに拡大普及してきた。また，収穫後の残幹処理あるいはつるの処理とマルチフィルム剥ぎが大変な作業となるトウモロコシ，サトウキビ，サツマイモ，カボチャなどの栽培に生分解性マルチフィルムの利用が早かった。また，契約栽培で環境意識の高い企業が積極的に採用したケースとしては，ジャガイモ，加工トマト，花卉栽培などが挙げられる。

生分解性マルチフィルム「キエ丸」を使用した野菜の栽培例を写真1に示す。

8.2.2　葉たばこ栽培での生分解性マルチフィルムの使用状況

葉たばこ栽培も収穫後の残幹処理とマルチフィルム剥ぎが重労働であり，特に，高齢化が進んでいる地域で，生分解性マルチフィルムの普及が進んでいる。

葉たばこ栽培は，北の青森県から南の沖縄県まで広範に行われており，東北地方は主にバーレー種，関東以西は主に黄色種，一部で在来種が栽培されている。平成18年作の栽培面積は約1万8千haであり，その全てがマルチ栽培である。この葉たばこ栽培に使用されているポリマルチは標準マルチフィルム[3]換算で約90万本使用されている。

生分解性マルチフィルムの生分解性速度は，土壌の種類，温度，水分，pH，コンポスト投入の多寡など，環境の影響を受ける。全国各地における篤農家・指導員の方々が普及の先駆けとなり，実際の栽培圃場での試験・評価結果とユーザーの要望を参考にして，毎年，改良を重ねてきている。

写真1 生分解性マルチフィルム「キエ丸」を使用した野菜の栽培例

（北海道 スィートコーン、北海道 レタス、北海道 カボチャ、北海道 大根、群馬県 キャベツ、山梨県 ズッキーニ、長崎県 白菜、長野県 キャベツ、長野県 加工トマト、宮崎県 ゴボウ、鹿児島県 玉ねぎ、鹿児島県 馬鈴薯）

平成17年作の「ユニグリーン」の使用状況を写真2に示す。

9 生分解性マルチフィルムの規格

生分解性マルチフィルム「キエ丸」（一般野菜栽培用）の各種グレードを表3に、「ユニグリーン」（葉たばこ栽培用）の各種グレードを表4にまとめて示す。

平成16年作用以降の葉たばこ栽培用マルチフィルムの特徴としては、水蒸気バリヤー性の向上、穴開け・移植時の衝撃強度の向上、地際でのフィルム切れの抑制などが挙げられる。また、高架型作業車装着移植機（AP-1）の使用でも、植穴拡大防止や被覆時の裂けが防止でき、今年度（平成18年作用）は、さらに使い易くした。

葉たばこ栽培用生分解性マルチフィルムは、日本葉たばこ技術開発協会に試験・評価を依頼し、日本たばこ産業株式会社の葉たばこ研究所、盛岡、鹿児島葉たばこ技術センターおよび福島

第8章 農業資材

写真2 平成17年作における生分解性マルチフィルム「ユニグリーン」の使用状況

県たばこ試験場などの試験により，展張試験，穴開け・移植試験，葉たばこの生育，生分解性の経時変化などの評価を受け，合格と認定された製品を全国展開・販売をしている。

本試験の委託に当って，安全性については，生分解性プラスチック研究会の「グリーンプラマーク」取得製品であることが前提とされている。製品の安全性がチェックされているポジティブリストが生分解性プラスチック研究会のホームページ上で公開されており，この中から，樹脂原料・副資材を選択・使用しており，ユーザーに安心して使用してもらえるようにしている。

10 環境に与える負荷（炭酸ガス発生量の試算・LCA評価）

地球温暖化問題では炭酸ガスの発生量も見逃せない問題であり，生分解性マルチフィルムは土壌中のバクテリアにより水と炭酸ガスに分解する。「ユニグリーン」は10 a（アール）被覆当り

表3 生分解性マルチフィルム「キエ丸」（一般野菜栽培用）の各種グレード

幅	(cm)	95, 135　　　　　　（規格外）　105, 110, 125, 150
長さ	(m)	200, 400, 600
厚み	(mm)	0.018, 0.02
色		透明，黒，白，白黒　（規格外）　銀ネズ，銀黒，グリーン
有孔品		45φ，60φ，80φ，110φ
		孔間：並列 12 cm 以上，千鳥 24 cm 以上
		条間：1～最大7条
		水抜き穴
分解速度		Mタイプ（2～3ヶ月）
		Lタイプ（4～5ヶ月）

表4 生分解性マルチフィルム「ユニグリーン」（葉たばこ栽培用）の各種グレード

幅	(cm)	95, 100, 110, 120, 130, 135
長さ	(m)	200, 300, 400
厚み	(mm)	0.015（土寄体系向き），0.02（大高畦，土寄省略体系向き）
色		透明，黒　（規格外）　銀ネズ
印刷		センターライン・植付け孔（間隔：42, 35, 33, 32 cm）の印刷
有孔品		110φ
		1条
分解速度		Lタイプ（4～5ヶ月）

どの程度の炭酸ガスを発生するのか，ポリエチレン，澱粉と比較して試算してみた。

「ユニグリーン」は畑で分解し 60.5 kg；ポリエチレンを焼却した場合には 76.6 kg；澱粉（100％澱粉のフィルムを仮定）は 64.7 kg の炭酸ガスを発生することになり，現行のポリエチレンや澱粉よりも生分解性マルチフィルムは炭酸ガス発生量を抑えられる。

LCA（ライフ・サイクル・アセスメント）では，石油から樹脂原料（モノマー）の製造，原料プラスチックの製造，フィルム加工を経てマルチフィルムが生分解（ポリエチレンの場合は焼却処理）するまで，一貫の炭酸ガス発生量，エネルギー消費量などの比較ができ，プラスチック製品を使用したときの環境に与える負荷を判断できる評価法と考える。原料樹脂メーカーの試算結果では，ユニグリーンが現行のポリエチレン製マルチフィルムよりも炭酸ガス発生量が約25％削減できる結果となった。このデータが公的に評価され，公表されることを期待している。

11 今後の課題と展開

今後の生分解性マルチフィルム開発に関する主な課題は，①展張速度をさらに速くできるためのフィルムの柔軟性・強度の向上，②低温における展張時のフィルム強度の向上，③苗移植後の生育初期の保水性の向上，④インフレーション製膜時のスピードアップ，フィルム厚みの均一化，薄膜化，⑤マルチフィルム（製品）の保管中の長寿命化によるコストダウンなどが挙げられる。

生分解性マルチフィルムの性能を向上させるには，原料樹脂の改質，配合技術（例えば，非相溶性ポリマーブレンドのナノ分散化）などの検討とインフレーション成形技術の向上の両面からの改善が必要である。

コストダウンには量産効果（原料樹脂の製造，成形のスピード・アップ），マルチフィルムのグレード・ロット数の削減，デリバリーの効率化，在庫調整・計画生産（切り替え回数の削減によるロス率の低減）など，やらねばならぬことが山積している。

生分解性マルチフィルムの欠点である「賞味期限付き」（マルチフィルム製造後，保管中にフィルム性能が経時的に低下するので，1シーズン限りの使用を推奨）のため，受注生産を強いられている。製品の長寿命化が達成されれば，受注生産しかできなかったものを計画生産に切り替えられるようになり，小ロット・多品種生産からの脱却・改善ができ，大幅なコストダウンを実現できるようになる。今後，さらなるコスト低減と，農業に携わる方々のニーズに対応した，より高品質フィルムの提供が望まれる。

12 おわりに

現在，農業資材の中では，生分解性マルチフィルムの普及が最も進んでいる。マルチフィルム用途には柔らかい性能を有する石油由来の樹脂原料を使用した製品が主流となっている。現在，その原料モノマーをバイオマス由来にする研究開発が進められている。

一方，生分解性プラスチック研究会では，バイオマス由来のプラスチック製品の普及促進を図ることにより，地球温暖化防止，化石燃料資源の節約および自然環境の保全に資する目的で，「バイオマス識別表示制度」を2006年7月1日より発足させている。この制度に適合した，生分解性マルチフィルムを含めた農業資材のさらなる開発と普及を期待したい。

謝辞

関連資料の提供を戴いた生分解性プラスチック研究会の神波節夫事務局長，農業用生分解性資材研究会の

坂井久純会長に感謝致します。

文　献

1) 平成17年度「使用済農業生産資材適正処理等推進事業・園芸用プラスチック適正処理対策事業報告書」(平成18年3月)
2) 国際標準化された試験法：JIS K-6950-2000(ISO 14851)，プラスチック水系培養液中の好気的かつ究極的な生分解度試験方法（閉鎖呼吸計による酸素消費量）；JIS K-6951-2000(ISO 14852)，プラスチック水系培養液中の好気的かつ究極的な生分解度試験方法（発生二酸化炭素量）；JIS K-6953-2000(ISO 14855)，制御されたコンポスト条件の好気的かつ究極的な生分解および崩壊度の試験方法；JIS K-6956-2003(ISO 17556)，土壌中での好気的生分解度の試験法
3) 平成13, 14, 15年度「最先端施設園芸技術実証推進指導・事業報告書」(社)日本園芸協会（平成14年3月，平成15年3月，平成16年3月）
4) 雨宮潤子, http://www.pref.fukushima.jp/nougyou-shiken/note/34/maruti 34.htm
5) 昭和高分子㈱特開平 5-287043
6) ダイセル化学工業㈱特開 2002-47402
7) ダイセル化学工業㈱ WO 2002/094935
8) 大日本インキ工業㈱特開平 9-95603
9) 三井化学㈱特開 2004-2683
10) 東レ㈱特開 2003-191425
11) 島津製作所㈱特開平 8-183895, ㈱日本触媒特開 2001-172488, シーアイ化成㈱特開 2003-1704, アキレス㈱特開 2005-192465
12) ダイセル化学工業㈱ WO 2004/002213
13) ㈱日本触媒特開 2004-82603
14) ㈱日本触媒特開 2001-172488, ビー・エー・エス・エフ特開平 10-508640
15) 日本原子力研究所, ダイセル化学工業㈱特開平 11-275986
16) ノバモント特開平 8-59892
17) 標準マルチのサイズ：（一般野菜栽培用）　幅 95 cm×長さ 200 m×厚み 20 μm
　　　　　　　　　　　　（葉たばこ耕作用）　幅 130 cm×長さ 200 m×厚み 20 μm
18) 三菱化学㈱, 化学工業日報（2005年8月12日）

第4編　国内の動向

第八章　国土の細目

第1章 バイオベースポリマーに関する政府プロジェクト

江口 有*

1 はじめに

本章は最近の我が国政府によるバイオベースポリマー関連のプロジェクトについて概説することが趣旨であるが、それに先立ち、政府プロジェクトがどのような視点で企画されるのかについてまず概説したい。

最近は効率の良い政府研究投資のため、プロジェクトの目的と出口をあらかじめ十分に検証することが求められている。すなわち、産業界やアカデミアからの要請に基づいて企画されたプロジェクトであっても、政府による大所高所からの視点に沿った科学技術政策の中に如何に位置づけられているかを説明することが必須である。プロジェクトの中間および事後の評価が以前に比べて厳しくなってきており、特に実用化を前提としたプロジェクトの場合、参画企業は責任を持って事業化に取り組むことが求められている。これらのことを理解しておくことは、政府プロジェクトに参加または応募する際に必要である。

なお、科学研究費補助金による大学での研究など、上述の方針に囚われない、研究者の自由な発想に基づく基礎研究にも一定の資源が確保されていることを申し添えておく。

以下の文章には「バイオマスプラスチック」「生分解性プラスチック」等、統一されていない用語をあえて用いた。これはそれぞれの政府プロジェクトでの呼び方に原則従ったものである。どうやら意識して使い分けているというより、それぞれの部署で呼び方が違うということのようである。なお筆者は総称としてバイオポリマーという語を使った。

2 科学技術基本法[1]、第3期科学技術基本計画[2]とバイオテクノロジー戦略大綱[3]

資源の乏しい我が国において、政府は「科学技術創造立国」を国家戦略として打ち立てている。そのため科学技術基本法を制定し、それに基づき内閣府は日本学術会議などと協力し関連省庁を束ねる形で科学技術基本計画を閣議決定し、政府の基本方針としている。平成8年度からス

＊ Tamotsu Eguchi ㈶バイオインダストリー協会 事務局 事業企画部長

タートしたこのスキームは現在，平成18年3月28日に閣議決定された平成18年度から22年度にかけての第3期科学技術基本計画に当たっている。予算としては，5年間に条件付ながら約25兆円の政府研究開発投資が明示されている。

第3期基本計画においては3つの「理念」が示されている。その2番目の理念に「国力の源泉を創る」～国際競争力があり持続的発展ができる国の実現に向けて～が挙げられており，その目標の一つとして「環境と経済の両立—環境と経済を両立し，持続可能な発展を実現」とあり，さらに個別政策目標として「地球温暖化・エネルギー問題の克服」「環境と調和する循環型社会の実現」が掲げられている。バイオポリマー関連技術はここの中に位置づけられるものである。さらに，ライフサイエンスと環境は共に政策課題対応型研究開発の重点推進4分野の一つとして優先的な資源配分の対象となっている。

また一方，首相官邸のバイオテクノロジー戦略会議により平成14年12月6日に制定されたバイオテクノロジー戦略大綱において，「よりよく生きる」「よりよく食べる」「よりよく暮らす」の領域に貢献する研究開発の推進が謳われている。前述の第3期基本計画の重点推進分野であるライフサイエンス分野に対応する41の重要な研究開発課題を選定しており，大綱の「よりよく食べる」「よりよく暮らす」領域に貢献する，バイオポリマーに関連する研究開発課題として，表1に示す課題が挙げられている。

3 バイオマス・ニッポン総合戦略[4]

平成14年12月に閣議決定されたバイオマス・ニッポン総合戦略は，平成18年3月31日に改定された。ここではバイオマスをカーボンニュートラルの観点で評価し，炭酸ガスの排出削減に大きく貢献すると意義付けている。特にこれからはエタノールの原料としての資源作物に今まで以上に注目が集まると考えられる。

総合戦略の中でバイオマス利活用技術の現状は，生分解性プラスチックという意義付けでバイオマス由来の乳酸やでんぷんを原料としたプラスチックについて，低コスト化，耐熱性，耐久性に課題があるとしている。今後，廃棄やリサイクル時の環境面での影響に配慮し，耐熱性や強度において物性を改良することで用途と需要の拡大が見込まれるとしている。

具体的目標としては，バイオマス由来のプラスチックの原料価格を200円／kg程度とするとともに，リグニンやセルロース等の有効活用を推進するため，新たに実用段階の製品を10種以上作出するとしている。

また利用需要の創出，拡大については，バイオマスからプラスチックに至るまでの製造工程のコストの低減や環境への影響の少ない他のプラスチックと識別するマークの導入を図るととも

第1章 バイオベースポリマーに関する政府プロジェクト

表1 重要な研究開発課題の概要及び目標(第3期科学技術基本計画 ライフサイエンス分野)
(○：計画期間中の研究開発目標、◇：最終的な研究開発目標)

	重要な研究開発課題	重要な研究開発課題の概要	研究開発目標(抜粋)	成果目標(抜粋)
8	多様な環境中の生物集団のメタゲノム解析、これらに基づく有用遺伝子の収集・活用	ヒトの腸内・口腔の微生物(フローラ)や環境微生物(深海その他の極限環境微生物など)などを対象に、遺伝子群を一挙に、または個別の微生物の遺伝子群を解析し、これらを統合して共生関係にある微生物同士の相互関係を解明し、有用遺伝子の収集・活用を図る。	○：2010年までに、バイオマスを原料とし、糖から合成樹脂、界面活性剤といった化学品の基幹物質を生産するための糖化技術や高効率糖変換技術等を開発するとともに、物質生産性を向上する高性能宿主細胞の創製、微生物反応の多様化・高機能化するための技術を確立する。(経済産業省) ◇：2015年頃までに、微生物機能を活用した合成樹脂、界面活性剤といった化学品を生産する技術を確立する。(経済産業省) ◇：2020年頃までに、環境中の生物集団から有用遺伝子を活用した有用遺伝子・収集・探索品等の生産に活用する技術を確立する。(文部科学省、農林水産省、経済産業省)	◆2020年頃までに、バイオマスを原料とした合成樹脂、界面活性剤といった化学品等の製造技術や植物機能を活用した工業原材料、医療用原材料、試薬等の有用物質製造技術を実用化することにより、循環型社会の実現や新産業の創出に貢献する。(経済産業省)
10	食料分野、環境分野における微生物・動植物ゲノム研究	動植物のゲノム情報を活用した有用遺伝子の単離・解析を行い、食料生産や環境保全のための研究開発に活用する。	○：2010年までに、バイオマスを原料とし、糖から合成樹脂、界面活性剤といった化学品の基幹物質を生産するための糖化技術や高効率糖変換技術等を開発するとともに、物質生産性を向上する高性能宿主細胞の創製、微生物反応の多様化・高機能化するための技術を確立する。(経済産業省) ○：2010年までに、医療用原材料、試薬等の有用物質を高効率に高生産する組換え植物等、閉鎖型植物生産施設における有用物質を生産する技術を確立する。(経済産業省) ◇：2015年頃までに、微生物機能を活用した合成樹脂、植物機能を活用した工業原材料、医療用原材料、試薬等の生産技術を確立する。(経済産業省)	◆2020年頃までに、バイオマスを原料とした合成樹脂、界面活性剤といった化学品等の製造技術や植物機能を活用した工業原材料、医療用原材料、試薬等の有用物質製造技術を実用化することにより、循環型社会の実現や新産業の創出に貢献する。(経済産業省)
14	微生物・動植物を用いた有用物質生産技術開発	培養・遺伝子組換え技術等を活用して、有用物質(化学品、工業用原材料、医療用原材料、やバイオマスを効率的に生産する技術を開発する。	○：2010年までに、動植物・微生物、バイオマスを原料として、グリーンプラスチック等の有用素材生産技術を開発する。(農林水産省) ○：2010年までに、バイオマスを原料とし、糖から合成樹脂、界面活性剤といった化学品の基幹物質を生産するための糖化技術や高効率糖変換技術等を開発するとともに、物質生産性を向上する高性能宿主細胞の創製、微生物反応の多様化・高機能化するための技術を確立する。(経済産業省) ○：2010年までに、工業用原材料、医療用原材料、試薬等の有用物質を高効率に高生産する組換え植物等、閉鎖型植物生産施設における有用物質を生産する技術を確立する。(農林水産省、経済産業省) ◇：2015年頃までに、微生物機能を活用し、2020年頃までに植物機能を活用した工業原材料、医療用原材料、試薬等の生産技術を確立する。(農林水産省、経済産業省)	◆2020年頃までに、バイオマスを原料とした合成樹脂、界面活性剤といった化学品等の製造技術や植物機能を活用した工業原材料、医療用原材料、試薬等の有用物質製造技術を実用化することにより、循環型社会の実現や地球温暖化の防止等に貢献する。(農林水産省、経済産業省)

に，使用済みプラスチックを化学的に再利用するケミカルリサイクル等のシステムの構築が必要とされている。

4 技術戦略マップ[5]

経済産業省では，新産業の創造やリーディングインダストリーの国際競争力を強化していくために必要な重要技術を絞り込み，それらの技術目標を示し，かつ研究開発以外の関連施策等を一体として進めるため，独立行政法人新エネルギー・産業技術総合開発機構（NEDO）の協力を得て技術戦略マップを取りまとめた。経済産業省およびNEDOのプロジェクトは従ってこのマップのどこかに位置づけられる。本稿執筆時点での直近のバージョンは平成18年4月28日に公表された2006バージョンである。

マップは大きく4分野に分かれており，バイオポリマーが関連するのは製造産業分野のグリーンバイオ分野である。なおバイオマス原料については環境・エネルギー分野のCO_2固定化・有効利用分野の大規模植林でも取り上げられているが，必ずしもバイオポリマーを出口としたものではない。

グリーンバイオ分野の導入シナリオの研究開発項目において，生物機能を活用した物質生産が宿主別（微生物，植物，動物）に整理されており，バイオポリマー生産を目的としたプロジェクトとして整理されていないが，個々の技術はバイオポリマー生産をターゲットとした技術開発にも適応可能と考えられる。一方，グリーンバイオ分野の産業への効果マップでは，2010年までに例として1,3-プロパンジオールやコハク酸といったポリマー原料の産業化を，そして2020年までに遺伝子工学から生み出される汎用品（汎用石化・生分解性プラスチック）の産業化を図るとしている。

5 生物機能活用型循環産業システム創造プログラム[6,7]

経済産業省の「生物機能活用型循環産業システム創造プログラム」は，平成16年2月3日に発表された。工業プロセスや環境関連分野へのバイオテクノロジーの利用を促進すべく，バイオマスの利用による再生可能資源への転換，バイオプロセスの利用による環境負荷の少ない工業プロセスへの変革，廃棄物，汚染物質等の生分解・処理の研究開発を行い，もって循環型産業システムの創造を図る目的で計画されている。

このプログラムは科学技術基本計画の重点分野であるライフサイエンス分野に位置づけられており，またバイオテクノロジー戦略大綱の「よりよく暮らす」に対応し，また産業技術戦略およ

6 個別プロジェクト—「バイオプロセス実用化開発プロジェクト」[8] (NEDO)

　前述の「生物機能活用型循環産業システム創造プログラム」は3つに仕訳された複数のプロジェクトから成り，バイオマスプラスチックはこの一つである「バイオプロセス実用化開発プロジェクト」[8]に位置づけられている。このプロジェクトは迅速な事業化を狙った「経済活性化のための研究開発プロジェクト（フォーカス21）」というスキームを活用して行われており，2004年から2006年までを研究開発期間とし，バイオマスプラスチックについては2006年度までに植物由来の原料からプラスチックの製造における技術課題等を克服するという目標および達成時期が示されている。

　実施はNEDOのバイオテクノロジー・医療技術開発部により行われており，バイオマスプラスチックに関しては表2に示す事業が採択されている。本稿執筆時点で実施中であり，成果はこれから発表されるため，詳細は不明である。なお平成19年度に外部有識者による事後評価が予定されている。

表2　バイオプロセス実用化開発プロジェクトの助成事業一覧（抜粋）

助成業者	助成事業の名称	該当プロセス	開発目的物（用途）	技術開発目標
昭和高分子	バイオマスを原料とするコハク酸製造プロセスの開発	バイオマス転換	コハク酸（生分解性プラスチック原料）	生産効率向上
豊田中央研究所	バイオマスからの組換え酵母による高効率乳酸生産プロセスの開発	バイオマス転換	乳酸（生分解性プラスチック原料）	生産効率向上 生産コスト削減
日本触媒	酸化還元バランス発酵による機能性化学品製法の開発	バイオマス転換	1,3-プロパンジオール（ポリマー原料）	生産効率向上
林原生物化学研究所	バイオマスプラスチック素材・プルランの製造技術開発	バイオマス転換	プルラン（バイオポリマー：各種プラスチック等に混用）	生産効率向上
三菱化学，味の素	植物原料由来コハク酸製造プロセスの開発研究	バイオマス転換	コハク酸（生分解性プラスチック原料）	生産コスト削減

7 個別プロジェクト—「愛・地球博におけるバイオマスプラスチック利活用実証事業」[9]（経済産業省）

　前述の「バイオプロセス実用化開発プロジェクト」の中で「愛・地球博におけるバイオマスプラスチック利活用実証事業」が2004年から2005年を期間に実施された。これはエネルギー需要構造の高度化を図る観点から行われ，バイオマスプラスチック等を利用した後に，再生資源とし

て利活用するための新エネルギーの創出・省エネルギーの実証試験を愛知万博で行い，来場者を始めとする一般消費者のバイオマスプラスチック製品に対する認知度の向上を図り，その普及を狙ったものである。

愛・地球博は2005年3月25日から9月25日まで，185日間にわたって愛知県長久手町，瀬戸市，豊田市にて「自然の叡智」をメインテーマに，「循環型社会」をサブテーマに開催され，約2205万人が来場した。(財) バイオインダストリー協会では経済産業省より本事業を受託し，「バイオプロセス実用化開発事業R&Dコンソーシアム」を組織化し，博覧会協会の「生分解性プラスチック導入検討会」の支援を得て取り組んだ。

本事業ではまず会場内に導入するバイオマスプラスチック製の食器具およびごみ袋の規格および開発者を決定し，マテリアルリサイクル，ケミカルリサイクル，バイオリサイクルの構築を行った。会期中には約2000万点のワンウェイ食器具類，約13万点のリターナブル食器具，および約55万袋のごみ袋を導入して実用性と多様な再資源化の実証を行った。素材によって異なるが，製造途中の破損品等は再度製品原料として使い，使用済みのもの等はコンポスト化して花卉などを育てたり，再資源化してフラワープランター原料等とした。

博覧会のキャラクターが印刷された食器具類の認知度は非常に高く，バイオマスプラスチック製であることがのべ1500万人に認知されたというアンケート結果も得られた。また実際に大量の製品を製造し，利用し，回収して再資源化した経験は類がなく，関連法との調整なども必要であった。これらを通してメーカーを含む事業者や自治体等に貴重な経験をもたらすことが出来た。

8 個別プロジェクト―海外でのバイオマス資源調査研究（NEDO）

バイオポリマーの研究開発および実用化にとって，何に，そして何処にバイオマス資源を求めるかは，コスト及び資源量確保の観点から極めて重要である。国内ではハードバイオマス，ソフトバイオマスからの利用のプロジェクト等が種々行われているが，海外に目を向けた調査研究プロジェクトも行われている。

NEDOは，国際共同研究助成事業として「熱帯バイオマスの微生物による化学工業原料への転換および新バイオ燃料生産」[10]の研究開発を1999年4月から2002年3月まで行った。石崎らは園元，小林およびタイ，マレーシアの研究者と共に，乳酸発酵菌であるLactococcus及びエタノール生産菌Zymomonasのための高効率連続発酵プロセスの開発および，キャッサバやサゴヤシ由来のデンプンの利用技術の開発を行った。

サゴヤシは光合成能力が高く，1年間1ヘクタール当りのデンプン収穫が15-24トンと，米，

第1章 バイオベースポリマーに関する政府プロジェクト

コーン，小麦などと比べて約3倍の生産性がある。また，栽培地の近くの天然ゴムプランテーションの廃液がL-乳酸発酵の優れた培地添加成分となりうることを見出した。その結果，サゴヤシデンプンを原料に連続発酵を行うことにより，L-乳酸を30 g／lhという極めて高い容積生産性で生産することが出来た。しかしながら一方で，サゴヤシは経済投資効率でパームオイルヤシより不利という結果[11]も出されている。このようにバイオマス資源の選択は科学的工学的要素だけではなく，社会的な要素も絡んで非常に複雑である。

9 個別プロジェクト—「木質資源循環利用技術の開発」[12]（林野庁）

木質バイオマス，すなわちハードバイオマスの利活用については以前から多くのプロジェクトが進められてきている。例えば林野庁から委託を受けた機能性木質新素材技術研究組合では，木材の25%を占めながら有効利用されていなかったリグニンを相分離系変換により循環利用可能な分子素材として利用し，一方でリグニン以外のセルロース系糖質成分を原料に乳酸やエタノール発酵を行い，トータルでのコスト競争力をつける研究開発を平成13年度から5年間のプロジェクトで行い，実証プラントを運転した。本プロセスにより生産されたリグニン新素材は廃棄時に再度ポリマーとして再資源化が可能であり，長期にわたっての省資源に貢献するものと期待されており，今後の実用化が待たれる。さらにリグニン利用とセルロース利用という，プロセス的に相反する反応条件の調整という，技術のインテグレーションの課題も浮かび上がった。

10 バイオポリマーの認証

バイオポリマーの普及，および使用後のコンポスト化などのための標準化等の必要から，一定の基準に達したバイオポリマーを認定することが政府の後押しを得て行われている。以下に簡単に紹介する。

<u>生分解性プラスチック識別表示制度　グリーンプラ®[13]</u>

生分解性プラスチック研究会による認定。ポジティブリスト方式により，生分解性と安全性が確認された材料を開示。生分解性はJIS法に基づき，海外の識別表示制度との整合性も図られている。

<u>バイオマスプラ識別表示制度[14]</u>

生分解性プラスチック研究会による認定。ポジティブリスト方式により，バイオマス由来原料から作られたプラスチック製品を認証。

<u>バイオマスマーク[15]</u>

（財）日本有機資源協会による認定。バイオマス由来の商品を認定するものであり，対象はプラスチックに限らない。

11 おわりに

バイオポリマーはポリ乳酸など，既に産業化のステージに入っているが物性やコストなど，経済競争的にはまだ課題があり，普及に対する公的支援がまだ求められている。また研究開発課題も多々残っているが，大掛かりな基盤研究的な政府プロジェクトは現在なく，個々のプロジェクト内で個別に行われているに留まる。しかしながら今後ますますカーボンニュートラルなバイオポリマーが注目されると考えられ，実用化ステージでの政府の支援が期待される。

文　　献

1) http://www8.cao.go.jp/cstp/cst/kihonhou/mokuji.html
2) http://www8.cao.go.jp/cstp/kihonkeikaku/index3.html
3) http://www.kantei.go.jp/jp/singi/bt/index.html
4) http://www.maff.go.jp/biomass/index.htm
5) http://www.meti.go.jp/press/20060428011/20060428011.html
6) http://www.meti.go.jp/policy/kenkyu_kaihatu/program/h16fy/program-kihonkeikaku/program-all.pdf
7) http://www.nedo.go.jp/bioiryo/program/seibutsu/index.html
8) http://www.nedo.go.jp/bioiryo/project/19/index.html
9) http://www.jba.or.jp/katsudou/aichikyuu/aichikyuutop.htm
10) http://www.nedo.go.jp/itd/grant/pdf/99gp1.pdf
11) K. Kainuma *et al*., New Frontiers of Sago Palm Studies, Universal Academy Press, Inc. (2002)
12) http://www.d4.dion.ne.jp/~twra/
13) http://www.bpsweb.net/01_details/seido/what_siki.htm
14) http://www.bpsweb.net/01_details/biomass/biomass.htm
15) http://www.jora.jp/txt/katsudo/bm/index.html

第2章　国内バイオマスの利用状況

橋本和久*

1　バイオマスとは

　バイオマスニッポン総合戦略が閣議決定され，具体的なバイオマス利活用の事業化計画が産学官の連携で検討，実施に移されているところである。バイオマスの定義が諸出版物に表記されており，それらを要約すると「太陽のエネルギーを利用し水と二酸化炭素から生成される再生可能な生物由来のカーボンニュートラルな有機性資源で，化石資源を除く」となる。利用可能なバイオマスはその発生形態から廃棄物系，未利用系，資源作物系の三つに大別されるところである。身近なバイオマスは廃棄物系であるが，未利用系バイオマスとは林地残材のように山間部に切り捨てられたままの間伐材や，農業機械により破砕され農地に鋤きこまれてしまう稲藁，農産物残渣や，家畜の死体などを示す。また，資源作物系は休耕地等を利用してバイオマスベース素材やエネルギー原料として利用することを目的とし栽培される作物，つまり砂糖黍やトウモロコシ，ヒマワリ等が挙げられる。バイオマスニッポン総合戦略のもとで飼肥料化，エネルギー化，炭化，燃料化，バイオマスプラスチック化など様々な利活用が対象とされており，その原料となる基本的なバイオマスは表1に挙げる通りである。

表1　利活用対象となるバイオマスの種類

1．林地残材（切捨て間伐材，風倒木など）	8．家畜糞尿
2．製材産業加工残渣	9．事業系食品廃棄物
3．建築廃木材	10．下水汚泥
4．古紙	11．し尿汚泥
5．製紙廃液（黒液）	12．澱粉系作物
6．稲わら．麦わら	13．資源作物
7．もみ殻	

　バイオマスベースマテリアルへの利用を考えると糖の含有率が高く季節変動が少なく，収集の必要が無いこと等の理由から備蓄古米や屑米，砕米なども利用対象として挙げる必要があろう。

＊　Kazuhisa Hashimoto　㈱荏原製作所　環境事業カンパニー　環境ソリューション事業統括部　プロジェクト計画室　部長

2 バイオマス資源の賦存量

国内に賦存するバイオマスを湿重量で示すと図1のようになる。

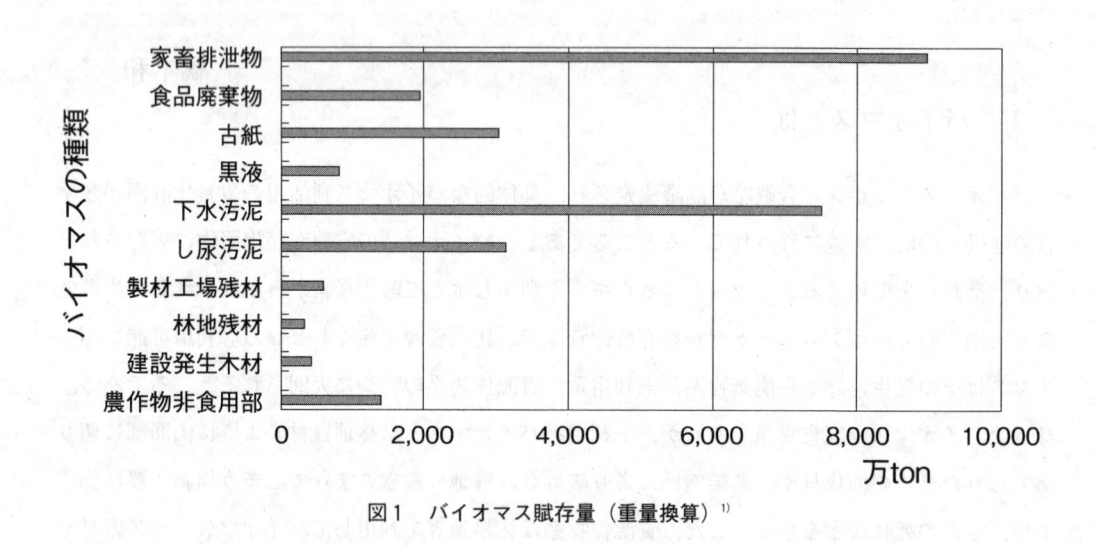

図1 バイオマス賦存量（重量換算）[1]

また，上記の賦存量を熱量換算で示すと図2のようになる。

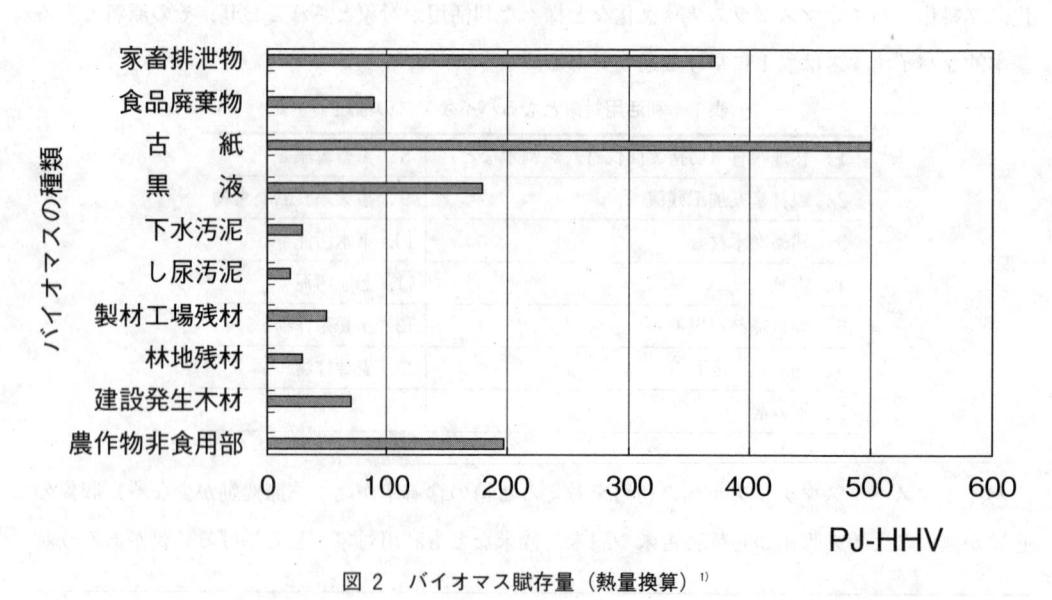

図2 バイオマス賦存量（熱量換算）[1]

3 バイオマス資源の利活用技術の現状

様々な技術開発が実施されているが，バイオマス利活用の技術は以下の通りエネルギー利用技術とマテリアル利用技術に大別される。

3.1 エネルギー利用

① 燃焼

　直接燃焼技術と固形燃料化技術に大別される。直接燃焼技術はバイオマスを燃焼し，廃熱をボイラーで蒸気として回収し発電またはエネルギーとして利用する技術で数多く商用設備が稼動しているがエネルギーの利用効率からすると20%以下の低いものが多い。エネルギー効率の向上と安定運転を目指す目的で石炭との混焼技術も商業化され始めている。

　固形燃料化技術は含水率が多い廃棄物資源を乾燥，選別し輸送に適した形状にする固形燃料（RDF）化技術が実用化され各地で商用設備が稼動している。

② ガス化

　直接燃焼では無く還元雰囲気にて加熱分解して生成ガスを得て，生成ガスを直接燃焼するか液体燃料を合成して精製し，エネルギーとして利用，自動車燃料や燃料電池利用などに利用する方法がある。ガス化は大規模化が求められる事とタールの発生を抑える事が課題である。

③ バイオディーゼル燃料（BDF）

　廃食料油，植物油をメタノールと反応させてディーゼルエンジン用の燃料を製造する技術で国内外を問わず利用が進められている。

④ メタン発酵

　食品廃棄物，家畜糞尿，下水汚泥などを嫌気性発酵させてメタンガス（バイオガス）を生成させる技術であり実用化や実証も多く実施されている。ガスを直接燃料として用いるか，効率を無視してエンジンの燃料とすることは実用レベルに達しているが，精製メタンとして回収し，例えば水素を取り出すとなると精製にコストが掛かることと，消化液の利用または処理を如何にするかが課題である。

⑤ エタノール発酵

　木質資源のセルロース，ヘミセルロースを糖化し発酵させてエタノールを得る技術が全国的に研究開発され，複数の実証設備が稼動している。一方，砂糖黍やトウモロコシを原料としてエタノールを製造する設備は既にブラジル等で数多く商業化されている。製造されるエタノールのコスト比較では後者の方が安く，前者は低コスト化が今後の課題である。

⑥ ペレット化

木質廃棄物を微粉砕し押出し成形機を用いて固形燃料化する技術である。最近では国内外で実用化が進んでいるが，従来の石油系燃料と比較し製造コストを下げるには木質資源の水分を如何に安く乾燥させるかが課題であるが原油価格の高騰が追い風となり，国内でも徐々に普及し始めている。普及に際して燃焼灰の有効利用も図る必要がある。

3.2　マテリアル利用

① 堆肥化

家畜糞尿，農作物残渣，下水汚泥，食品廃棄物などを原料として全国レベルで数多く稼動しており，施設数，処理量の何れでみても普及レベルに達している。課題としては，年間を通して堆肥需要が平均化せずに季節変動が大きい事と，設備投資並びに運転経費も含めた事業採算性は問題が残るところである。

② 飼料化

食品残渣や水産廃棄物，農産物残渣などを原料として家畜並びに養魚飼料として数多く稼動しており，処理量，施設数の両面から見ても普及レベルに達している。但し，家畜用飼料に関してはBSE対策の為に原料が不適物となるケースも生じているし，設備内容が行政の指針を満足する必要がある。

③ バイオマスプラスチック化

事業系生ゴミ，古米，汚染米，木質廃棄物資源などを原料としてバイオマスプラスチックの一つであるポリ乳酸の製造に関わる実証設備が稼動しているが商業規模の事業は皆無である。技術的には課題を解決し事業が可能な段階に至ってはいるが，予想に反してポリ乳酸の市場が普及拡大していない現状である。ポリ乳酸などのバイオマスプラスチックの製造は設備投資額も運転維持管理経費も多額であるため，市場形成がされない限り投資リスクが高く事業化は難しい。

④ 建築資材化

木質廃棄物を微粉砕し廃プラと混ぜて成形加工し各種ボードや建築部材の製造事業，古紙パルプをバインダーと混ぜてモールド成形し建築部材として利用するなどの技術であり，かなり以前から商業設備が数多く稼動しており普及レベルに達していると言える。最近では，木質廃棄物を粉砕し相分離技術によりリグノフェノールを抽出して様々な工業製品に応用しようという新しい技術開発もなされている。

ここまでに述べたバイオマス利活用の技術とその開発レベルを一覧表にすると表2の通りとなる。

第2章　国内バイオマスの利用状況

表2　バイオマス資源利活用技術の動向一覧[1]

変換技術			技術レベル	利用バイオマスの種類						
				木質系	農業残渣	家畜糞尿	下水汚泥	食品廃棄物	古紙	植物油
エネルギー利用	燃焼	直接燃焼	実用化	○	○	○		○	○	
		混焼	実用化	○	○					
		固形燃焼化	実用化					○		
	熱化学変換	溶融ガス化	実用化	○	○					
		炭化	実用化	○						
		エステル化	実用化							
	生物化学的変換	メタン発酵	実用化							○
		エタノール発酵	糖系実用化 セルロース系実証	○	○			○		

変換技術			技術レベル	利用バイオマスの種類						
				木質系	農業残渣	家畜糞尿	下水汚泥	食品廃棄物	古紙	植物油
マテリアル利用	堆肥化		実用化	○	○	○	○	○		○
	飼料化		実用化			○		○		
	バイオマスプラスチック化	糖, 澱粉系	実用化							
		セルロース系	実証	○	○				○	
		生ゴミ系	実証					○		
	建築資材化		実用化	○						

4　バイオマス利活用の動向

4.1　エネルギー利用の実例（実用化及び実証）

4.1.1　直接燃焼の実例

　株式会社ファーストエスコによる木質バイオマス発電事業が全国3事業所で着工または稼動しており，各々の事業所の事業規模は表3の通りである。

　その他の事例としては，岡山県真庭市の銘建工業株式会社の木質バイオマス発電，木粉使用100トン／日，蒸発量20トンのボイラーを介して2,000 kW 発電。また秋田県の能代森林資源利用共同組合の木質バイオマス発電事業，使用木質量40,000トン／年で3,000 kW の発電などが

表3 各事業所の事業規模

岩国ウッドパワー	施設概要
	発電出力：10,000 kW　　敷地面積：15,000 m²
	雇用人数：15名　　　　　燃料種類：木質チップ
	燃料使用量：約9万トン／年　運転開始：平成18年1月
白河ウッドパワー	施設概要
	発電出力：11,500 kW　　敷地面積：22,000 m²
	雇用人数：10名前後　　　 燃料種類：木質チップ
	燃料使用量：約10万トン／年　運転開始：平成18年10月予定
日田ウッドパワー	施設概要
	発電出力：12,000 kW　　敷地面積：20,440 m²
	雇用人数：14名前後　　　 燃料種類：木質チップ
	燃料使用量：約10万トン／年　運転開始：平成18年11月予定

挙げられる．燃料となる木質資源が取得可能な地域では木質バイオマス発電が進むであろう．

4.1.2　エタノール発酵の実証

日揮株式会社を幹事会社として米国アルケノール社の技術を用いて木質廃棄物からエタノールを製造する実証事業が（独）新エネルギー・産業技術総合開発機構（NEDO）の委託事業として鹿児島県井水市に，三井造船株式会社は岡山県真庭市で同じく NEDO の事業として酵素と遺伝子組み替え酵母を用いた真庭バイオエタノール実証プラントを稼動させた．また月島機械株式会社も千葉県船橋市で NEDO の助成をうけて平成13年〜15年度に『建築系廃木材からの燃料用エタノール製造設備の実用化開発』を実施している．その他，北海道十勝地区，山形県新庄市，大阪府堺市，沖縄県伊江村，同宮古島でもエタノールの製造実証がなされており，技術レベルは実用化に達していると評価される一方，ブラジルなどからエタノールの輸入計画も浮上しており価格競争の局面に至っていると思われる．

4.1.3　RDF 発電

発電を伴った大型施設としては表4の事例がある．

表4　大型施設例

事業主体	事業開始	処理能力	発電出力 kW
三重県企業庁	平成14年12月	240 t／日	12,050
大牟田リサイクル発電	平成14年12月	315 t／日	20,600
石川北部アール・ディ・エフ広域処理組合	平成15年3月	160 t／日	6,540
鹿島共同再資源化センター	平成13年4月	RDF 100 t／日	3,000
福山リサイクル発電	平成16年4月	314 t／日	20,000

発電を伴わない施設も含めると平成15年7月時点において全国に63ヶ所の施設が稼動しており，実用化し普及している。加えて，製材加工屑などを破砕しペレットとして地域エネルギーとして活用している地域もある。岡山県真庭市の真庭バイオマテリアル有限会社は1万t／年の木質ペレットを全国ベースで販売し事業採算も成り立っているとの事である。

4.2 マテリアル利用の実例（実証及び実用化）

マテリアル利用の実例としては堆肥化，飼料化，建築資材化，バイオマスプラスチック化等の技術開発がなされている事は前述の通りである。

4.2.1 堆肥化，飼料化，建築資材化

堆肥化，飼料化及び建築資材化に関しては全国規模で事業が普及しており特筆すべきものではない。しいて書き加えるとすれば，堆肥化は独立して事業採算が取れている事例は非常に少なく，事業収入の不足を自治体などの一般会計で補って継続しているのが実状であろう。建築資材化に関しては事業採算が取れている事業が多く，ミサワホーム株式会社のM-Wood2や北九州市の株式会社エコウッドのエコMウッド等は事業として採算ベースに達しており，エコウッドは年産5,000トンと言われている。

4.2.2 バイオマスベースプラスチック化

① トヨタ自動車株式会社のポリ乳酸実証プラント

トヨタ自動車株式会社は砂糖黍を原料とし海外に数万トンの事業化構想をたて，具体化のために必要な課題の抽出と，その対応を目指して独自に実証プラントを稼動させた。実証事業の実施に際し，同社は島津製作所が保有していた100t／年規模の乳酸重合設備，同社のポリ乳酸に関わる知的所有権ならびに人材を含めた事業譲渡の合意に至り，実証プラントを城山工場に建設に至ったと新聞紙上等にリリースされている。重合設備の規模は1,000トン／年，発酵，精製設備も併設された一貫設備である。

平成15年に着工し平成17年に稼動し，トヨタエコプラスチックと称して生産されるポリ乳酸の分子量は15～16万と言われアクリル同等の透明性を持ち，生産開始とともに様々な部品への利用研究がなされている。

② 科学技術庁の技術開発事業

北九州エコタウン実証研究エリアの一角に平成12年～15年の事業年度で，九州工業大学の白井義人教授を筆頭に株式会社武蔵野化学研究所，株式会社前川製作所，株式会社島津製作所，環境テクノス株式会社，株式会社北九州テクノセンターのもとで科学技術庁の生活者ニーズ対応事業の一環として生ゴミポリ乳酸化実証事業が実施された。規模は発酵槽の処理能力40L／バッチと言う小型の設備であるが，糖化，乳酸発酵，精製，ラクチド製造設備を持つ一貫した実証設

備であり，科学技術庁の事業終了後は九州工業大学に所有権移転され白井教授のもとで研究用に供されている。

③　農林水産省食品リサイクル先進モデル実証事業

北九州エコタウン実証研究エリアの一角に，前項の技術開発の成果を基本として農林水産省食品リサイクル先進モデル実証事業の補助金のもとで，実用化の課題を抽出し対応技術を開発することを目的として1t／バッチの規模で事業系生ごみを原料とし受入から破袋，計量，糖化，分離，発酵から精製までプラント規模の実証設備が建設された。事業主体は財団法人北九州産業学術推進機構であり，荏原製作所，武蔵野化学研究所，電源開発，オルガノ，環境テクノスの5社との共同研究契約が締結され，事業が実施された。事業期間は平成13年11月30日から平成17年3月末日の4ヵ年で実施された。北九州市内で発生した事業系生ごみを原料とし乳酸ブチルの製造までが実証研究のテーマであり，4ヵ年に亘る実証運転により生ごみ1tonから光学純度92.4の乳酸47kgの製造（全糖量比で10％）に成功し，また古米を原料として古米1ton当たり328kg，光学純度99.3の精製乳酸の製造に成功した（全糖量比で45％）と言う実績データが発表されている。

④　木質資源循環利用技術開発事業

林野庁の補助事業である木質資源循環利用技術開発事業として，電源開発株式会社若松総合事業所内の敷地に三重大学生物資源学部　船岡教授の開発特許を用いたリグノフェノールの製造設備の建設実証事業が実施された。本研究開発事業の主目的は破砕した木質廃棄物からリグノフェノールを抽出するプロセスの確立と，抽出されたリグノフェノールの利用技術の開発である（図3）。

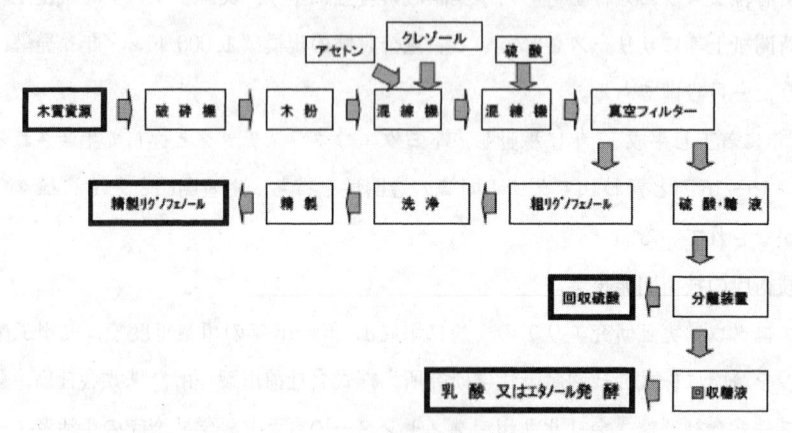

図3　リグノフェノールの製造設備の簡易フローシート

第2章 国内バイオマスの利用状況

⑤ 農林水産省生産振興総合対策事業

上記実証事業にてリグノフェノールを抽出する際に用いられる濃度の高い硫酸と，セルロース並びにヘミセルロースの加水分解物，つまり糖・硫酸混合廃液が多量に排出される。

農林水産省生産振興総合対策事業の補助金のもとで，この混合廃液を糖と硫酸に分離精製し，各々をリサイクルする目的でバイオマスポリ乳酸化システム糖分離精製発酵実証事業が平成15年12月から平成18年3月末日の3ヵ年事業で実施された。実証設備が北九州エコタウン実証研究エリアに建設され，前述のリグノフェノール製造設備から排出される糖硫酸混合廃液を原料として硫酸と糖に分離精製する実証研究が実施され硫酸の回収率95％以上，糖の回収率（グルコース基準）90％以上を確認したと言われている。

此処で回収されたグルコースを用いて乳酸発酵，エタノール発酵の実験を実施し，何れの発酵においても発酵阻害物資は含まないグルコースが回収された事が確認されている。

バイオマスポリ乳酸化システム糖分離精製発酵実証設備の基本フローは図4の通り。

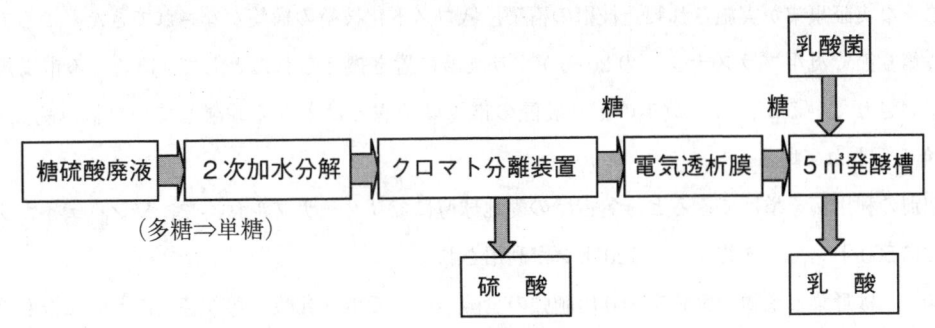

図4 バイオマスポリ乳酸化システム糖分離精製発酵実証設備の基本フロー

本実証設備が完成したことで，木質廃棄物から新素材としてのリグノフェノールの抽出が確認され，加えて抽出プロセスが確立されたとともに，リグノフェノール抽出後のセルロース並びにヘミセルロースの加水分解糖液を用いた乳酸製造，エタノール製造が可能であることも確認された。本技術によりわが国の豊富な木質資源の利活用が事業化されることを期待するところである。

⑥ バイオマス生活創造構想事業

農林水産省の補助事業であるバイオマス生活創造構想事業のもとで近畿大学西田助教授の特許に基づくポリ乳酸のケミカルリサイクルが平成18年度の実証事業として武蔵野化学研究所の磯部工場に建設される運びに至った。実証設備の処理能力は100 t／年といわれ，平成19年3月末頃に完成予定である。この設備の稼動によりポリ乳酸廃棄物から乳酸またはラクチドが低コストで回収される事を確認されることが期待されている（図5）。

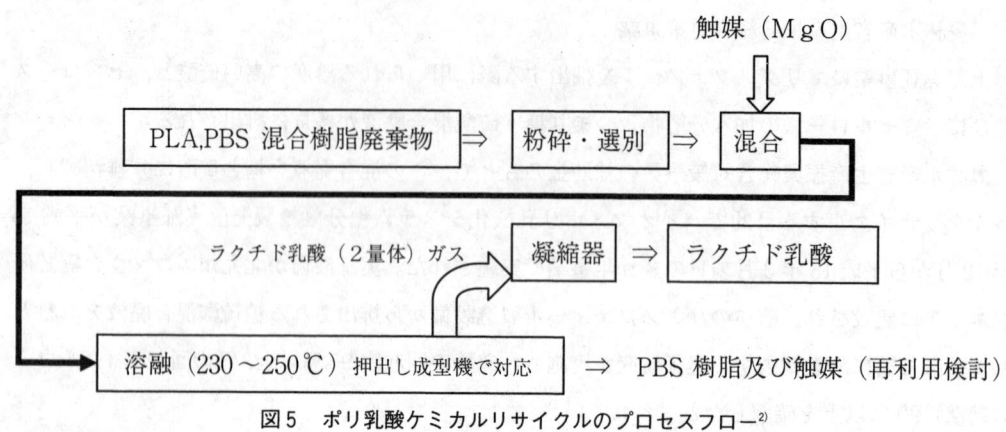

図5　ポリ乳酸ケミカルリサイクルのプロセスフロー[2]

5　国内市場規模の現状

様々な実証事業が実施され製造技術の構築，低コスト化技術の構築がなされてきたところである。第6節で汎用プラスチックの20％がポリ乳酸に置き換えられたとして113万tの市場規模が予想されているが，ここ数年のポリ乳酸の市場は予想とは大きく乖離して伸び悩み約5,000t／年と言われている。

個別の利用例を挙げてみると，名古屋の愛地球博にてリターナブル食器や，ワンウェイカップなどに500トン，ゴミ袋などに120トンが利用された。

ユニーは野菜と果物の包装を150店舗強の全国ベースでポリ乳酸に切り替えたとの報告も頂いているが，流通業界の追従の兆しが見えないとの報告も頂いている。その大きな理由の一つに容器包装リサイクル法の改正においてポリ乳酸が対象から除外されなかった事が挙げられるようである。コスト高なポリ乳酸に切り替えても，従来同様に容器包装リサイクル法に従ってデポジットを支払わねばならないことが普及のネックとなっているとも言える。

トヨタ自動車がポリ乳酸の自動車部品への利用を目指し国内に実証プラントを稼動させたことは述べた通りである。また，富士通も筐体にポリ乳酸を用いたパソコンの発売，ソニー株式会社によるポリ乳酸を筐体に用いたウォークマンやDVDのフロントパネル等の利用が報告されている。然しながら2005年度の国内ポリ乳酸レジンの販売実績は約5,000トンに留まっている。

価格面では200〜250円と言われており以前より相当に低価格で供給されているにも関わらず販売実績が伸びず，逆に落ち込んでおり価格の問題だけではない様だ。

6 バイオプラスチックの市場予測

日本のプラスチック生産量は2000年の統計データによると1,300万t／年と言われている。これらのプラスチックのうちバイオプラスチックに転換な樹脂はポリスチレン（PS），ポリプロピレン（PP），ABS樹脂，PETなどの汎用樹脂と言われており，2000年における汎用プラスチックの用途別需要状況は以下表5の通りである。

バイオマスベースプラスチックの将来市場規模を予想は上記の汎用プラスチックの需要をベースにして予想せざるを得ず，仮に汎用プラスチックの20％をPLA，PBS，PHA，澱粉樹脂，酢酸セルロース等のバイオマスプラスチックで代替した場合の市場予測を算出してみると表6の通りになる。

また，国内に賦存するバイオマスを原料としてバイオマスベースプラスチックを製造する場合に，如何なるバイオマスから，どの種類のバイオマスベースプラスチックが製造されるか基本知識を整理すると図6の通りに整理される。

表5　汎用プラスチックの用途別需要状況（2000年ベース）[3]　　　（単位：千トン／年）

樹脂名	容器・包装	自動車・車輛	電気・電子	一般機器	建設・土木	雑貨・その他	塗料・接着材	繊維	合計
PS	561		150	105	49	121			985
PP	858	259	240	240		898		245	2,740
ABS		65	91	83	41	133			413
PET	570	28	228	16		61		609	1,512
合計	1,989	352	489	444	90	1,213		854	5,650

表6　20％代替した場合のポリ乳酸市場予測[3]　　　（千t／年）

用途	PLA	PBS	PHA	澱粉樹脂	酢酸セルロース
容器・包装	398	557	542	670	462
自動車・車輛	70	75	71	75	3
電気・電子	142	79	72	109	48
一般・精密	89	87	53	108	23
建築・土木	18	219	31	229	38
雑貨・その他	243	352	301	376	134
塗料・接着剤	0	4	5	4	0
繊維	171	71	76	71	22
合計	1,130	1,445	1,152	1,642	730

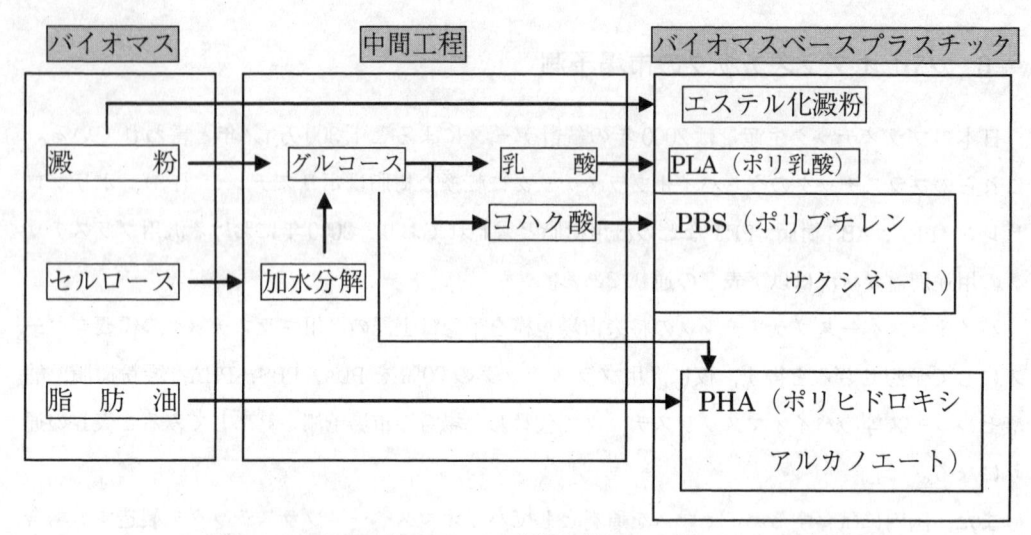

図6 バイオマスプラスチックの製造原料となるバイオマスの種類

表7 国産バイオマスの利用可能な種類と発生量，未利用量[4]
(単位：万トン／年)

大別	原料	発生量	利用量	未利用量
澱粉系	古米，事故米	約200	約170	約30
	馬鈴薯加工残渣			
	甜菜加工残渣	約200	0	約200
セルロース系	林地残材	約370	0	約370
	製材残渣	約500	約450	約50
	古紙	約1,990	約1,790	約200
	建築廃材	約460	約270	約190
	稲わら	約960		
	麦わら	約86	約54	約32
脂肪油	廃動植物油	約56	回収24	約3.2

　上記にて整理したバイオマスベースプラスチックの原料となり得る国産バイオマスで具体的に利用可能な種類に絞り込み，その発生量，未利用量の一覧は以下の通りである。

　圧倒的に利用可能量が多いのはセルロース系の林地残材，製材残渣，建築廃材を合計した610万トンの木材資源であるが，林地残材は林地からの搬出の費用を誰が負担するかが問題でありコスト面で利用の可否が問われるところである。

7 まとめ

以上述べた通り未利用,未活用なバイオマスはまだまだ残されているが,膨大な搬出費の負担や,バイオマスベースプラスチックのコストが高いこと等からして,マテリアルリサイクル,特にバイオマスプラスチックへの利用は実証段階を脱しきれていないのに加え,エネルギー利用は実用化,普及の段階に達しており若干エネルギーに偏った利活用が目立つ日本の現状である。

文　　献

1) 北九州市バイオマス産業創出懇談会資料
2) 西田治男,"ポリ乳酸のケミカルリサイクル",「プラスチックリサイクルの現状と未来」セミナー資料 (2006)
3) （社）日本有機資源協会／バイオ生分解素材開発・利用評価事業資料
4) 農林水産省バイオマスニッポン関連資料

バイオベースマテリアルの新展開《普及版》

(B1016)

2007年1月19日　初　版　第1刷発行
2012年10月10日　普及版　第1刷発行

監　修　　木村良晴, 小原仁実　　Printed in Japan
発行者　　辻　賢司
発行所　　株式会社シーエムシー出版
　　　　　東京都千代田区内神田1-13-1
　　　　　電話 03(3293)2061
　　　　　大阪市中央区内平野町1-3-12
　　　　　電話 06(4794)8234
　　　　　http://www.cmcbooks.co.jp/

〔印刷　倉敷印刷株式会社〕　　© Y. Kimura, H. Ohara, 2012

落丁・乱丁本はお取替えいたします。

本書の内容の一部あるいは全部を無断で複写（コピー）することは，法律で認められた場合を除き，著作者および出版社の権利の侵害になります。

ISBN978-4-7813-0574-5　C3058　¥4400E